Stein

Einstieg in das Programmieren mit MATLAB

Ulrich Stein

Einstieg in das Programmieren mit MATLAB

3., neu bearbeitete Auflage

Mit 162 Bildern

Fachbuchverlag Leipzig
im Carl Hanser Verlag

Prof. Dr. Ulrich Stein

Hochschule für Angewandte Wissenschaften Hamburg, Department Maschinenbau und Produktion

Trademarks

MATLAB* and Simulink* are registered trademarks of The MathWorks, Inc.
For MATLAB* and Simulink* product information, please contact:

> The MathWorks, Inc.
> 3 Apple Hill Drive
> Natick, MA, 01760-2098 USA
> Tel.: 508-647-7000
> Fax: 508-647-7001
> E-Mail: info@mathworks.com
> Web: www.mathworks.com

Bibliografische Information Der Deutschen Nationalbibliothek
Die Deutsche Nationalbibliothek verzeichnet diese Publikation in der
Deutschen Nationalbibliografie; detaillierte bibliografische Daten sind im
Internet über http://dnb.d-nb.de abrufbar.

ISBN 978-3-446-42387-9

© 2011 Carl Hanser Verlag München
Internet: http://www.hanser.de

Lektorat: Mirja Werner M.A.
Herstellung: Dipl.-Ing. Franziska Kaufmann
Coverconcept: Marc Müller-Bremer, www.rebranding.de, München
Coverrealisierung: Stephan Rönigk
Druck und Bindung: Druckhaus „Thomas Müntzer" GmbH, Bad Langensalza
Printed in Germany

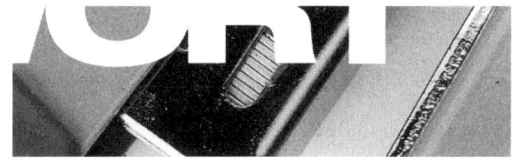

Vorwort zur 3. Auflage

Dieses Lehrbuch wendet sich an Studentinnen und Studenten der Ingenieurwissenschaften in den ersten Semestern und orientiert sich in der Stoffauswahl an der zweisemestrigen Vorlesung „Angewandte Informatik" am Department „Maschinenbau und Produktion" der Hochschule für Angewandte Wissenschaften, am Berliner Tor in Hamburg.

Das Buch beginnt mit den elementaren Prinzipien der Datenverarbeitung und vermittelt dann anhand der in MATLAB® integrierten Programmiersprache systematisch die Grundkenntnisse des Programmierens. Darauf aufbauend vertiefen Anwendungen das Wissen und führen in die weitergehenden numerischen Verfahren von MATLAB ein. Wo für spezielle Probleme das Basismodul von MATLAB nicht mehr ausreicht, wird für eine intensivere Nutzung auf die MATLAB-Toolboxen™ verwiesen – deren Installation zum Verständnis dieses Buches jedoch nicht notwendig ist.

Anwendungsbeispiele, zahlreiche Abbildungen und Übungsaufgaben zum Stoff fördern das Verständnis. Das Werk ist sowohl für Programmierneulinge als auch für Umsteiger von anderen Programmiersprachen wie C geeignet.

In diesem Buch wird in MATLAB programmiert. Im Vordergrund steht dabei aber nicht das Programm MATLAB, sondern die Vermittlung von Programmierkenntnissen, wie sie auch für andere Sprachen nützlich sind. Das bedeutet, dass nicht immer Wert darauf gelegt wurde, den Programm-Code in Bezug auf die Stärken von MATLAB zu optimieren. Auch ist dies kein Referenz-Handbuch für MATLAB. Die MATLAB-Funktionen werden oft nur so weit vorgestellt, wie es für die aktuelle Aufgabenstellung nötig ist. Für eine vollständige Definition der Funktionen sei auf die MATLAB-Online-Hilfe verwiesen.

Warum wird das Programmieren nicht gleich anhand von C vermittelt?

Ich habe einige Jahre in der Industrie Programme in C beziehungsweise C++ geschrieben und an der Hochschule mehrere Semester lang Vorlesungen zum Programmieren in C abgehalten. C ist eine tolle Programmiersprache, mit der man nahezu alles machen kann. Man muss jedoch eine ziemlich lange Zeit mit C gearbeitet haben, um sich einigermaßen fehlerfrei in dieser Sprache auszudrücken, besonders wenn man grafische Oberflächen und Grafiken erstellen will oder sich im Bereich COM/OLE tummeln möchte. Im Rahmen der zweisemestrigen Vorlesung mit C konnte ich besonders die letzten beiden Punkte höchstens erwähnen. Und Hand aufs Herz – nur ein sehr kleiner Teil der Ingenieur-Absolventen wird im Beruf heutzutage noch mit C programmieren. MATLAB jedoch wird in vielen Bereichen eingesetzt, sowohl im Fortgeschrittenen-Studium, zum Beispiel in der Regelungstechnik oder in der Simulation von Motoren, als auch in Industrie und Forschung.

Deshalb habe ich den Versuch gestartet, Programmieren anhand von MATLAB mit ähnlichen Lernzielen und Inhalten wie bisher mit C zu vermitteln. Und es hat geklappt. Besser noch – mit MATLAB war vieles einfacher. Ich kam schneller voran und konnte deshalb mehr Inhalte vermitteln. Und es machte mehr Spaß, sowohl den Studenten als auch mir.

Dieses Buch soll das Programmieren lehren, aber nicht zum Informatiker ausbilden. Deshalb fehlen Themen wie Automatentheorie, formale Sprachen, Petrinetze, Maschinensprache, Netzwerke und auch die so beliebten Umwandlungen der Zahlendarstellung vom Dezimal- zum Dualsystem. So auf Du und Du mit Prozessor, Speicher oder serieller Schnittstelle sind Ingenieure heute meist nicht mehr. Leider mussten auch die verketteten Listen wegfallen – dazu fehlen in MATLAB die Zeiger. Informationen zu diesen Themen finden Sie in Lehrbüchern zur Informatik, zum Beispiel in der „Einführung in die Informatik" von P. Levi und U. Rembold.

Bedanken möchte ich mich bei Frau Dipl.-Ing. Erika Hotho, die mich über das Internet aufspürte und mir den Vorschlag machte, mein Skript als Buch herauszubringen, bei Frau Mirja Werner M.A., die mich inzwischen kompetent betreut, und bei Frau Dipl.-Ing. Franziska Kaufmann, die mir beim Layout zur Seite stand. Des Weiteren Dank an alle Kollegen, die mich zu diesem Projekt ermutigten und hilfreiche Tipps gaben, wie Prof. Dr.-Ing. habil. Jürgen Dankert, Prof. Dr.-Ing. Bernd Kost, Prof. Dr.-Ing. Wolfgang Schulz, Prof. Dr. rer. nat. Bernd Baumann, Prof. Dr.-Ing. Thomas Frischgesell. Nicht zu vergessen die Mitarbeiter des Rechenzentrums Berliner Tor, die die MATLAB-Installation betreuen.

Vor vier Jahren erschien die erste Auflage dieses Buches. Danke für die vielen Zuschriften und für die nahezu einhellig positive Reaktion der Leser. Für die dritte Auflage wurden weite Bereiche des Buches überarbeitet und neue Beispiele für MATLAB-Anwendungen eingebaut, zum Beispiel zu den Themen numerische Differentiation und Integration, Vektorfelder, Randwertprobleme und Kopplung mit MS-Excel.

Die im Buch beschriebenen und abgebildeten Abläufe beziehen sich auf die Bedieneroberfläche der Version **MATLAB 2010a**. Andere MATLAB-Versionen präsentieren sich dem Anwender zum Teil mit einer leicht abgewandelten Oberfläche. Lassen Sie sich deshalb nicht verwirren. Die vorgestellten Programme wurden jedoch mit verschiedenen Versionen von MATLAB 7.0.1 bis MATLAB 2010a getestet. Erweiterungen und die Lösungen der Aufgaben finden Sie auf meiner Homepage

www.Stein-Ulrich.de/Matlab/

Ich wünsche den Lesern, dass Ihnen das Programmieren neben der Lernarbeit auch Spaß macht und dass Ihnen möglichst viel vom hier präsentierten Stoff im wirklichen Leben bei Problemlösungen nützt. Und nicht verdrängen oder vergessen: Informatik kann auch Schaden anrichten. Deshalb sollte jeder, der programmiert, sich überlegen, ob er sein Tun verantworten kann und will.

Hamburg, im August 2010
Ulrich Stein

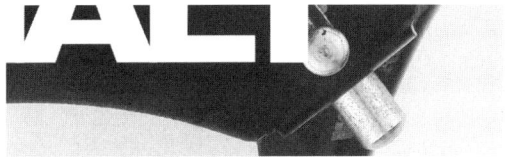

Inhalt

1

Einführung

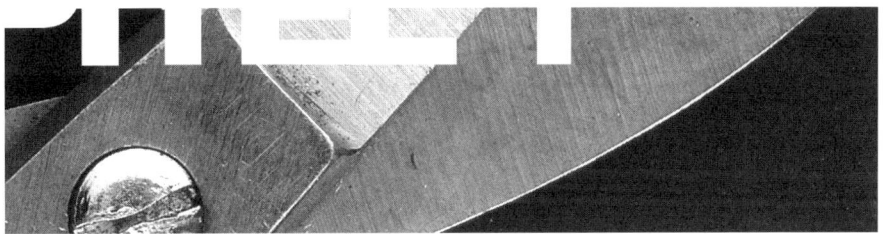

1 Einführung

1.1 Hello, world

Ein paar Fragen am Anfang dieses Buches – und der Versuch, darauf möglichst einfache und dennoch richtige Antworten zu geben:

Wie lernt man Programmieren?

Im Standardwerk zur *Programmiersprache C*, dem Buch „The C Programming Language" (auf Deutsch: „Programmieren in C"), schrieben Brian Kernighan und Dennis Ritchie vor über 20 Jahren zu Beginn des ersten Kapitels:

> *Eine neue Programmiersprache lernt man nur,*
> *wenn man in ihr Programme schreibt.*
> *Die erste Programmieraufgabe ist für alle Sprachen dieselbe:*
> *Ein Programm soll folgende Wörter ausgeben:*

```
hello, world
```

Danach folgen eine halbe Seite Erklärungen, fünf Zeilen Programm-Code, ein Compiler- und ein Programmaufruf, bis der Text endlich auf dem Bildschirm erscheint.

In MATLAB erreicht man dies über einen einzigen Befehl:

```
>> fprintf( 'hello, world\n' );
hello, world
```

Zu MATLAB kommen wir aber erst später. Und die Frage, wie und wo man dies in MAT-LAB eingibt, wird in den folgenden Kapiteln ausführlich behandelt.

Programmieren erlernt man wie eine Fremdsprache – und zwar, indem man die Sprache ausübt und nicht etwa nur die Beschreibungen auswendig lernt! Sie müssen sich in der Sprache wohl fühlen und mit der Zeit lernen, sich darin „auszudrücken". Das heißt, Sie sollen fähig sein, ein technisches Problem in der Sprache zu formulieren und mit den Mitteln der Sprache zu lösen.

Wenn Sie die Beispiele in diesem Buch nachprogrammieren, und es läuft doch nicht so, wie es auf dem geduldigen Papier geschrieben steht, sollten Sie auch einen Blick auf das Kapitel *Programmierhilfen* am Ende des Buches werfen.

Warum „hello, world" und nicht „Hallo, Welt"?

Deutsch – Englisch. Viele Programmierer verwenden in ihrem Programm-Code einen wilden Mischmasch an deutschen und englischen Ausdrücken. Ich muss zugeben – im privaten Umfeld meide ich diese hässlichen Konstrukte wie die Pest. Aber in meinen Computerprogrammen, da pflegen Deutsch und Englisch eine enge Partnerschaft.

MATLAB hat eine englischsprachige Oberfläche. Die Programmiersprache von MATLAB verwendet englische Begriffe. Auch die Dokumentation ist in Englisch abgefasst und die angegebenen Beispiele haben englische Bezeichner. So erhalten Variablen und eigene Funktionen oft auch englische Namen. Diese Fachausdrücke sind nun einmal älter und eindeutiger, die deutschen Übersetzungen oft eher verwirrend und kurios – und manchmal zeugen sie auch nur vom geringen Sachwissen der Übersetzer.

Was ist eigentlich MATLAB?

MATLAB®, eine Abkürzung für MATrix LABoratory, wurde von Cleve Moler und Jack Little in den 1970er Jahren entwickelt und wird von deren Firma „The MathWorks, Inc." vertrieben.

> MATLAB gehört weltweit zu den bekanntesten Tools zur Berechnung und Simulation komplexer mathematischer und technischer Probleme sowie zur grafischen Darstellung der Ergebnisse.

Die Funktionalität von MATLAB kann auf zwei Arten genutzt werden: zum einen als interaktive Berechnungs- und Simulationsumgebung und zum anderen über den Aufruf von selbst geschriebenen MATLAB-Programmen. Die Programmiersprache von MATLAB, um die es in diesem Buch hauptsächlich geht, verwendet weitgehend die bekannte mathematische Notation. Kontroll- und Datenstrukturen sind ähnlich definiert wie in C – obwohl MATLAB ursprünglich in der Sprache FORTRAN entwickelt wurde.

 Um die syntaktische Nähe zur Programmiersprache C hervorzuheben, finden sich in den Programmbeispielen dieses Buches oft zusätzliche Klammern und Semikolons, die in MATLAB nicht zwingend notwendig sind, den Programm-Code aber „C-ähnlicher" machen.

Der Basis-Datentyp in MATLAB ist die Matrix. Matrizenrechnungen sind deshalb eine der Stärken von MATLAB. In der Industrie und an Hochschulen wird MATLAB für vielfältige Aufgaben eingesetzt, insbesondere in der Regelungstechnik und der technischen Mechanik. Zusätzlich zum Basismodul ist eine ganze Reihe von Erweiterungen für MATLAB erhältlich, die so genannten Toolboxen™. Dazu gehört beispielsweise Simulink®, eine grafische Oberfläche, mit der man interaktiv komplexe Systeme modellieren und simulieren kann.

Weitere Informationen zu MATLAB finden Sie im Internet auf den Seiten von „The MathWorks, Inc.":

http://www.mathworks.com/

http://www.mathworks.de/

und speziell auf der Seite von *Cleve Moler*:

http://www.mathworks.com/moler/

1.2 Datenverarbeitung

Bevor wir zum eigentlichen Programmieren kommen, wollen wir einen Blick darauf werfen, was wir hierzu als Voraussetzung benötigen. Man kann Programme zwar auch mit Bleistift und Papier entwerfen. Wenn Sie dieses Buch lesen, sollten Sie jedoch besser bereits an einem Computer sitzen, um Beispiele und Anwendungen direkt auszuprobieren und sofort eine Rückmeldung über gemachte Fehler zu erhalten.

Und Sie werden am Anfang Fehler machen! Sogar an Stellen, von denen Sie bisher gar nicht wussten, dass man dort Fehler machen kann. Sie können mir glauben: Ihr Deutschlehrer war um einiges toleranter, als MATLAB es sein wird!

1.2.1 Hardware

Mit dem Computer – auch Rechner genannt – haben Sie wahrscheinlich bereits einige Erfahrung. Sie haben mit Tastatur und Maus den einen oder anderen Text erstellt und ihn mit einem Drucker auf's Papier gebracht. Sie kennen das Internet vom Surfen oder Chatten. Sie haben sich Filme auf dem Bildschirm angeschaut und Musikstücke auf der Festplatte gespeichert oder auf eine CD oder DVD gebrannt. Damit kennen Sie bereits einen großen Teil von dem, was man Hardware nennt – die „harten" Bestandteile Ihres Computers, also das, was man sehen und anfassen kann.

Oft gliedert man die Hardware noch in die primären Bestandteile, das heißt die Teile, die unbedingt nötig sind, damit der Computer funktioniert, wie Tower, Bildschirm, Tastatur, Maus (oder alles zusammen in einem Notebook), und in die *Peripheriegeräte*, die man seltener benötigt und die eventuell nicht ständig mit dem Computer verbunden sind, wie Netzwerk, Drucker, Scanner, Kamera, Lautsprecher, MP3-Player, USB-Stick und weitere Geräte an der USB- oder einer anderen Schnittstelle.

In unserer Aufzählung kam als erster und oft schwerster Bestandteil der *Tower*, also das Gehäuse des Rechners, der noch einiges an Innenleben zu bieten hat. Im Tower (oder im Inneren eines Notebooks) befinden sich primär die Komponenten, die beim Austausch von Daten oder bei der gegenseitigen Ansteuerung schnell zusammenarbeiten müssen.

Auch wenn diese inneren Werte beim Kauf eines neuen Rechners wichtig sind und den Hauptteil des Preises ausmachen, sollen sie hier nur kurz aufgelistet werden:

- CPU (Central Processing Unit/Prozessor): die zentrale Recheneinheit, das Herz des Rechners, das die Programme ausführt, vom Typ Intel Pentium, AMD, ...

- Systemtakt: legt fest, wie viele Operationen pro Sekunde das System ausführen kann, aktuell im GHz-Bereich.

- Speicherbausteine (Memory): dienen zum kurzzeitigen, schnellen Zwischenspeichern von Daten (RAM, aktuell 512 MByte bis in den GByte-Bereich, aufrüstbar) oder enthalten unveränderliche Startdaten für das System (ROM, BIOS).

- Bus: zentrales, schnelles Kommunikationssystem für den Datenaustausch zwischen den einzelnen Komponenten im Tower, auch zur Aufnahme von Erweiterungskarten.

- Grafikkarte: zur Aufbereitung der Daten für den Bildschirm.

- USB-Schnittstelle: Anschlüsse für externe Geräte, wie Tastatur, Maus, ...

- I/O-Karten: Anschlüsse für weitere Geräte zum Ein- und Auslesen von Daten, zum Beispiel für externe Laufwerke mit SCSI – werden immer mehr durch USB ersetzt.

- Festplatten (Hard Disc): langfristiger Datenspeicher.

- CD/DVD-Laufwerk bzw. -Brenner: Speicherung auf externe Medien.

- Diskettenlaufwerk: spielt eine immer geringere Rolle, seit es USB-Sticks gibt.

- Modem: Anschluss an das Telefonnetz beziehungsweise Internet.

- Netzwerkkarte (LAN): Anschluss an ein Computer-Netzwerk.

- WLAN (Wireless-LAN): Funkschnittstelle zu einem Computer-Netzwerk, damit oft auch Zugang zu einem Internet-Modem.

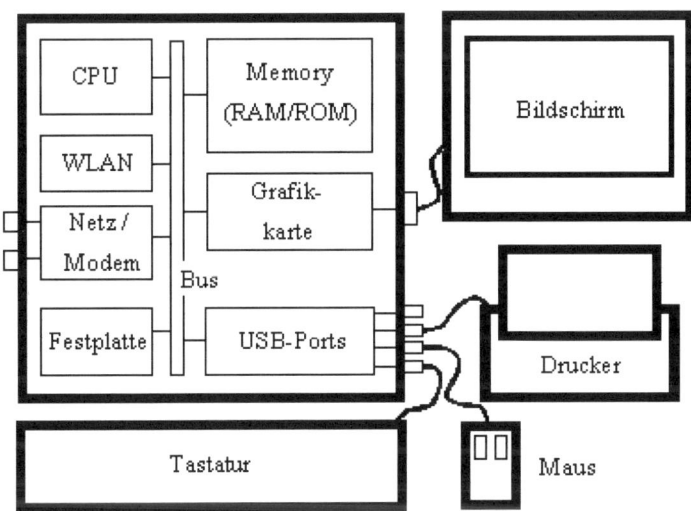

Abbildung 1.1 Hardware-Komponenten

1.2.2 Software

Als Software bezeichnet man die Programmteile eines Rechners. Dies sind sozusagen die „Ideen" – also die Vorschläge, was man mit der Hardware alles anstellen könnte. Auch wenn man Ideen nicht anfassen kann, so sind sie im Allgemeinen doch irgendwo lokalisierbar, bei den Menschen im Kopf und bei den Rechnern als Daten auf einem Speichermedium, wie CD, Festplatte, BIOS oder auch als Virus im Anhang einer E-Mail.

Um zu verstehen, wie aus den Programmdaten die Aktionen werden, die einen Rechner steuern und kontrollieren, müssen wir den Vorgang betrachten, der einen Rechner „zum Leben erweckt" – den *Boot-Vorgang* oder kurz: das Booten.

Nach dem Einschalten des Rechners startet die CPU mit der Abarbeitung des BIOS an einer bestimmten Adresse im ROM-Datenbereich. Als Erstes wird ein Test des Systems durchgeführt und dann nach möglichen bootfähigen Betriebssystemen (Windows XP, DOS, Linux, MAC OS, …) gesucht, entweder auf der Festplatte oder einem externen Medium, wie CD, Diskette etc. Werden mehrere Betriebssysteme gefunden, bleibt normalerweise dem Anwender die Auswahl überlassen. Auf den meisten privaten Rechnern ist jedoch nur ein Betriebssystem vorhanden, das in diesem Fall automatisch gestartet wird.

Jetzt, wenn das Laufzeitsystem aktiv ist, übernimmt das Betriebssystem die Kontrolle über den Rechner, und Sie als Anwender können die *Anwenderprogramme* starten, zum Beispiel Word, Computerspiele oder auch MATLAB. Diese Programme befinden sich auf der Festplatte (oder auf einer CD bzw. einem sonstigen externen Medium) in einem bestimmten *Verzeichnis*. Beispielsweise liegt die Programmdatei *MATLAB.exe* bei einer Standardinstallation (der Version 2010a) auf der Partition C der Festplatte im Verzeichnis „C:\Programme\MATLAB\R2010a\bin\win32\".

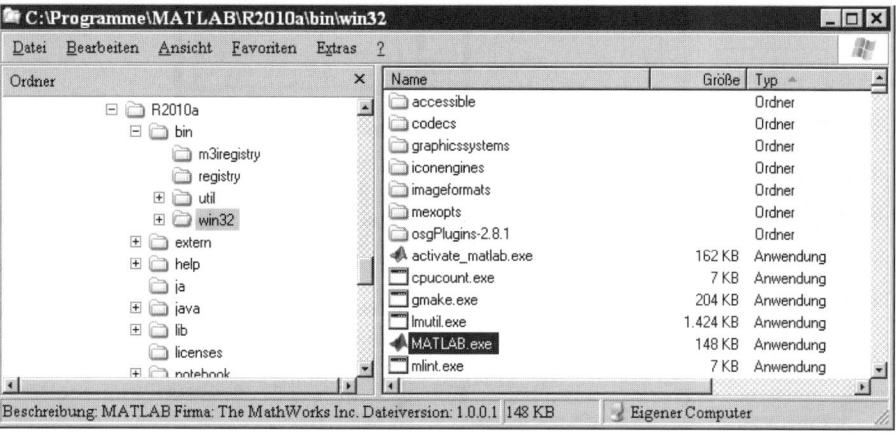

Abbildung 1.2 MATLAB-Verzeichnis

Beim *Starten eines Programms* (zum Beispiel durch einen Doppelklick mit der Maus) lädt das Betriebssystem den *Programm-Code* in den Hauptspeicher und reserviert zusätzlich weiteren Speicher des Rechners (RAM) für *Daten* (siehe unten), wie Stack und Heap. Diese Speicherbereiche werden während des Programmablaufs temporär benötigt, um zum Beispiel Zwischenergebnisse festzuhalten.

Das *Betriebssystem* hat noch weitere Aufgaben neben dem Starten von Anwenderprogrammen – die Verwaltung der Benutzer und deren Zugriffsrechte, die Benutzerschnittstelle mit der Kontrolle über die Eingabe- und Ausgabegeräte wie Tastatur und Maus, die Dateiverwaltung, die Speicherverwaltung für Programme und Daten, das Task-Management zu den laufenden Prozessen und einiges mehr.

1.2.3 Datentypen

Auf den Speichermedien werden alle Daten, ob Programme oder Textdateien, in binärer (zweiwertiger) Form abgelegt. Es gibt nur zwei Zustände für eine Dateneinheit: 0 oder 1. Diese Informationseinheit nennt man ein *Bit*. Zum Arbeiten mit den Daten, also auch beim Programmieren, hat es sich als nützlich erwiesen, nicht direkt auf die einzelnen Bits zuzugreifen, sondern mehrere Bits zur Darstellung unterschiedlicher logischer *Datentypen*, zusammenzufassen, wie

- *Buchstaben* und sonstige Zeichen für Texte,
- *Zahlen* (reell, ganzzahlig, …) für Rechenoperationen,
- *Wahrheitswerte* (logische Werte: wahr/falsch) für Entscheidungen,
- *komplexere Datentypen* (Vektoren, Matrizen, Strukturen, ...).

Als *Datenverarbeitung* bezeichnet man im weitesten Sinn jede Operation mit Daten, zum Beispiel die Addition zweier Zahlen oder die Ausgabe eines Textes auf dem Drucker. Zur „Verarbeitung" müssen die *Daten im Speicher* des Computers (RAM) vorhanden sein. Je nach Datentyp benötigen die Daten unterschiedlich große Speicherbereiche.

Zur Darstellung von *Zeichen* verwendet man eine Speicherlänge von 8 Bit = 1 Byte. Damit können $2^8 = 256$ Zeichen unterschieden werden. In der *ASCII*-Tabelle (**A**merican **S**tandard **C**ode for **I**nformation **I**nterchange) ist vereinbart, auf welche Zeichen die Zahlen 0 bis 127 verweisen. So hat zum Beispiel der Buchstabe „A" den ASCII-Wert 65 und das Leerzeichen „ " den Wert 32. Texte aus mehreren Buchstaben benötigen mehrere Byte, je nachdem wie viele Zeichen der Text enthält. Die ASCII-Werte von 128 bis 255 sind für spezielle Zeichen reserviert, die sich je nach Land oder Betriebssystem unterscheiden können (Codepages). Asiatische Sprachen kommen mit den 256 darstellbaren Zeichen pro Byte nicht aus. Hier verwendet man pro Zeichen ein Double-Byte (16 Bit) beziehungsweise die Kodierung durch Unicode. Die ASCII-Tabelle und weitere Informationen zu den Kodierungen finden Sie beispielsweise in der Internet-Bibliothek www.wikipedia.de.

Zahlen benötigen je nach Typ (ganzzahlig, reell, mit/ohne Vorzeichen, …) einen Speicher von 1 bis 8 Byte und zum Teil mehr. Der Typ *uint8* (unsigned integer 8 Bit) zum Beispiel kann mit seinen 256 Werten die vorzeichenlosen ganzen Zahlen von 0 bis 255 darstellen. Da man heutzutage mit dem Speicherplatz nicht mehr ganz so sparsam umgehen muss, verwenden die meisten Sprachen standardmäßig inzwischen die größeren Formate wie *int32* (ganzzahlig, 32 Bit = 4 Byte) und *double*, also reelle Zahlen in „doppelter Genauigkeit", die in MATLAB 8 Byte belegen.

Komplexere Datentypen setzen sich aus den einfacheren Typen zusammen und benötigen deshalb auch einen größeren Speicherbereich.

1.2.4 Editieren

Dieses Buch handelt davon, wie man eigene Computerprogramme erstellt. *Anwenderpro-gramme* entstehen aus Textzeilen, die vor dem eigentlichen Programmstart als Textdateien auf der Festplatte in einem Verzeichnis (Arbeitsverzeichnis) abgespeichert werden. Zum Erzeugen dieser Textdateien (Editieren) kann jeder *Text-Editor* verwendet werden, der rei-nen Text-Code (ASCII-Code) erzeugt, unter Windows beispielsweise der notepad.exe (nicht aber Microsoft Word, da dieses Programm ein spezielles, binäres Dateiformat an-legt). Die verschiedenen Programmiersprachen (MATLAB, C, Java, Visual Basic, ...) stel-len meist eigene Editoren zur Verfügung, die an die Besonderheiten der jeweiligen Sprache angepasst sind und beispielsweise die Elemente der Sprache durch eine entsprechende Farbgebung kennzeichnen (Syntax-Highlighting).

1.2.5 Programmausführung

Es gibt prinzipiell zwei Arten, wie Programme im Computer ablaufen:

a) Kompilierte Programme:

Hierbei wird vor der Programmausführung aus der Textdatei (mit den Anweisungen des Programms) eine so genannte ausführbare Datei erzeugt – durch Kompilieren und Linken. Unter Windows haben diese ausführbaren Dateien die Endung „*exe*", weshalb man sie auch als exe-Dateien bezeichnet. exe-Dateien kann man mit einem Doppel-Klick der Maus direkt starten, ohne die Programmierumgebung aufrufen zu müssen. Beim Kompilieren und Linken werden außerdem noch umfangreiche Checks durchgeführt, die prüfen, ob im Programmtext die Regeln der Programmiersprache eingehalten wurden. Aktuell sind C und die Erweiterung C++ die in der Industrie am häufigsten verwendeten Sprachen, die kompilierte Programme erzeugen.

b) Interpretierte Programme:

Interpretierte Programme benötigen zur Ausführung immer die Programmierumgebung der verwendeten Sprache. Beim Ablauf des Programms wird jede Anweisung der Textdatei zur Laufzeit interpretiert und ausgeführt. Da der Programmtext vor der Ausführung nicht überprüft wird, können bei interpretierten Programmen Programmierfehler erst zur Lauf-zeit erkannt werden. In MATLAB gibt es jedoch spezielle Tools, um die Syntax des Pro-gramm-Codes vor der Ausführung zu testen. Typische Vertreter der interpretierten Spra-chen sind MATLAB und die verschiedenen Basic-Dialekte (wobei es hier auch kompilier-bare Varianten gibt).

Zu MATLAB gibt es eine Toolbox (*MATLAB Compiler*^TM), die es ebenfalls erlaubt, aus Ihrem Code eine kompilierte exe-Version zu erstellen, die dann auf anderen Computern ohne explizit installierte MATLAB-Anwendung lauffähig ist.

1.3 Erster Kontakt mit MATLAB

1.3.1 Der MATLAB-Desktop

Nach dem ersten Start von MATLAB erscheint auf dem Bildschirm die Standard-Entwicklungsumgebung, der MATLAB-Desktop, der in mehrere Fenster aufgeteilt ist. Im mittleren Fenster, dem „*Command Window*", können Sie hinter dem Prompt „>>" einzelne MATLAB-Befehle eintippen. Im mittleren Fenster mit dem Titel „*Current Folder*" haben Sie Zugriff auf alle Dateien im aktuellen Verzeichnis. Rechts, zu dem Reiter „*Workspace*", sehen Sie alle Variablen, die Sie bisher angelegt haben. Darunter wird Ihnen die Liste aller bisher eingegebenen MATLAB-Befehle, die „*Command History*", angezeigt.

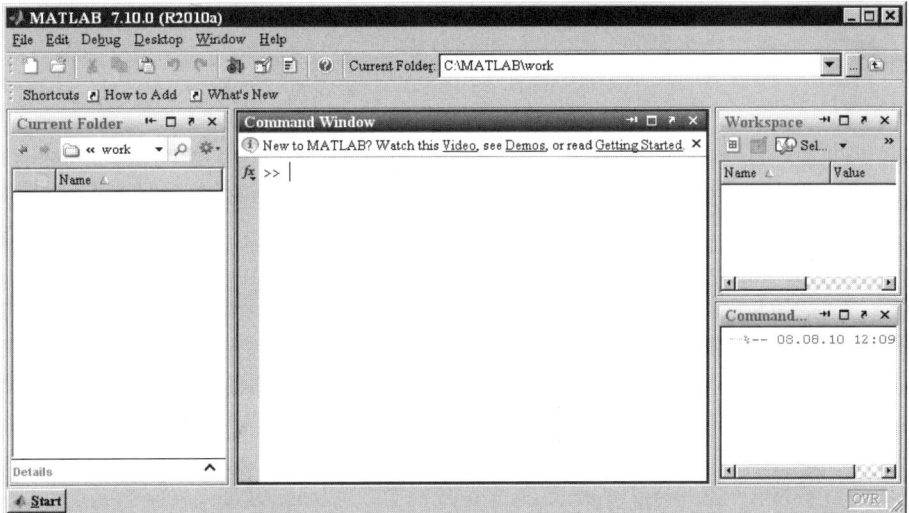

Abbildung 1.3 MATLAB-Desktop

Sie sollten sich angewöhnen, immer in einem definierten *Arbeitsverzeichnis* zu arbeiten. Zum Wechseln des aktuellen Verzeichnisses dienen neben den Schaltknöpfen im Fenster „*Current Directory*" auch die drei Elemente rechts neben dem Hilfe-Icon „?", in der Zeile unterhalb des Hauptmenüs.

Sie können den MATLAB-Desktop beliebig anpassen. Der Menü-Befehl „Desktop + Desktop Layout + Default" stellt Ihnen bei Bedarf die Originalkonfiguration wieder her. Links unten, über den Schaltknopf „*Start*", haben Sie Zugriff auf weitere Module und die Toolboxen, die für Ihr System verfügbar sind.

1.3.2 MATLAB als Taschenrechner

Um Ihnen einen ersten Eindruck von MATLAB zu vermitteln, soll in diesem Abschnitt der mathematische Berechnungsteil von MATLAB vorgestellt werden. Gehen Sie nach dem Start von MATLAB in das rechte Fenster, das *Command-Window*. Dort können Sie hinter dem *Prompt* „>>" (der Eingabeaufforderung) einzelne MATLAB-Befehle eintippen. Versuchen Sie es mit folgendem Befehl:

```
>> 1+1
```

Nach dem Drücken der Eingabetaste (Return/Enter-Taste) antwortet MATLAB:

```
ans = 2
>>
```

 MATLAB verwendet für die Systemantwort (answer) die Standardvariable *ans*, falls der Benutzer zum Speichern eines Ergebnisses nicht eine eigene Variable angegeben hat (siehe Abschnitt 1.3.4: Variablen und Datentypen).

Sie können MATLAB wie einen Taschenrechner bedienen mit den gewohnten mathematischen Symbolen „+", „–", „*" und „/", der Potenzierung „^" oder den runden Klammern:

```
>> (20+4*4) / 9
ans = 4

>> 3^2
ans = 9
```

MATLAB stellt, wie andere Programmierumgebungen auch, eine Vielzahl von *Funktionen* zur Verfügung, die in den eigenen Programm-Code eingebaut werden können. Diese Funktionen sind in Bibliotheken organisiert. Typische Bibliotheken sind:

- Mathematische Bibliotheken mit den Funktionen sin(), log() etc.
- Input/Output-Bibliotheken mit Funktionen zur Bildschirmausgabe etc.
- Grafikbibliotheken zum Zeichnen 2- oder 3-dimensionaler Objekte

Versuchen Sie es einmal mit der Quadratwurzel *sqrt* (square root):

```
>> sqrt( 49 )
ans = 7
```

oder mit der Kosinus-Funktion *cos*:

```
>> cos( 0 )
ans = 1
```

Wenn Sie Hilfe zu einer Funktion benötigen, können Sie über die *help-Funktion* eine kurze Beschreibung abrufen, zum Beispiel für die Sinus-Funktion:

```
>> help sin
SIN   Sine.
   SIN(X) is the sine of the elements of X.
```

Eine etwas umfangreichere Dokumentation erhalten Sie durch die *doc-Funktion*:

```
>> doc sin
```

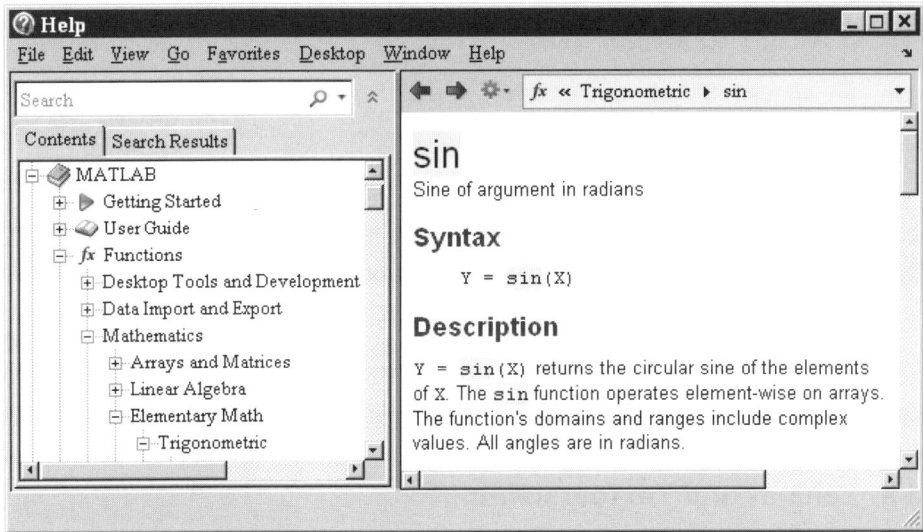

Abbildung 1.4 MATLAB-Hilfe

Durch diesen Befehl wird die *MATLAB-Hilfe* mit ihrer grafischen Oberfläche gestartet. Die MATLAB-Hilfe ist, wie MATLAB selbst auch, in Englisch verfasst. Zur Funktion sin ist dort unter anderem vermerkt, dass man das Argument von sin, also den Winkel, im Bogenmaß angeben muss. Die MATLAB-Hilfe ist gut und umfangreich. Auch wenn Sie zu Beginn eventuell einige Schwierigkeiten mit den englischen Formulierungen haben, sollten Sie dieses Tool intensiv nutzen. Außer wichtigen Informationen und Hilfestellungen liefert die MATLAB-Hilfe viele Beispiele zu den einzelnen Gebieten.

Durch den Befehl „*help matlab\elfun*" erhalten Sie die lange Liste der vorhandenen elementaren mathematischen Funktionen.

```
>> help matlab\elfun
   Elementary math functions.
   Trigonometric.
   sin         - Sine.
   sind        - Sine of argument in degrees.
   ...
```

Beispielprogramme, MATLAB Demos, finden Sie, wenn Sie den Befehl „*help demos*"
bzw. „*doc demos*" eingeben. Der Befehl *help* ohne weitere Spezifikation gibt Ihnen die
Liste aller vorhandenen help-Bereiche. Weitere Hilfe bekommen Sie über *helpwin* und
lookfor.

So weit hat alles gut geklappt. Aber oftmals wird Ihnen MATLAB nicht das gewünschte
Ergebnis liefern, beispielsweise bei:

```
>> sinus( 1 )
??? Undefined command/function 'sinus'.

>> cos( o )
??? Undefined function or variable 'o'.
```

Nach diesen Funktionsaufrufen gibt es kein Ergebnis, sondern auf dem Bildschirm stehen
drei rote Fragezeichen, gefolgt von einer in Englisch gehaltenen Fehlermeldung. Auch
wenn Ihnen diese Meldungen unverständlich und rätselhaft erscheinen, sollten Sie immer
nach den Ursachen der gemeldeten Fehler suchen! In unseren Beispielen haben wir im ersten Fall den falschen Funktionsnamen gewählt, *sinus* anstelle von *sin*. Im zweiten Fall
wurde anstelle der Zahl „0" der Buchstabe „o" als Winkelargument für die cos-Funktion
verwendet.

1.3.3 Zahlen- und Textdarstellung

MATLAB kennt folgende Zahlenformate:

- ganze Dezimalzahlen mit oder ohne Vorzeichen:

    1 −2 +30 −400

- Dezimalbruch, mit einem Dezimalpunkt (nicht mit einem Komma!), mit oder ohne
  Vorzeichen. Vor oder nach dem Dezimalpunkt muss keine weitere Zahl stehen:

    1.5 −2.0 +.25 −425. 3.141592

- dezimale Gleitkommazahlen, wobei Mantisse und Exponent mittels des Buchstabens e
  (entspricht einem „10-hoch") verknüpft sind:

    1.0e+3 ist also $1.0 * 10^{+3} = 1000$,

    weitere Beispiele: .1e−5 $(= 0.1*10^{-5})$, 5.e3 $(= 5*10^3)$, 2e3 $(= 2*10^3)$

 Um mit der MATLAB-Notation in den Programm-Listings kompatibel zu bleiben, wird in
diesem Buch für die Multiplikation auch im Text das *-Zeichen anstelle des Multiplikations-
punktes verwendet.

Diese Zahlendarstellungen werden in MATLAB *Literale* genannt. Daneben gibt es noch
Konstanten, die man über ihren Namen anspricht, zum Beispiel die Zahl *pi* = 3.14... (eine
Liste der Konstanten finden Sie in Kapitel 6 „Befehlsübersicht"):

```
>> pi
ans = 3.1416
>> 1.2e+2 + pi
ans = 123.1416

>> pi - .141592
ans = 3.0000

>> sin( pi/2 - 3.141592 )
ans = -1.0000
```

 Als *Argumente von Funktionen*, wie zum Beispiel sin, sind sowohl Zahlen als auch beliebige mathematische *Ausdrücke* erlaubt, beispielsweise „pi/2 − 3.141592". In den Ausdrücken können Sie anstelle expliziter Zahlenwerte auch Variablen verwenden, die wir im folgenden Abschnitt vorstellen werden.

Imaginäre Zahlen schreibt man, wie üblich, mit einem (ohne Zwischenraum) angehängten *i*, das auch durch ein *j* ersetzt werden kann. Eine komplexe Zahl entsteht als Summe aus Real- und Imaginärteil:

```
>> 3 + 4i
ans = 3.0000 + 4.0000i
```

Alternativ ist auch die Schreibweise mit dem Multiplikationspunkt erlaubt:

```
>> 3 + 4 * i
```

Sie sollten deshalb besser nie eine eigene Variable namens *i* erzeugen!

Real- und Imaginärteil erhalten Sie über die Funktionen *real* und *imag*:

```
>> imag(3 + 4 * i)
ans =   4
```

Texte (Strings, Character-Arrays) werden in MATLAB zwischen zwei einfache Hoch-Kommata gesetzt:

```
>> 'Das ist ein Text'
ans = Das ist ein Text
```

Die *Antwort* des Systems (ans = ...) können Sie *unterdrücken*, wenn Sie hinter eine Anweisung (hier die Texteingabe) ein *Semikolon* setzen:

```
>> 'Das ist ein Text';
```

 Wie bereits erwähnt, finden sich in den Programmbeispielen dieses Buches oft zusätzliche Klammern und Semikolons, die in MATLAB nicht zwingend notwendig sind, den Programm-Code aber „C-ähnlicher" machen.

1.3.4 Variablen und Datentypen

Jetzt wollen wir die reine Taschenrechner-Ebene von MATLAB verlassen und uns dem Programmierteil zuwenden. Programmierung bedeutet primär das Verarbeiten von *Daten*. Und diese Daten müssen vor der Verarbeitung erst im Rechner abgelegt sein.

Hierzu definiert man in MATLAB Variablen – das heißt, man legt im Computer einen Speicherplatz (im RAM-Bereich) mit einem selbst gewählten Variablennamen an. Wir haben dann beispielsweise ein paar Byte mit dem Namen *x* oder *nr* oder auch *Willy*. In diesen Speicherbereich kann man Daten „hineinschreiben" (Wertzuweisung) und später über den Namen auf diese Daten wieder zugreifen – die Daten „auslesen".

Namen beginnen in MATLAB immer mit einem Buchstaben. Dann können Ziffern und das „_"-Zeichen folgen. Zwischen Groß- und Kleinschreibung wird unterschieden. Bis zur Länge von 31 Zeichen sind die Namen eindeutig. Die Namen dürfen aber auch länger sein.

Variablen werden in MATLAB erzeugt (*Variablendefinition*), indem man einen Namen wählt und diesem Namen einen Datentyp und einen Wert zuweist in der Form

> Name = Datentyp(Wert)

Mit der folgenden Anweisung erzeugen Sie zum Beispiel Speicherplatz mit dem Variablennamen *x* und weisen ihm den ganzzahligen Wert 5 zu:

```
>> x = int32( 5 )
x = 5
```

 Sie müssen zwischen dem Namen einer Variablen und ihrem Inhalt unterscheiden. Auch wenn eine Variable und der zugehörige Speicherplatz den Namen *Willy* tragen, sagt das nichts darüber aus, was unter diesem Namen gespeichert wurde. Dort kann zum Beispiel der Wert von π stehen oder auch der Text „Eva". Im obigen Fall steht die Zahl 5 im Speicherplatz mit dem Namen *x* und nicht etwa der Buchstabe „x".

In MATLAB, wie in anderen Programmiersprachen auch, werden *Wertzuweisungen* immer von *rechts nach links* gelesen. In unserem Beispiel wird also die ganze Zahl 5 an die Variable *x* übergeben. Die Zeile „x = int32(5)" darf nicht als Gleichung im mathematischen Sinn aufgefasst werden, sondern immer als *Operation*, die Werte an die Variable auf der linken Seite übergibt. Mathematisch würde beispielsweise folgende Zeile gar keinen Sinn ergeben:

```
>> x = x + 2
x = 7
```

Als MATLAB-Operation ist dies jedoch wohl definiert und meint:

- Hole den Wert, der in der Variablen *x* gespeichert ist (aktuell die Zahl 5),
- addiere dazu die Zahl 2 und

- weise dieses Ergebnis der Variablen *x* (linke Seite der Gleichung) zu,
- wodurch der dort gespeicherte Wert 5 mit dem Wert 5+2 = 7 überschrieben wird.

Jede neue Definition *überschreibt* eine eventuell bereits mit diesem Namen bestehende Variable. Sie können damit sogar die vordefinierten Konstanten, wie *pi* oder *i*, überschreiben – was Sie aber besser nicht tun!

```
>> pi
ans = 3.1416


>> pi = 1
pi = 1
```

 Sie sollten sich angewöhnen, als Bezeichnung für Ihre Variablen (und Funktionen) nicht die Kurznamen *a*, *b*, *n* oder *x* zu verwenden, sondern so genannte „sprechende Namen":

```
>> Normal_Temperatur = 37.5;
>> Eingangs_Spannung = 1.2;
>> Kundenname = 'Meyer';
```

Wenn die Bedeutung einer Variablen schon durch den Namen angedeutet ist, verringert sich die Gefahr einer Verwechslung und irrtümlichen Verwendung.

Datentypen wurden bereits im vorherigen Abschnitt eingeführt. Hier als Zusammenfassung die *Datentypen*, die man in MATLAB im Normalfall für Variablen verwendet:

- ***int32***   ganze (integer) Zahlen, Länge 4 Byte = 32 Bit
- ***double***   reelle Zahlen, Länge 8 Byte, doppelte Genauigkeit
- ***char***   Textzeichen (character), in MATLAB 2 Byte
- ***logical***   Wahrheitswert (boolean) – *true* (wahr) oder *false* (falsch)

Für spezielle Anwendungen benutzt MATLAB aber auch davon abweichende Datentypen. Im Abschnitt 4.2 Bildverarbeitung wird für die Farbdefinition beispielsweise der Typ *uint8* benötigt, der mit einem Byte nur ein Viertel des Platzes von int32 einnimmt, was sich bei großen Bildern durchaus bemerkbar macht.

Der Befehl „*help datatypes*" listet alle in MATLAB vorhandenen Datentypen auf. Den Datentyp einer angelegten Variablen kann man mit dem Befehl *whos* auslesen:

```
>> whos x
  Name      Size      Bytes  Class
    x        1x1          4  int32 array
```

x ist in unserem Fall also vom Typ int32, genauer gesagt ein 1x1-Feld (Array) vom Typ int32.

In selteneren Fällen legt man zu einer Variablen auch noch die *Speicherklasse* fest. Normalerweise verwendet man die vorgegebene automatische Speicherzuweisung. Man kann jedoch beispielsweise die Sichtbarkeit oder die Lebensdauer einer Variablen explizit beeinflussen durch Vereinbarungen wie *global* oder *persistent*. Globale Variablen werden wir im Spiel-Projekt für die Datenbasis verwenden.

MATLAB lässt auch zu, dass man bei einer Variablendefinition den *Datentyp nicht explizit* angibt. In diesem Fall wählt MATLAB *automatisch* einen passenden Typ. Für Zahlen ist dies der Typ *double*:

```
>> y = 6
y = 6


>> whos y
  Name      Size       Bytes  Class
  y         1x1            8  double array
```

 Um die Frage, ob eine Programmiersprache explizit die Deklaration von Datentypen fordern muss, wurden bereits Glaubenskriege geführt. Explizite Datentypen machen Programme sicherer, ein Teil der Fehlerquellen wird dadurch automatisch erkannt – zumindest in der Theorie. Die Programmiersprache von MATLAB ist nicht „typsicher". Sie bekommen keinerlei Warnung bei einer Typverletzung, wenn Sie beispielsweise Text einer Variablen zuweisen, die eigentlich für Zahlen gedacht ist. Aber auch in typsicheren Sprachen bekommen Sie keine Warnung, wenn Sie zwei Variablen verwechseln, die denselben Datentyp haben.

Ich selbst wäre vor einigen Jahren noch treu auf der Seite der Datentyp-Befürworter gestanden. Jedoch liegen die unangenehmeren und hartnäckigeren Fehler meiner Erfahrung nach an ganz anderen Stellen – und erfordern ein ausgeklügeltes Konzept zur Qualitätssicherung. Die Verwendung von „sprechenden Namen" bei einer Variablendeklaration und ein übersichtlicher, klarer Programmierstil sind schon mal gute Ansätze für eine größere Fehlerfreiheit. Aus diesen Gründen werde ich in Zukunft der Einfachheit halber oft die automatische Typzuweisung von MATLAB verwenden.

Aber eines ist auch klar: MATLAB und andere interpretierte Programme sind nicht dafür gedacht, große Software-Projekte durchzuführen. Mit „groß" meine ich eine Million Zeilen Programm-Code aufwärts, mit rechenintensiven Anteilen.

1.3.5 Vektoren und Matrizen

Variablen und Datentypen kennen wir jetzt. Die Standardtypen von MATLAB sind allerdings nicht einzelne Zahlen, sondern Matrizen, also zweidimensionale *Felder* (Arrays) mit einer gewissen Anzahl von Zeilen und Spalten, wie Sie Ihnen aus der Matrizenrechnung oder vom Tabellenkalkulations-Programm Excel bekannt sein sollten.

In einem Beispiel des letzten Abschnitts wurde die Variable x als 1x1-Array vom Typ int32 geführt. Das heißt, x ist ein Feld mit nur einer Zeile und einer Spalte – hat also genau eine einzige *Zelle*, in der der ganzzahlige Wert von x steht.

Ein Feld mit mehr als einer Zelle erzeugen Sie durch die Angabe einer *Wertliste*, die zwischen eckigen Klammern […] steht. Die einzelnen *Zeilen* des Feldes werden dabei durch jeweils ein *Semikolon* [Zeile1; Zeile2; …] getrennt. Die Daten innerhalb einer Zeile (die einzelnen *Spalten*) werden durch *Kommas* oder *Leerzeichen* getrennt.

Die Anweisung

```
>> a = [ 3; 2; 1 ]
a =  3
     2
     1
```

```
>> whos a
  Name      Size      Bytes  Class
  a         3x1          24  double array
```

legt also einen *Spaltenvektor* an (3 Zeilen, 1 Spalte), der beispielsweise eine Position im Raum definiert (3 m nach rechts, 2 m nach hinten und 1 m nach oben) – intern von MAT-LAB geführt als double-Array mit 3 Zeilen und einer Spalte (Size = 3x1). Da wir für die Zahlen keinen Datentyp angegeben haben, wurde von MATLAB automatisch der Typ double verwendet.

Den entsprechenden *Zeilenvektor* (1 Zeile und 3 Spalten) erhält man durch:

```
>> b = [ 3, 2, 1 ]
b = 3   2   1
```

```
>> whos b
  Name      Size      Bytes  Class
  b         1x3          24  double array
```

Die Kommas als Trenner der Daten innerhalb einer Zeile können auch durch *Leerzeichen* ersetzt werden, also „b = [3 2 1]".

Eine echte zweidimensionale *Matrix*, zum Beispiel ein Feld mit zwei Zeilen und zwei Spalten, können Sie wie folgt anlegen:

```
>> c = [ 1, 2; 3, 4  ]
c = 1     2
    3     4
```

```
>> whos c
  Name      Size      Bytes  Class
  c         2x2          32  double array
```

 Die Begriffe *Array* und *Matrix* werden hier oft synonym verwendet, wenngleich Matrizen und Vektoren genau genommen als Objekte der linearen Algebra definiert sind.

In MATLAB sind *Rechenoperationen*, wie +, −, *, / und ^, auch für Matrizen definiert. Dies erfolgt analog den Regeln für Matrix-Operationen, zum Beispiel die Multiplikation einer Matrix mit einer Zahl, hier mit der 2:

```
>> 2 * c
ans =   2     4
        6     8
```

oder die Matrix-Multiplikation von c mit sich selbst:

```
>> d = c * c
d =   7    10
     15    22
```

 Zur Erinnerung:

Durch die Multiplikation zweier Matrizen A und B erhält man die Matrix $D = A * B$, deren Elemente D_{mn} wie folgt definiert sind:

$$D_{mn} = \sum_{k=1}^{N} A_{mk} * B_{kn}$$

N ist hierbei die Zahl der Spalten der Matrix A. Damit das Produkt $A*B$ definiert ist, muss die Matrix A exakt so viele Spalten haben, wie die Matrix B Zeilen besitzt.

So ergibt sich beispielsweise der Wert von d_{21} durch:

$$d_{21} = \sum_{k=1}^{2} c_{2k} * c_{k1} = c_{21} * c_{11} + c_{22} * c_{21} = 3 * 1 + 4 * 3 = 15$$

Möchte man anstelle der Matrix-Multiplikation nur die Komponenten der Matrizen miteinander multiplizieren, erreicht man dies, indem man vor den Multiplikationsoperator * einen *Punkt* setzt. Für e_{21} erhält man so das Produkt der Komponenten $c_{21} * c_{21} = 3*3 = 9$:

```
>> e = c .* c
e =   1     4
      9    16
```

Text wird von MATLAB als ein *Character-Array* mit einer Zeile und n Spalten behandelt:

```
>> f = 'hello, world'
f = hello, world

>> whos f
  Name       Size       Bytes   Class
     f        1x12          24   char array
```

Die Anführungszeichen ' zeigen MATLAB, dass die folgenden Daten Text sind, also vom Datentyp char. Pro Zeichen verwendet MATLAB zwei Byte, was für 12 Zeichen insgesamt 24 Byte ergibt.

 Für C-Programmierer:

MATLAB schließt einen String nicht durch ein zusätzliches Null-Byte ab, sondern merkt sich direkt die Zahl der Zeichen eines Strings.

Wir werden uns mit den Matrix-Operationen in einem späteren Kapitel noch eingehender beschäftigen.

1.3.6 MATLAB aufräumen

Im Laufe der Zeit werden Sie einige Variablen in MATLAB erzeugt haben. Um alle definierten Variablen wieder aus dem Speicher von MATLAB zu _löschen_, gibt es die Funktion _clear all_

Mit dem Befehl _clc_ löschen Sie die Anzeigen im Command-Window und behalten so besser die Übersicht über Ihre Arbeit.

1.3.7 Zusammenfassung

- Mathematische Operatoren: +, −, *, /, ^
- Funktionen: sqrt, sin, cos, real, imag
- Hilfe-Aufrufe: help, doc, whos
- Ganze Dezimalzahlen, Dezimalbrüche, dezimale Gleitkommazahlen
- Komplexe Zahlen
- Text (String)
- Datentypen: int32, **double**, char, logical, uint8, ...
- Variablendefinition: Name = Datentyp(Wert), Beispiel: x = int32(5)
- Implizite Variablendefinition: Name = Wert, Beispiel: y = 3.14
- Spaltenvektor: v = [3; 2; 1], Zeilenvektor: w = [3, 2, 1]
- Zweidimensionale Matrix: c = [1, 2; 3, 4]
- Matrix-Operationen komponentenweise: .*, ./, .^
- MATLAB aufräumen: clear all, clc

1.3.8 Aufgaben

Die *Lösungen zu den Aufgaben* finden Sie im Internet unter:

www.Stein-Ulrich.de/Matlab/

Aufgabe 1.3.1:

Quadrieren Sie die Zahlen 3, *pi*, −1 und *i* mit Hilfe des Operators ^ und ziehen Sie aus den Ergebnissen jeweils die Wurzel.

Aufgabe 1.3.2:

Wählen Sie unterschiedliche Winkel *w* zwischen 0 und π. Berechnen Sie für jeden Winkel die Summe der Quadrate von sin(*w*) und cos(*w*).

Aufgabe 1.3.3:

Erzeugen Sie das 1x5-Array *sval*, das die fünf Sinus-Werte für die Bogenmaß-Winkel 0, π/6, π/4, π/2 und π enthält. Führen Sie die gleichen Rechnungen für die Grad-Winkel 0, 30°, 45°, 90° und 180° durch. Hierzu müssen Sie die Winkel ins Bogenmaß umrechnen, da die MATLAB-Funktionen sin und cos ihre Argumente im Bogenmaß erwarten – zur Erinnerung: π entspricht 180°.

Versuchen Sie es auch einmal mit den Funktionen sind und cosd.

Aufgabe 1.3.4:

Was erhalten Sie, wenn Sie den Spaltenvektor *v* = [2;3] mit der Matrix *A* = [1 0; 0 −1] multiplizieren? Was ist das Ergebnis von *A**A?

Aufgabe 1.3.5:

Erzeugen Sie einen Zeilenvektor, der als Komponenten nicht Zahlen, sondern Buchstaben enthält. Überprüfen Sie den Typ des Vektors mit der Funktion whos.

Aufgabe 1.3.6:

Versuchen Sie, durch bewusst falsche Anweisungen Fehlermeldungen zu erzeugen, um ein Gefühl dafür zu bekommen, wie MATLAB auf Fehler reagiert.

2

Programmstrukturen

2 Programmstrukturen

In Kapitel 1 haben wir ein wenig in MATLAB herumgeschnüffelt, und Sie haben auch bereits einige Möglichkeiten des Programms kennen gelernt. Nun, in Kapitel 2, sollen systematisch die zentralen Bereiche der MATLAB-Programmiersprache vorgestellt werden. Für eine vollständige Beschreibung aller Möglichkeiten, die MATLAB bietet, reicht der Umfang dieses Buches jedoch bei Weitem nicht aus. Deshalb wurden für dieses Kapitel speziell die Aspekte ausgewählt, die typischerweise auch in anderen Programmiersprachen, wie in C oder Java, die Basis der Programmierung bilden. Dazu gehören

- die zentralen Ablauf-Konstrukte: Funktion, Verzweigung, Schleife
- die Kommunikation mit der Außenwelt: Ein- und Ausgabe von Zahlen und Text, Grafikerstellung, Dateioperationen
- die erweiterten Datentypen: Feld, Struktur, String

2.1 Funktionen

2.1.1 Eine Black Box

Sie (ich spreche mal die männlichen Leser an) besuchen Ihre Freundin und bringen Eier, Milch, Mehl, Zucker, Butter und Salz mit. Ihre Liebste verschwindet mit den Sachen in der Küche, während Sie im Zimmer warten müssen. Nach einiger Zeit kommt Ihre Freundin mit frischen Pfannkuchen zurück.

Diesen Vorgang kann man als „Black Box" ansehen – eine „schwarze Schachtel", in der abgedunkelt etwas passiert, was Sie von außen nicht beobachten können.

Abbildung 2.1 Black Box Pfannkuchen

Die Black Box hat *Eingangswerte*, alles was in die Box hineingelangt, in unserem Fall Eier, Milch, Mehl, Zucker, Butter und Salz – und *Rückgabewerte*, die Pfannkuchen, die in der Box auf geheimnisvolle Art entstehen (der Zutritt zur Küche wurde Ihnen nach leidvollen Erfahrungen bei der letzten Party verboten).

Auch Funktionen sind so eine Art Black Box. Nur beschickt man sie nicht mit Eiern, sondern mit Zahlen oder Texten, also unseren Daten. Aus dem Mathematik-Unterricht sollten Ihnen bereits mathematische Funktionen bekannt sein, wie Sinus, Kosinus oder die Wurzelfunktion, die man in Programmiersprachen oft mit *sqrt* (Square Root) bezeichnet. Wie bei der Black Box für die Pfannkuchen gibt es auch bei den Funktionen Eingangs- und Rückgabewerte – beispielsweise kann man die Zahl 9 als Eingabe an die sqrt-Funktion geben, die dann als Rückgabe hoffentlich die Zahl 3 liefert.

Abbildung 2.2 Black Box sqrt-Funktion

In MATLAB lautet dieser Aufruf, wie wir bereits gesehen haben, folgendermaßen:

```
>> sqrt( 9 )
ans = 3
```

oder falls man sich das Ergebnis in der Variablen *y* merken möchte:

```
>> y = sqrt( 9 )
y = 3
```

Wie MATLAB oder eine andere Programmiersprache die Wurzel von 9 berechnet, das wird dem Anwender im Allgemeinen nicht mitgeteilt. Auch hier dürfen wir die Küche der Programmierer nicht betreten und müssen darauf vertrauen, dass MATLAB einen zuverlässigen Algorithmus zur Wurzelberechnung verwendet hat.

2.1.2 Eingangs- und Rückgabeparameter

Bleiben wir noch etwas bei den Eingangs- und Rückgabewerten bzw. den dafür vorgesehenen formalen Parametern. Die meisten Funktionen haben eine fest vorgegebene Zahl von Eingangs- und Rückgabeparametern, bei der sqrt-Funktion sind es ein Eingangs- und ein Rückgabeparameter. Daneben ist die *Reihenfolge* der Parameter und deren Datentyp wichtig. Es gibt aber auch Funktionen, bei denen die Zahl und der Datentyp der Eingangswerte (Argumente) variabel ist und erst beim Aufruf der Funktion, also zur Laufzeit, bestimmt wird – durch den so genannten *varargs-Mechanismus*.

Daneben gibt es Funktionen, die gar *keine Eingangsparameter* haben – die Analogie wäre der Fall des Pfannkuchenbackens, wobei Sie selbst keinerlei Zutaten mitbringen, sondern auch das der Freundin überlassen. Diese Black Box hätte dann nur den Rückgabeparameter *Pfannkuchen*. Analog gibt es Funktionen, die *keine Rückgabeparameter* haben, was auf den ersten Blick kurios klingt: Was soll eine Funktion, die nichts zurückgibt. Diese Funktion wird aber normalerweise trotzdem etwas tun, aber wir, als Auftraggeber, bekommen nichts zurück – die Analogie wäre zum Beispiel der Auftrag, während unseres Urlaubs die Haustiere zu füttern, wovon wir selbst jedoch keine Rückmeldung bekommen. In zuverlässigen Projekten sollte aber jede Funktion etwas zurückgeben, zum Beispiel eine E-Mail, dass die Aufgabe erledigt wurde – Vertrauen ist gut, Kontrolle des Vorgangs besser.

Programmieren besteht hauptsächlich darin, selbst Funktionen zu schreiben. Man zerlegt eine größere Aufgabe in kleinere Häppchen, typischerweise in der Größe von einer Textseite Programm-Code. Man könnte das große Projekt theoretisch zwar auch als eine lange Abfolge einzelner Anweisungen anlegen, so genannten „*Spaghetti-Code*" programmieren, folgende Überlegungen sprechen jedoch gegen so ein Vorgehen:

- Einzelne, kurze Funktionen sind besser zu testen.
- Einzelne Funktionen können in weiteren Projekten (wieder-)verwendet werden.
- Nur die Zerlegung eines Projektes in Funktionen erlaubt ein sinnvolles Concurrent-Engineering, das Zusammenarbeiten mehrerer Mitarbeiter im Projekt.

Insbesondere beim *Concurrent-Engineering* ist das Anlegen einer Funktion als Black Box wichtig – man definiert nur Eingangs- und Rückgabeparameter und die gewünschte Funktionalität. Der Mitarbeiter, der die Funktion programmiert, hat dann eine relativ freie Hand bei deren Gestaltung. In der Systemdokumentation muss der Funktionsablauf zwar exakt beschrieben werden, die meisten Anwender der Funktion werden sich aber nicht dafür interessieren – genauso wenig, wie Sie sich dafür interessieren, wie die MATLAB-Programmierer die sqrt-Funktion implementiert haben.

2.1.3 Funktionen in MATLAB

In MATLAB haben Funktionen folgende allgemeine Form:

```
function y = fname( x )
% H-Line (Hilfe zur Funktion)

    % Abfolge von Anweisungen mit dem Funktions-Code,
    % in dem die Eingangsparameter verarbeitet werden
    ... x
    % Zuweisung des Rückgabewerts an den Rückgabeparameter
    y = ...
```

Zeilen im Funktions-Code, die mit einem *%-Zeichen* beginnen, sind *Kommentare*, die bei der Programmausführung nicht berücksichtigt werden. Sie dienen alleine als Hilfe für die Programmierer. Von spezieller Bedeutung ist dabei eine Kommentarzeile, die direkt auf die Funktionsdeklaration folgt. Diese so genannte *H-Line* enthält einen Hilfetext zur Funktion und wird von MATLAB angezeigt, wenn Sie im Command-Window die Anweisung „*help fname*" eintippen.

 In der H-Line dürfen vor dem %-Zeichen keine Leerzeichen stehen! Ansonsten kann die H-Line auch mehrere Zeilen lang sein, solange sie nicht durch eine Leerzeile geteilt ist. Die H-Line darf auch oberhalb der function-Zeile stehen.

Der *Funktionsname* fname muss mit einem Buchstaben beginnen. Darauf kann jede beliebige Kombination von Buchstaben, Zahlen oder Unterstrichen („_") folgen. Gibt es mehrere *Eingangsparameter* (Funktionsargumente), dann werden diese durch Kommas getrennt, zum Beispiel (1,2,3,...). Bei mehreren *Rückgabeparametern* verwendet man anstelle der einen Variablen *y* eine MATLAB-Liste, zum Beispiel [*a,b,c*,...], wie wir sie bereits von den Zeilenvektoren kennen. Gibt es keine Rückgabeparameter, dann entfällt der vordere Teil „y = ..." in der Funktionsdeklaration, oder man ersetzt *y* durch eine leere Liste, also beispielsweise „[] = fname(...)"

Im *Funktionskörper* kann eine beliebige Zahl von Anweisungen stehen, in denen normalerweise die Eingangsparameter verarbeitet werden. Hat die Funktion einen Rückgabewert, muss irgendwo in der Funktion auch eine Anweisung erscheinen, die den Rückgabewert setzt, also zum Beispiel in der Form „y =...". Der Programmablauf innerhalb einer Funktion erfolgt *sequentiell*, das heißt, der Programm-Code wird Zeile für Zeile nacheinander abgearbeitet – außer man trifft auf einen Verzweigungspunkt (Auswahl), eine Schleife (Iteration) oder auf eine Unterfunktion.

Für jede MATLAB-Funktion, die Sie vom Command-Window aus aufrufen möchten, erzeugen Sie eine eigene Datei, die den gleichen Namen trägt wie die Funktion selbst und die Endung „.m" besitzt – einen so genannten *M-File*. Der M-File kann nach der Hauptfunktion zusätzlich noch weitere Funktionen (*private Funktionen*) enthalten, die nur innerhalb dieser Datei bekannt sind. Von außen, zum Beispiel vom Command-Window aus, kann eine private Funktion eines M-Files nicht aufgerufen werden.

Zum *Ausführen* Ihrer MATLAB-Funktion tippen Sie den Namen der Funktionsdatei (ohne die Endung „.m") im Command-Window ein. In Klammern folgen die Parameter, zum Beispiel „y = sqrt(9)". Wie bereits erwähnt, kann man einer Funktion als *Argumente* beliebige *mathematische Ausdrücke* übergeben, in denen auch Variablen erlaubt sind. Diesen Variablen müssen Sie vorher natürlich einen Wert zugewiesen haben:

```
>> sqrt( 4 + 5 )
ans = 3
>> a = 15;
>> sqrt( a + 1 )
ans = 4
```

Wenn Sie sich den *Rückgabewert* einer Funktion merken wollen, darf auf der linken Seite des Gleichheitszeichens jedoch nur eine *Variable* (L-Value) stehen, aber kein Ausdruck:

```
>> r = sqrt( 4 + 5 )
r =  3
>> s + 1 = sqrt( 4 + 5 )
??? s + 1 = sqrt( 4 + 5 )
          |
Error: The expression to the left of the equals sign
        is not a valid target for an assignment.
```

Im Funktionskopf „function y = fname(x)" wurde die Variable *x* als Übergabeparameter festgelegt. Diese Variablen im Funktionskopf bezeichnet man als „Formalparameter", um sie von den Werten (Argumenten) zu unterscheiden, mit denen die Funktion später aufgerufen wird. Die Argumente beim Aufruf nennt man „Aktualparameter".

2.1.4 Funktionsbeispiel: Umfang

Jetzt wird es aber Zeit für ein lauffähiges Beispiel einer MATLAB-Funktion. Dazu brauchen wir einen Funktionsnamen, die Eingangs- und Rückgabeparameter und natürlich die Beschreibung, was die Funktion tun soll:

- *Aufgabe* der Funktion: Die Funktion soll nach folgender Formel aus dem Kreisradius den Umfang berechnen: *Umfang = 2 * π * Radius*.
- *Name* der Funktion: Umfang.
- *Eingangsparameter*: *r*, der Radius, eine reelle Zahl.
- *Rückgabeparameter*: *u*, der berechnete Umfang.

Als *Hilfetext* wählen wir:

```
u = Umfang(r): Berechnung des Kreisumfangs u aus Kreisradius r
```

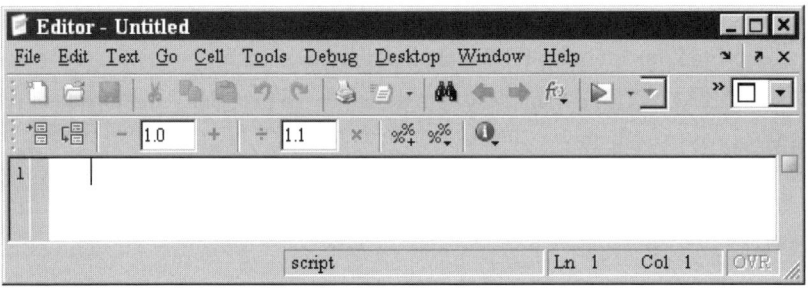

Abbildung 2.3 Der MATLAB-Editor

Der Funktions-Code muss in eine ASCII-Datei geschrieben werden. Hierzu verwenden wir den in MATLAB integrierten *Editor*, der im MATLAB-Menü unter „File+New+Script" gestartet wird. Tippen Sie dort hinein den Programm-Code unserer Funktion Umfang:

Listing 2.1 function Umfang

```
function u = Umfang( r )
% u = Umfang(r): Berechnung des Kreisumfangs u aus Kreisradius r
    erg = 2*pi*r;    % Berechnung des Umfangs aus Eingangswert r
    u   = erg;       % Zuweisung an Rückgabewert u
```

Speichern Sie den M-File mit dem Programm-Code unter dem Namen *Umfang.m*.

Die *Wertzuweisungen* muss man, wie bereits erwähnt, immer von *rechts nach links* lesen. Ein einzelner *Ausdruck* wird jedoch von links nach rechts ausgewertet. In der Programmzeile „erg = 2*pi*r;" wird zuerst von links nach rechts der Ausdruck (2*pi*r) berechnet, also die Zahl 2 mit der MATLAB-Konstanten *pi* multipliziert und dann das Ergebnis mit dem übergebenen Radius aus der Variablen *r* multipliziert. Dieser berechnete Wert wird anschließend der neu definierten reellen Variablen *erg* zugewiesen. Das Semikolon am Zeilenende dient dazu, dass MATLAB bei der Programmausführung die Protokollierung unterdrückt.

In der letzten Zeile „u = erg;" greift die Funktion wieder auf den in der Variablen *erg* gespeicherten Wert zu und kopiert ihn in den Rückgabeparameter *u*. Ohne diese Zeile würde die Funktion zwar den Wert des Umfangs berechnen, aber der Aufrufer der Funktion würde ihn nicht zu sehen bekommen.

Um die einzelnen Operationen, Berechung und Rückgabe, klarer herauszuarbeiten, wurden sie in diesem Beispiel in getrennten Zeilen ausgeführt. Sie können die beiden Zeilen aber auch zu einer einzigen *zusammenfassen* und auf die Zwischenvariable *erg* verzichten:

```
% Berechnung und Rückgabe des Umfangs
u = 2*pi*r;
```

Im Command-Window von MATLAB *testen* wir die neue Funktion:

```
>> rad = 1.0;
>> umf = Umfang( rad );
>> umf
umf = 6.2832
```

Die Semikolons am Ende der beiden ersten Zeilen dienen wieder dazu, die Kontrollausgabe zu unterdrücken. Durch die dritte Zeile wird der Wert von *umf* ausgegeben.

 Als Formalparameter für die Übergabe haben wir in der Funktionsdefinition von Umfang die Variable *r* verwendet. Beim Aufruf wurde das Argument *rad* mit dem Wert 1.0 als Aktualparameter an die Funktion übergeben. Wir hätten die Funktion auch direkt mit dem Wert 1.0 aufrufen können, also „umf = Umfang(1.0);". Auch für die Rückgabe benutzten wir unterschiedliche Namen für die formalen und die aktuellen Variablen.

2.1.5 Stack, Funktionsparameter

Wir können also ohne Probleme beim Funktionsaufruf für Eingangs- und Rückgabevariablen (hier *rad* und *umf*) *andere Namen* verwenden, als beispielsweise in der Datei Umfang.m als Funktionsdefinition aufgeführt sind. Dies ist eine typische Eigenschaft für alle Funktionen. Für den *Funktionsaufruf* (hier „>> umf = Umfang(rad);") brauchen Sie weder zu wissen, wie der Umfang in der Funktion berechnet wird, noch welche Namen der Programmierer innerhalb der Funktion für die Eingangs- und Rückgabeparameter verwendet hat. Und Sie müssen nicht notwendigerweise Variablen für die Eingangsparameter der Funktion anlegen, sondern können die Daten auch direkt übergeben.

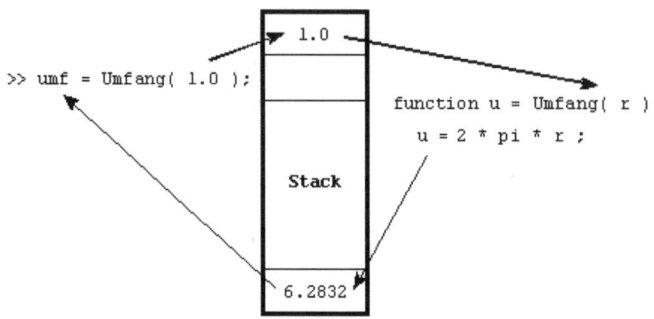

Abbildung 2.4 Stack zur Wertübergabe

Beim Funktionsaufruf werden zur Übergabe der Eingangsparameter an die Funktion gar keine Variablen verwendet. Die Daten werden stattdessen in der angegebenen Reihenfolge nacheinander in einen speziellen Speicherbereich gepackt – den *Stack*. Die aufgerufene Funktion liest die Daten aus dem Stack aus, verarbeitet sie und schreibt das Ergebnis der Berechnungen ebenfalls in einen bestimmten Teil des Stacks zurück, von wo der Rückgabewert nach dem Funktionsaufruf abgeholt werden kann.

 Wenn Sie von MATLAB aus andere MATLAB-Funktionen aufrufen, müssen Sie sich um die Art der Parameterübergabe nicht kümmern, solange Sie die korrekten Datentypen verwenden. Wie bereits erwähnt, ist MATLAB nicht typsicher. Es gibt also keinen automatischen Check, der verhindert, dass Sie beim Funktionsaufruf beispielsweise einem double-Parameter einen String zuweisen. Mehr noch – der Datentyp eines Funktionsparameters wird bei der Funktionsdefinition nicht einmal vereinbart.

Sie können von den meisten Programmierumgebungen aus auch Funktionen aufrufen, die in einer anderen Programmiersprache, beispielsweise in C, Java oder FORTRAN, geschrieben sind und als übersetzte Bibliotheks-Funktionen vorliegen (siehe Abschnitt 4.9 „MEX – C in MATLAB"). Hierbei müssen Sie sich aber ein paar mehr Gedanken zur Datenübergabe machen, insbesondere im Fall von komplexeren Datentypen wie mehrdimensionalen Arrays oder Strukturen.

In der Funktion Umfang haben wir eigene Variable erzeugt, zum Beispiel die Variable *erg* bei der Berechnung des Umfangs. Kommt es da nicht zu Problemen, wenn auch in anderen Funktionen oder im Workspace eine Variable *erg* verwendet wird? Nein, denn auf die Variablen einer Funktion, so genannte „lokale Variablen", kann man nur innerhalb dieser Funktion zugreifen. Ihr „*Scope*" ist die Funktion. Eine andere Variable *erg*, die zum Beispiel im Workspace definiert ist, hat einen eigenen Speicherbereich und wird von MATLAB separat adressiert und verwaltet. Für die Funktionsparameter, hier *r* und *u*, gilt eine analoge Aussage. Ihr Scope ist ebenfalls auf die Funktion beschränkt. Hat das Programm eine Funktion verlassen, dann sind die Variablen und die Parameter der Funktion nicht mehr verfügbar. Deshalb können Sie Werte, die Sie in einer Funktion berechnet haben, nur dann außerhalb der Funktion weiter verwenden, wenn Sie diese über Rückgabeparameter aus der Funktion „exportiert" haben, in unserem Beispiel durch die Zuweisung des Wertes in *erg* an den Rückgabeparameter *u*, der dann über den Stack an die Variable *umf* im Workspace gelangt. Eine Ausnahme gibt es allerdings: Sie können eine Funktions-Variable als *global* definieren, wie es beispielsweise im Spielprojekt im Kapitel 4 geschieht. So eine globale Variable kann dann in beliebigem Kontext verwendet werden, führt aber eventuell zu einem langsameren Programmablauf.

2.1.6 Ablaufprotokoll

Um den Ablauf unserer Funktion genauer zu verstehen, wollen wir die Zeilen der Funktion einmal einzeln durchgehen und unser Augenmerk speziell darauf richten, wo welche Daten anfallen und gespeichert werden. Dazu dient das Ablaufprotokoll, das Bezug auf die Zeilennummern des Programms nimmt. Deshalb folgt hier noch einmal der reine Funktions-Code, wobei zur Übersicht Zeilennummern angegeben sind. Der Aufruf der Funktion mit dem Wert 1.0 wurde der Vollständigkeit halber als Zeile 0 hinzugefügt, da hier die Übergabe an den Stack stattfindet.

```
>> umf = Umfang( 1.0 );          % Zeile 0
--------------------------------------------------
function u = Umfang( r )         % Zeile 1
   erg = 2*pi*r;                 % Zeile 2
   u = erg;                      % Zeile 3
```

Im folgenden *Ablaufprotokoll* wird zur Veranschaulichung der Stack-Bereich für die Eingangsdaten mit „Stack 1" und der für den Rückgabewert mit „Stack 2" bezeichnet, obwohl diese Bereiche eigentlich gar keine Namen haben, sondern immer der Reihe nach abgearbeitet werden.

Ablaufprotokoll für die Funktion Umfang:

Zeile	Abläufe	Stack 1	Stack 2	*r*	*erg*	*u*
0	Funktionsaufruf mit dem Wert 1.0, Parameterdaten auf Stack 1	1.0	–	–	–	–
1	Beginn der Funktion, Stack-Daten in Funktionsparameter *r* kopieren	1.0	–	1.0	–	–
2	Berechnung des Umfangs, Belegung von *erg* mit dem Ergebnis	1.0	–	1.0	6.28	–
3	Belegung von *u* mit Wert von *erg*, *u* belegt Rückgabe-Stack 2 mit dem Wert	1.0	6.28	1.0	6.28	6.28

Sie sollten sich angewöhnen, am Anfang für alle Ihre Programme Ablaufprotokolle zu erstellen. So werden Sie Klarheit darüber bekommen, was mit Ihren Daten geschieht und ab wann Daten überhaupt zur Verfügung stehen. Besonders hilfreich werden Ablaufprotokolle, wenn wir zum Thema Schleifen und Verzweigungen kommen.

2.1.7 MATLAB-Arbeitsverzeichnis

Wie findet aber MATLAB überhaupt unsere Funktion Umfang bzw. den M-File Umfang.m? MATLAB sucht nach dem M-File mit dem Funktionsnamen im aktuellen *Arbeitsverzeichnis*. Man kann in MATLAB aber auch einen *Suchpfad* angeben, das heißt eine ganze Liste von Verzeichnissen für M-Files, die dann abgearbeitet wird, bis der M-File in einem der angegebenen Verzeichnisse gefunden wurde. Nach dem Start von MATLAB steht das aktuelle Verzeichnis auf dem MATLAB-Arbeitsverzeichnis.

Mit dem Befehl *pwd* (Unix-Befehl *print working directory*) können Sie sich im Command-Window das aktuelle Verzeichnis anzeigen lassen:

```
>> pwd
ans = C:\MATLAB\work
```

Mit dem Befehl *cd* (*change directory*) können Sie in ein anderes Verzeichnis wechseln:

```
>> cd C:/Informatik1/Labor1
```

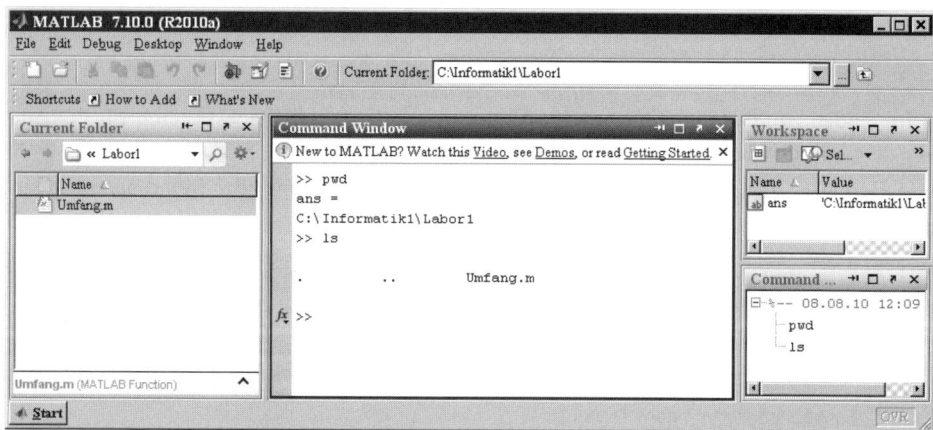

Abbildung 2.5 MATLAB Current Folder (Directory)

Mit dem Befehl pwd sollten Sie danach überprüfen, ob MATLAB sich jetzt auch wirklich im gewünschten Verzeichnis befindet:

```
>> pwd
ans = C:\Informatik1\Labor1
```

Der Befehl *ls* (*list*) zeigt die Dateien im aktuellen Verzeichnis an. Die Datei Umfang.m sollte sich hierin befinden, falls Sie von hier aus die Funktion Umfang aufrufen wollen:

```
>> ls
.       ..      Umfang.m
```

Wenn Ihnen das mit den Unix-Befehlen zu umständlich erscheint, können Sie sich diese Informationen natürlich auch über die MATLAB-Oberfläche besorgen.

Bei größeren Projekten oder zur Wiederverwendung von früher geschriebenen Funktionen macht es Sinn, dass Funktionen in unterschiedlichen Verzeichnissen liegen. Um dies zu nutzen, muss man MATLAB mitteilen, in welchen Verzeichnissen (Pfaden) die Funktionen zu finden sind. Über den Menüpunkt „File + Set Path ..." starten Sie den Path-Browser von MATLAB. Zu Beginn sind dort bereits die Pfade eingetragen, unter denen MATLAB seine eigenen Funktionen abgelegt hat, wie etwa unter „/toolbox/matlab/elfun/" im MAT-LAB-Verzeichnis die elementaren Funktionen, zum Beispiel den M-File sin.m. Über den Button „Add Folder" können Sie Pfade für Ihre eigenen Funktionen hinzufügen.

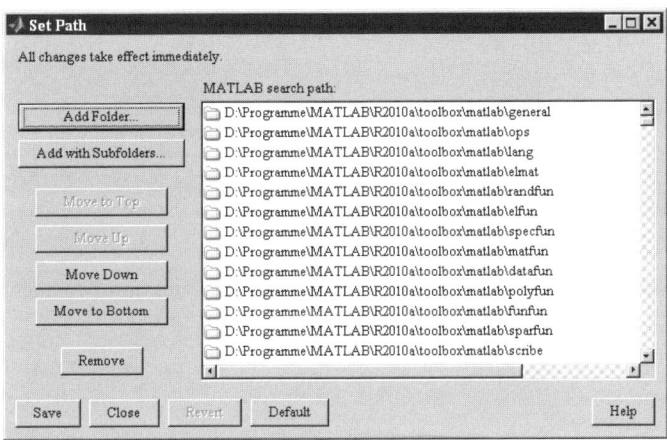

Abbildung 2.6 MATLAB Path-Browser

Der Befehl *which* zeigt Ihnen an, wo eine bestimmte Funktion definiert ist:

```
>> which sin
built-in D:\Programme\MATLAB\R2010a\toolbox\matlab\elfun\@double\sin
```

Für den „normalen Umgang" mit MATLAB ist es eigentlich nicht wichtig zu wissen, von wo aus eine Funktion aufgerufen wird. Die Sache wird aber dann kompliziert, wenn es mehrere, unterschiedliche Funktionen mit demselben Namen gibt – wenn Sie selbst beispielsweise eine Funktion namens *sin* erstellt haben, weil Ihnen die Sinus-Funktion von MATLAB nicht gefällt. Welche der beiden Funktionen MATLAB beim Aufruf verwenden wird, das verrät Ihnen die which-Funktion.

2.1.8 Zusammenfassung

- Funktionen: Name, Parameter
- Definition: function y = fname(x)
- Definition: function [y1,y2,...] = fname(x1, x2, ...)
- Aufruf: >> r = fname (4 + 5*6);
- Kommentare: %-Zeichen, H-Line
- M-File, private Funktionen
- Stack, Funktionsparameter
- Ablaufprotokoll
- Arbeitsverzeichnis: pwd, cd, ls
- Suchpfade, which

2.1.9 Aufgaben

Aufgabe 2.1.1

Erstellen Sie die Funktion Flaeche zur Berechnung der Kreisfläche:

```
function F = Flaeche( r )
```

Die Formel zur Berechnung der Kreisfläche lautet:

$$F = \pi * r^2$$

Schreiben Sie auch eine sinnvolle H-Line und testen Sie sowohl die Funktion wie auch den Aufruf der H-Line.

Aufgabe 2.1.2

Schreiben Sie die Funktion Kreis, die sowohl den Umfang wie auch die Fläche berechnet und die beiden Werte zurückgibt:

```
function [umf, F] = Kreis( r )
```

Testen Sie die Funktion und lassen Sie sich die einzelnen Rückgabeparameter im Command-Window anzeigen.

Aufgabe 2.1.3

Schreiben Sie die Funktion Celsius, die eine übergebene Fahrenheit-Temperatur in den zugehörigen Celsius-Wert umrechnet und diesen zurückgibt:

```
function c = Celsius( fahr )
```

Zur Umrechnung von Grad Fahrenheit in Grad Celsius dient die Formel:

$$c = (5.0/9.0) * (fahr - 32)$$

Testen Sie Ihre Funktion mit mehreren Temperaturen.

Schreiben Sie eine weitere Funktion Fahrenheit, die eine übergebene Celsius-Temperatur in den Fahrenheit-Wert umrechnet:

```
function f = Fahrenheit( c )
```

Rufen Sie die beiden Funktionen auch hintereinander auf, also beispielsweise

```
>> f = Fahrenheit( Celsius( fahr ) )
```

Aufgabe 2.1.4

Erstellen Sie die Funktion Addition, die zwei übergebene Argumente a und b addiert und deren Summe zurückgibt:

```
function c = Addition( a, b )
```

Testen Sie Ihre Funktion mit mehreren Zahlenpaaren.

2.2 Ein- und Ausgabe

Ein Anwenderprogramm soll normalerweise mit dem Anwender kommunizieren. Hierzu dienen Eingabe- und Ausgabegeräte, wie Tastatur, Maus, Bildschirm, Drucker. Die Kommunikation mit diesen Geräten erledigt das Betriebssystem über entsprechende Treiber. Für den Aufruf der Treiber-Routinen stellt die Programmierumgebung bestimmte Funktionen zur Verfügung, von denen wir jetzt einige kennen lernen werden.

2.2.1 I/O-Kanäle

Ein Programm, das überhaupt nicht mit dem Benutzer interagiert, ist ziemlich sinnlos. Deshalb sind Datenflüsse in ein Programm hinein (Input) und aus einem Programm heraus (Output) wichtige Aufgaben der Programmierung. Die Kommunikation mit der Außenwelt wird oft mit der Bezeichnung I/O (Input/Output) abgekürzt.

Standardmäßig ist für den Input die *Tastatur* vorgesehen und für den Output der *Bildschirm*, man spricht dann auch vom Input-Kanal Tastatur und vom Output-Kanal Bildschirm. Vor 30 Jahren waren die *I/O-Kanäle* in der Regel noch anders belegt – als Input-Kanal diente meist der Lochkartenleser und der Output-Kanal war ein Drucker mit Endlospapier. Weitere I/O-Kanäle sind Dateien auf der Festplatte, in die man Daten schreiben bzw. aus denen man Daten lesen kann, und letztendlich alles, was man mit Daten beschicken kann, zum Beispiel auch Schnittstellen zu anderen Rechnern, Maschinen etc. Die Funktionen zum Ein- und Auslesen der Daten besitzen in der Regel einen optionalen Parameter, mit dem man den I/O-Kanal festlegen kann. Lässt man den Parameter weg, werden automatisch die Standard-I/O-Kanäle für die Kommunikation verwendet.

2.2.2 Einfache Ausgabe

Die MATLAB-Funktion *disp* dient dazu, Texte, Zahlen oder Felder direkt auf dem Standard-I/O-Kanal (bei uns: Bildschirm) auszugeben, zum Beispiel:

```
>> disp( 'hello, world' );
hello, world


>> a = pi;
>> disp( a );
   3.1416


>> disp( [a, 2.7, 8] );
   3.1416   2.7000   8.0000
```

Das *Ausgabeformat* (beispielsweise die Zahl der Nachkommastellen) können Sie global mit der MATLAB-Funktion *format* einstellen. Unter anderem gibt es folgende Formate:

```
>> format long;
>> disp(pi);
   3.14159265358979


>> format short;
>> disp(pi);
   3.1416
```

2.2.3 Formatierte Ausgabe

MATLAB kennt noch weitere Funktionen zur Ausgabe von Daten. Die mächtigste (und komplexeste) ist *fprintf*, deren Hauptargument ein Textfeld (Formatstring) ist, das den Ausgabetext und die Formatierung der Ausgabe festlegt, zum Beispiel:

```
>> fprintf( 'hello, world' );
hello, world>>
```

Das Argument „hello, world" wird also direkt im Command-Window ausgegeben. Unschön ist hierbei, dass der nächste Prompt „>>" direkt hinter der Textausgabe erscheint. Dies kann man durch einen zusätzlich eingefügten *Zeilenvorschub* ändern:

```
>> fprintf( 'hello, world\n' );
hello, world
>>
```

Die Zeichen „\n" (für *new line*) bewirken, dass nach dem Text eine neue Zeile begonnen wird. Allgemein gilt: Zeichen, denen ein „\" vorangestellt ist (Escape-Sequenz), können eine spezielle Bedeutung bekommen, zum Beispiel „\t" für einen Tabulator.

Aber *fprintf* kann nicht nur Text auf den Bildschirm schreiben. Sie können im Text, an einer beliebigen Stelle, auch Zahlen oder in Variablen gespeicherte Werte ausgeben. Dazu müssen Sie im Formatstring an der gewünschten Position einen Platzhalter (*Format-Anweisung*) für diese Daten einbauen. Neben der Position definiert der Platzhalter, in welchem Format die Daten ausgegeben werden. Die Format-Anweisungen beginnen alle mit dem Zeichen „%" und enden mit einem Datentyp-Kennzeichner, das heißt einem Buchstaben, der den Datentyp spezifiziert. Dazwischen können noch weitere Kennzeichner stehen, die zum Beispiel die gewünschte Stellenzahl festlegen. Die auszugebenden *Daten*, Zahlenwerte oder Variablennamen, stehen hinter dem Formatstring, abgetrennt durch ein Komma:

```
fprintf( Formatstring, Daten );
```

Die am häufigsten verwendeten *Datentyp-Kennzeichner* (Formatelemente) sind:

- %d   ganze Zahl
- %f   reelle Zahl in Dezimalpunkt-Notation
- %e   reelle Zahl in Exponential-Form (mit einem kleinen e, wie in 3.14e+00)
- %g   reelle Zahl, optimierte Notation
- %s   Textfeld
- %c   einzelner Buchstabe

Beispiele:

```
>> fprintf( 'x = %d \n', 3 );
x = 3

>> fprintf( 'x = %f \n', 3 );
x = 3.000000
>> fprintf( 'x = %e \n', 3 );
x = 3.000000e+000
>> fprintf( 'x = %g \n', 3 );
x = 3

>> fprintf( 'x = %f \n', 0.000003 );
x = 0.000003
>> fprintf( 'x = %e \n', 0.000003 );
x = 3.000000e-006
>> fprintf( 'x = %g \n', 0.000003 );
x = 3e-006

>> fprintf( 'x = %s \n', 'Hallo' );
x = Hallo
>> fprintf( 'x = %c \n', 'H' );
x = H
```

Die Zahl der *gewünschten Stellen* kann zwischen dem %-Zeichen und dem Datentyp-Kennzeichner explizit definiert werden, zum Beispiel:

```
>> fprintf( 'x = %4.2f \n', 3);
x = 3.00
```

„%4.2f" kennzeichnet eine reelle Zahl in Dezimalpunkt-Notation mit insgesamt vier Zeichen (einschließlich des Dezimalpunktes) und davon zwei Nachkommastellen.

Das Ganze funktioniert natürlich auch, wenn man statt des Zahlenwerts eine Variable (der vorher ein Wert zugewiesen wurde) an die Funktion fprintf übergibt:

```
>> y = pi;
>> fprintf( 'x = %7.5f \n', y );
x = 3.14159
```

Wie Sie hier sehen, ist es MATLAB vollkommen gleichgültig, was Sie sonst noch im Formatstring geschrieben haben. Im obigen Beispiel wurde angeben, dass x den Wert pi haben soll, obwohl der eigentlich der Variablen y zugewiesen wurde. Alles außer den Format-Anweisungen wird von fprintf eins zu eins an den Output-Kanal weitergereicht.

Möchte man mehr als einen Datenwert ausgeben, übergibt man hinter dem Formatstring alle *Daten* durch Kommas getrennt in der gewünschten Reihenfolge, zum Beispiel:

```
>> a = 3;
>> b = 7;
>> c = a * b;
>> fprintf( 'Multiplikation: %g * %g = %g \n', a, b, c );
Multiplikation: 3 * 7 = 21
```

Hier wurden zuerst die drei Variablen a, b und c definiert und mit Zahlenwerten belegt, wobei in der dritten Zeile die Multiplikation von $a*b$ gleich MATLAB überlassen wurde. In der vierten Zeile sind im Formatstring drei Platzhalter vom Typ „%g" eingebaut, und zwar für die Daten der Variablen a, b und c, die dann nacheinander in der Form„a, b, c" an die Funktion übergeben werden.

2.2.4 Einfache Eingabe

Zum Einlesen von Text oder Zahlen von der Tastatur gibt es in MATLAB die Funktion *input* mit folgender Syntax (Sprachdefinition):

```
eingabe_variable = input( 'prompt' );
```

Die input-Funktion schreibt den Text, den sie als Argument übergeben bekommt, auf den Bildschirm (als so genannten *Prompt*) und *wartet* im Programmablauf auf eine Tastatureingabe, die mit der Eingabetaste abgeschlossen werden muss. Die vom Benutzer eingegebenen Daten werden dann von *input* zurückgegeben und in unserem Syntaxbeispiel in der Variablen mit dem Namen *eingabe_variable* gespeichert.

Im Beispiel:

```
>> x = input( 'Bitte Wert eingeben: ' );
Bitte Wert eingeben: |
```

Das Programm wartet jetzt auf eine Eingabe, der Cursor blinkt hinter unserem Text. Wir geben beispielsweise als Antwort die Zahl 3.14 ein und drücken die Eingabetaste:

```
Bitte Wert eingeben: 3.14
>> disp( x )
  3.1400
>> whos x
  Name    Size      Bytes   Class      Attributes
  x       1x1           8   double
```

Nach der Eingabe der Zahl steht diese in der Variablen *x*, der wir den Rückgabewert von input zugewiesen haben. Mit disp wurde danach der Wert von *x* angezeigt.

Wollen Sie an Stelle einer Zahl einen Text einlesen, dann dürfen Sie bei der Eingabe die Anführungszeichen nicht vergessen:

```
>> x = input( 'Bitte Wert eingeben: ' );
Bitte Wert eingeben: 'hello, world'
>> disp( x )
  hello, world
>> whos x
  Name    Size      Bytes   Class      Attributes
  x       1x12         24   char
```

Ohne die Anführungszeichen akzeptiert MATLAB die Eingabe nicht und wiederholt die Eingabeaufforderung:

```
>> x = input( 'Bitte Wert eingeben: ' );
Bitte Wert eingeben: hello, world
??? Error: Unexpected MATLAB expression.
Bitte Wert eingeben:
```

Wenn Sie explizit nur Text als Eingabe erwarten, ist der Zwang zu Anführungszeichen recht störend. Deshalb erlaubt MATLAB den Aufruf von input mit einem weiteren, optionalen Argument 's', wodurch die Eingabe automatisch als Text erkannt wird:

```
>> x = input( 'Bitte Wert eingeben: ', 's' );
Bitte Wert eingeben: hello, world
>> whos x
  Name    Size      Bytes   Class      Attributes
  x       1x12         24   char
```

Auch Zahlen werden durch die Option 's' als Texte (Strings) gespeichert:

```
>> x = input( 'Bitte Wert eingeben: ', 's' );
Bitte Wert eingeben: 3.14
>> whos x
   Name    Size       Bytes   Class      Attributes
   x       1x4           8    char
```

Einen solchen Zahlen-String können Sie durch die Funktion *str2num* (sprich: string-to-number) in eine Zahl umwandeln:

```
>> z = str2num( x );
>> whos z
   Name    Size       Bytes   Class      Attributes
   z       1x1           8    double
```

Analog können Sie mit der Funktion *num2str* Zahlen in Texte wandeln:

```
>> t = num2str( 2.7 );
>> whos t
   Name    Size       Bytes   Class      Attributes
   t       1x3           6    char
```

Mit den Funktionen *isnumeric* bzw. *ischar* können Sie testen, ob der Inhalt einer Variablen eine Zahl oder ein Text ist. Der Rückgabewert 1 bedeutet „ja", 0 bedeutet „nein":

```
>> isnumeric( z )
ans = 1
>> ischar( z )
ans = 0
>> ischar( t )
ans = 1
```

2.2.5 Ein-/Ausgabe-Beispiel: UmfangInput

In unserem nächsten M-File-Beispiel schreiben wir die Funktion Umfang so um, dass die Daten für den Radius in der Funktion über input von der Tastatur abgefragt werden. Die neue Funktion wird im M-File UmfangInput.m abgespeichert.

Als Eingabe-Aufforderung für den Radius dient der an die Funktion übergebene Text, der im Parameter *prompt* abgelegt ist. Nach der Berechnung des Umfangs werden der Radius und der Umfang mit Hilfe der Funktion fprintf ausgegeben:

Listing 2.2 function UmfangInput

```
function u = UmfangInput( prompt )
% u = UmfangInput( prompt ): berechnet Kreisumfang
```

```
% Einlesen des Radius von der Tastatur, als Eingabe-Aufforderung
% dient der übergebene Text in der Variablen prompt
r = input( prompt );

% Berechnung des Umfangs aus Eingabewert und Rückgabe über u
u = 2*pi*r;

% Ausgabe des Ergebnisses auf dem Bildschirm
fprintf( 'Der Umfang zum Radius %g ist: %g \n', [r, u] );
```

Der *Aufruf* der Funktion UmfangInput könnte nun wie folgt aussehen. Dabei übergeben wir den Text 'Bitte Radius eingeben: ' als Argument an die Funktion UmfangInput:

```
>> UmfangInput( 'Bitte Radius eingeben: ');
Bitte Radius eingeben:
```

Die Funktion kopiert zu Beginn den übergebenen Text 'Bitte Radius eingeben: ' in den Funktionsparameter *prompt*. Die Eingabefunktion input schreibt den in der Variablen *prompt* gespeicherten Text auf den Bildschirm und wartet auf die Tastatureingabe – hier die Zahl 1. Danach berechnet die Funktion den Umfang und gibt den Radiuswert und das Ergebnis über fprintf aus:

```
Bitte Radius eingeben: 1
Der Umfang zum Radius 1 ist: 6.28319
```

Machen Sie sich den Funktionsablauf und die Belegung der Variablen anhand eines Ablaufprotokolls klar!

2.2.6 Zusammenfassung

- I/O-Kanäle
- Einfache Ausgabe: disp
- Format/Nachkommastellen: format
- Formatierte Ausgabe: fprintf(Formatstring, [Parameterliste])
- Neue Zeile: \n, Tabulator: \t
- Datentyp-Kennzeichner: %d, %f, %e, %g, %s, %c
- Stellenzahl: %4.2f
- Einfache Eingabe: input, Prompt, Option 's'
- Funktionen: str2num, num2str, isnumeric, ischar

2.2.7 Aufgaben

Aufgabe 2.2.1:

Erweitern Sie die Funktion UmfangInput, damit sie außer dem Umfang auch noch die Kreisfläche berechnet. Die beiden Ergebnisse sollen sowohl mit fprintf ausgegeben als auch von der Funktion zurückgegeben werden.

Aufgabe 2.2.2:

Erstellen Sie die Funktion AdditionInput, die nacheinander zwei Zahlen über den Aufruf von input anfordert und in den Variablen *a* und *b* speichert. Diese Zahlen werden danach addiert. Ihre Summe wird zurückgegeben:

```
function c = AdditionInput()
```

Verwenden Sie zur Eingabe-Aufforderung einen geeigneten Prompt und testen Sie Ihre Funktion mit unterschiedlichen Zahlenpaaren.

Aufgabe 2.2.3:

Schreiben Sie eine Funktion, die einen Namen von der Tastatur anfordert und anschließend auf dem Bildschirm die Meldung 'Hallo ' mit dem Namen ausgibt:

```
function NameInput()
```

2.3 Ablaufstrukturen

Ein Computerprogramm besteht aus einzelnen *Anweisungen*, zum Beispiel dem Befehl, zwei Zahlen zu addieren, oder dem Befehl, auf dem Bildschirm einen bestimmten Text auszugeben. Der Programm-Code von Funktionen liest sich im Allgemeinen wie ein Buch, also *sequentiell* von oben nach unten, Zeile für Zeile nacheinander. Nur innerhalb einer Zeile erfolgt die Auswertung zuerst von *innen nach außen*, wie Sie es auch bei Klammern in der Mathematik gewohnt sind, und danach in den Ausdrücken von *links nach rechts*.

Wertzuweisungen erfolgen an Variablen, die links vor einem Gleichheitszeichen stehen.

Beispiel: Wertzuweisung
```
r = 1.0;                    % Zeile 1
u = 0.5 * sqrt( 3 + r );    % Zeile 2
```

In der ersten Zeile des Beispiels wird die Zahl 1.0 genommen und der links vor dem Gleichheitszeichen stehenden Variablen *r* zugewiesen.

In der zweiten Zeile wird erst die Zahl 0.5 gemerkt. Dann (von innen nach außen) die Klammer mit dem Parameter der Wurzelfunktion berechnet, also von links nach rechts

3+r. Der berechnete Wert (4.0) wird dann der Wurzelfunktion sqrt von MATLAB übergeben, die daraus die Zahl 2.0 berechnet. Die Zahl 0.5 wird mit dem berechneten sqrt-
Ergebnis 2.0 multipliziert. Das Ergebnis der Multiplikation, die Zahl 1.0, wird am Ende
über das Gleichheitszeichen der Variablen u zugewiesen. Wenn Sie in der Art einzelne
Programmzeilen analysieren, können Sie auch komplexere Anweisungen verstehen.

Die *Sequenz* bildet also die normale *Reihenfolge* des Ablaufs von Anweisungen in einem
Computerprogramm. Man kann dies jedoch durch folgende *Ablaufstrukturen* (Kontrollstrukturen) ändern:

- *Verzweigungspunkte* (Auswahl, Alternative)
- *Schleifen* (Iteration, Wiederholung)
- *Unterfunktionen* (Aufruf weiterer Funktionen innerhalb einer Funktion)

Die Ablaufstrukturen werden oft durch *Flussdiagramme* grafisch dargestellt:

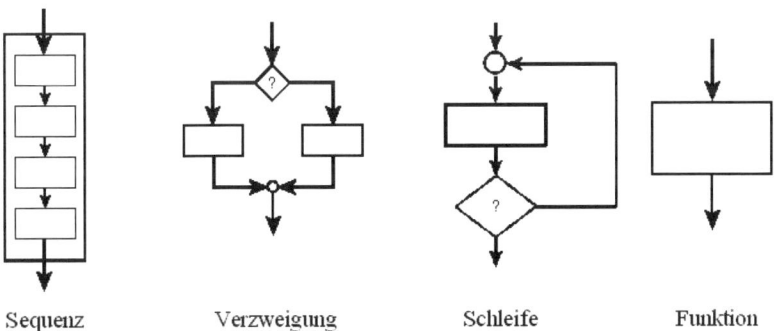

     Sequenz   Verzweigung   Schleife   Funktion

Abbildung 2.7 Ablaufstrukturen

Im nächsten Abschnitt werden wir uns mit den Verzweigungen beschäftigen, danach mit
den Schleifen. Den Aufruf von Unterfunktionen haben wir schon des Öfteren geprobt, beispielsweise beim Aufruf der MATLAB-(Unter-)Funktion sqrt oder beim Aufruf von input.

2.4 Verzweigungen

2.4.1 Bedingungen

Ein Verzweigungspunkt ist wie eine Wegkreuzung. Wenn man an so einen Punkt kommt,
muss man sich für eine Richtung zum Weitergehen entscheiden. Und wie im richtigen Leben sucht man nach Gründen, die eine solche Entscheidung erlauben. In der Programmierung formuliert man das Entscheidungskriterium als mathematische Bedingung.

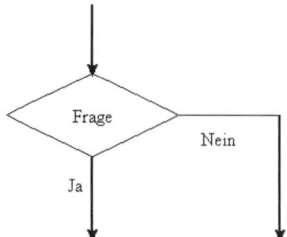

Abbildung 2.8 Einfache Alternative

Im einfachsten Fall, dass der Weg sich nur in *zwei Richtungen* aufspaltet (einfache Alternative), kann man die Bedingung als *Ja/Nein-Frage* behandeln. Ist die Bedingung erfüllt, geht es in die eine Richtung, ist sie nicht erfüllt, in die andere. Mathematisch formuliert man diese Bedingung als so genannten logischen Ausdruck.

2.4.2 Vergleiche

Logische Ausdrücke erlauben Entscheidungen. Zum Formulieren logischer Ausdrücke (der Ja/Nein-Fragen) verwendet man normalerweise Vergleichsoperatoren und eventuell zusätzlich noch logische Verknüpfungen.

MATLAB kennt folgende logische Ausdrücke (*Vergleichsoperatoren*) für Zahlen:

```
<    kleiner
<=   kleiner oder gleich
>    größer
>=   größer oder gleich
==   gleich
~=   ungleich
```

Hiermit lassen sich *Vergleichsbedingungen* formulieren, zum Beispiel die Fragen:

```
(a < b)    Ist a kleiner als b?
(a == b)   Sind a und b gleich groß?
(a ~= b)   Sind a und b verschieden?
```

Sie entsprechen den Fragen im „wirklichen Leben", wie: „Ist die Wassertemperatur größer als 22 Grad?" oder „Sind die beiden Kinder gleich alt?" – wobei die letzte Frage nur Sinn macht, wenn wir für die Altersangabe ganze Zahlen vorsehen.

 Reelle Zahlen sollten Sie nie auf Gleichheit oder Ungleichheit testen, da diese Zahlen intern nur bis zu einer gewissen Genauigkeit dargestellt werden, was auch für die ungenaue Frage gilt: „Sind die beiden Kinder gleich groß?" Besser und stabiler ist eine Abfrage, ob reelle Zahlen bis zu einer vorgegebenen Genauigkeit (Schranke) gleich sind, zum Beispiel mit der Frage, ob der Abstand zwischen *a* und *b* (mathematisch der Absolutbetrag *abs* von *a–b*) kleiner ist als die Schranke 0.000001:

```
( abs(a-b)< 0.000001 )
```

Als typische Schranke kann man die vordefinierte, interne MATLAB-Genauigkeit *eps* verwenden:

```
>> eps
ans = 2.2204e-016
```

Sind die Zahlen *a* und *b* identisch bis auf *eps*, dann liefert die Vergleichsabfrage den Wert 1:

```
>> ( abs(a-b)< eps )
ans = 1
```

Bei Ungleichheit wird der Wert 0 zurückgegeben.

Für den Vergleich von *Texten* (Strings) gibt es separate Operatoren, wie *strcmp* (string compare) und *strncmp*.

2.4.3 Logische Verknüpfungen

Oft kommt man bei der Formulierung von Entscheidungen nicht mit einer einzelnen Vergleichsbedingung aus. Wie im richtigen Leben können mehrere Argumente eine Rolle spielen – wenn meine Freundin Zeit hat *und* nicht gerade ein Fußballspiel im Fernsehen läuft, dann ...

Auch MATLAB kennt die *Verknüpfung* von Bedingungen und verwendet hierfür die folgenden logischen Operatoren:

&&   UND

|| ODER

~   NICHT

Beispiele:

$(a > 1)$ && $(a < 2)$	Ist *a* größer als 1 und noch kleiner als 2?
$(a < 1)$ || $(a > 3)$	Ist *a* entweder kleiner als 1 oder größer als 3? Oder beides trifft zu - das aber nur in der Theorie!
~$(a < 1)$	Erfüllt *a* nicht die Bedingung kleiner als 1?

(handschriftliche Notiz: $a \in [1, 2]$, $a \in [-\infty, 1) \cap [3, \infty]$)

Verknüpfungen definieren oft *Intervalle*:

- Im ersten Beispiel ist es die Frage, ob *a* im Intervall zwischen 1 und 2 liegt.
- Im zweiten Beispiel ist es die Frage, ob *a* außerhalb des Intervalls 1 bis 3 liegt.

Es gibt natürlich auch Bedingungen, die immer erfüllt oder nie erfüllt sind, zum Beispiel

```
(a > 0) || (a < 1)   ist für jedes a erfüllt.
(a < 1) && (a > 2)   kann nie für ein a erfüllt sein!
```

Und falls Ihre Freundin (aus Trotz?) nur gerade dann Zeit für Sie hat, wenn ein Fußballspiel läuft, dann kann auch dies zu unerfüllbaren Bedingungen (und Verwicklungen) führen.

Die Ausdrücke mit den Operatoren && und || werden von links nach rechts ausgewertet und sind *short-circuit*. Das bedeutet, dass der zweite Operand nicht mehr berechnet wird, wenn der erste Operand bereits ausreicht, um das Ergebnis der Verknüpfung zu bestimmen. Dies ist beispielsweise für den UND-Operator der Fall, wenn der erste Operand eine nicht zutreffende Bedingung formuliert. Das Ergebnis ist damit 0, ganz gleich ob der zweite Operand eine zutreffende oder nicht zutreffende Bedingung enthält.

Neben && und || gibt es noch die (elementweisen) logischen Operatoren & und |, die den Ausdruck vollkommen auswerten und auch auf Arrays anwendbar sind.

2.4.4 Alternative

Wie man eine Bedingung mit Hilfe eines logischen Ausdrucks formuliert, wissen wir jetzt. Aber wie wird daraus eine Kontrollstruktur, die zu einer Verzweigung im Programm führt?

Für die einfache Alternative kennt MATLAB die *if-Abfrage* mit folgender Syntax:

```
if logischer_ausdruck
    Anweisungen
end
```

Wenn der logische Ausdruck nach *if* wahr ist, werden die Anweisungen bis zu *end* ausgeführt. Im anderen Fall werden diese Anweisungen übersprungen und das Programm macht direkt hinter dem end weiter. Manchmal bezeichnet man diese Kontrollstruktur auch als „*bedingte Auswahl*". Nur wenn die Bedingung erfüllt ist, wird etwas getan. Hierfür verwendet man folgendes Flussdiagramm:

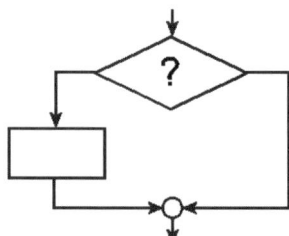

Abbildung 2.9 Bedingte Auswahl

Als MATLAB-Beispiel:

```
if a < 0
    a = 0;
    fprintf( 'Negativer Wert wurde korrigiert. \n' );
end
b = a;
```

Die Frage im logischen Ausdruck lautet hier also: Ist *a* kleiner als 0?

Ist dies der Fall, werden alle Anweisungen bis zum end ausgeführt – es wird also *a* der Wert 0 zugewiesen und die Meldung ausgegeben: 'Negativer Wert wurde korrigiert.' Danach wird im Programm fortgefahren, also der Variablen *b* der Wert von *a* zugewiesen. Falls *a* aber nicht kleiner als 0 war, werden alle Anweisungen bis zum end übersprungen und gleich mit der Anweisung „*b* = *a*" hinter dem end fortgefahren.

Für den Fall, dass bei Erfüllung und Nichterfüllung einer Bedingung unterschiedliche Aktionen erfolgen sollen, gibt es die *if-else-Abfrage* mit der Syntax:

```
if logischer_ausdruck
    Anweisungen 1
else
    Anweisungen 2
end
```

Wenn der logische Ausdruck wahr ist, werden die Anweisungen 1 ausgeführt, im anderen Fall die Anweisungen 2. In beiden Fällen macht das Programm danach hinter dem end weiter. Manchmal bezeichnet man diese Kontrollstruktur auch als „*einfache Alternative*". Es gibt also zwei Wege mit unterschiedlichen Aktionen, wie es das folgende Flussdiagramm anzeigt:

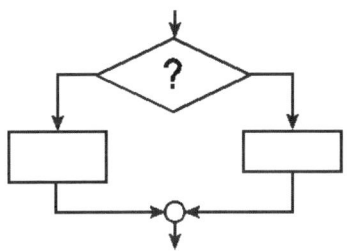

Abbildung 2.10 Einfache Alternative

Als MATLAB-Beispiel:

```
if a < 0
    b = -a;
else
    b = a;
end
c = sqrt(b);
```

Die Frage im logischen Ausdruck lautet hier wieder: Ist *a* kleiner als 0?

Ist dies der Fall, wird *b* der (positive) Wert −*a* zugewiesen. Falls *a* aber nicht kleiner als 0 ist, wird *b* der (nicht negative) Wert *a* zugewiesen. In beiden Fällen wird dann mit der

Anweisung hinter dem end fortgefahren, also die Wurzel aus der (in jedem Fall nicht negativen) Zahl *b* gezogen – Wurzeln aus negativen Zahlen sind nämlich (innerhalb der Menge der reellen Zahlen) nicht definiert.

Sie können auch *verschachtelte if-else-Strukturen* aufbauen, zum Beispiel die Abfragen: Ist der logische Ausdruck 1 erfüllt, dann tue Anweisung 1, ist dagegen der logische Ausdruck 2 erfüllt, dann tue Anweisung 2 usw. – hinter jedem *else* kommt wieder eine neue if-Abfrage mit dem zugehörigen end als Abschluss in der Form:

```
if logischer_ausdruck1
   Anweisungen 1
else
   if logischer_ausdruck2
      Anweisungen 2
   else
      if logischer_ausdruck3
         Anweisungen 3
      else
         ...
      end
   end
end
```

Für diese else-if-Abfolgen gibt es in MATLAB die Kurzform *elseif*, wobei jeweils das zugehörige end vor elseif wegfällt. Nur das letzte else hat noch ein end, zum Beispiel

```
if logischer_ausdruck1
   Anweisungen 1
elseif logischer_ausdruck2
   Anweisungen 2
elseif logischer_ausdruck3
   Anweisungen 3
else
   ...
end
```

 In den Programmbeispielen dieses Buches finden sich oft zusätzliche Klammern und Semikolons, die in MATLAB nicht zwingend notwendig sind, den Programm-Code aber „C-ähnlicher" und meiner Ansicht nach übersichtlicher machen. So werde ich in Zukunft den logischen Ausdruck nach einem if meist in Klammern setzen. Anstelle von „if a < 0" bevorzuge ich die Form „if (a < 0)".

2.4.5 if-else-Beispiele

Die Wurzelfunktion sqrt ist innerhalb der Menge der reellen Zahlen für negative Zahlen nicht definiert. Wir wollen als erstes if-else-Beispiel eine Funktion *mySqrt* schreiben, die den Eingangsparameter für die sqrt-Funktion testet und im Falle negativer Zahlen eine Fehlermeldung ausgibt.

Listing 2.3 function mySqrt

```
function r = mySqrt( p )
% r = mySqrt(p): Wurzel mit Check ob p < 0
  if( p < 0 )    % Check des Parameters p
      % Ausgabe einer Fehlermeldung
      fprintf('FEHLER: Negatives Argument %g für mySqrt \n', p);
      r = 0;          % im Fehlerfall den Rückgabewert auf 0
  else
      r = sqrt( p );  % Zuweisung des Wurzelwerts an den Rückgabewert
  end
```

Speichern Sie die Funktion im M-File mySqrt.m ab und testen Sie sie, zum Beispiel:

```
>> y = mySqrt( 9 )
y = 3
>> y = mySqrt( -9 )
FEHLER: Negatives Argument -9 für mySqrt
y = 0
```

Als weiteres if-else-Beispiel wollen wir ein einfaches Ratespiel programmieren. Sie sollen einen Weg erraten, indem Sie an drei Stellen zur richtigen Seite (rechts oder links) abzweigen. Der Weg hat folgende Form:

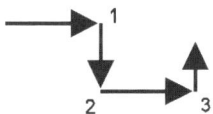

Abbildung 2.11 Pfad für das Ratespiel

Die korrekte Richtungswahl für die drei Abzweigungen lautet also: rechts – links – links.

An den drei Abzweigungen wird der Anwender gefragt, ob er nach links möchte (durch Eingabe der Zahl 0) oder nach rechts (Eingabe der Zahl 1). Gibt er die falsche Zahl ein, dann erfolgt eine Fehlermeldung. Schafft er es, an allen drei Kreuzungen die richtige Route zu wählen, dann erhält er eine Erfolgsmeldung.

Der M-File zu diesem Spiel lautet:

Listing 2.4 function Ratespiel

```
function Ratespiel()
% Korrekter Weg: rechts-links-links, entspricht Eingabe: 1-0-0
  fprintf( 'Erraten Sie den Weg an 3 Kreuzungen: \n' );
  fprintf( '1. Kreuzung: \n' );
  fprintf( ' Nach links mit 0, nach rechts mit 1: \n' );
  w1 = input( ' 0 oder 1: ' );
  if( w1 == 0 )
    fprintf( 'War leider falsch! Tschüss! \n' );
  else
    fprintf( 'Richtig! Jetzt zur 2. Kreuzung: \n' );
    w2 = input( ' Nach links mit 0, nach rechts mit 1: ' );
    if( w2 == 1 )
      fprintf( 'War leider falsch! Tschüss! \n' );
    else
      fprintf( 'Richtig! Zur 3. Kreuzung: \n' );
      w3 = input( ' Nach links mit 0, nach rechts mit 1: ' );
      if( w3 == 1 )
        fprintf( 'War leider falsch! Tschüss! \n' );
      else
        fprintf( 'Bravo, Sie haben es geschafft! \n' );
      end
    end
  end
end
```

Testen Sie das Spiel mit verschiedenen Eingaben und erweitern Sie es um zusätzliche Abzweigungen.

Stilfragen:

MATLAB ist, wie auch C, eine *formatfreie Sprache*. Das bedeutet, dass Sie das äußere Erscheinungsbild Ihres Programm-Codes nach Belieben gestalten können, solange die Anweisungen nur in der korrekten Reihenfolge erscheinen. Sie könnten den gesamten Code einer Funktion sogar in eine einzige Zeile packen. Bei Programmieranfängern ist oft zu beobachten, dass ihre Programme wie „Kraut und Rüben" aussehen, dass Zeilen nach Belieben mehr oder minder stark eingerückt sind und jede Art von Form fehlt.

Sie sollten sich einen *strukturierten Programmierstil* angewöhnen, durch den Sie zusammengehörende Teile des Codes durch ein gleichmäßiges Einrücken optisch kenntlich machen. Dadurch sind die Programme leichter zu lesen und Fehler, wie zum Beispiel ein fehlendes end, einfacher zu finden. Sie sollten pro Zeile auch nur eine einzige Anweisung schreiben, da sich sonst der Code schlecht debuggen lässt (siehe Kapitel 5 Programmierhilfen). Außerdem sollten Sie Ihren Code an wichtigen Punkten mit *Kommentaren* versehen. Der MATLAB-Editor hilft Ihnen ebenfalls bei der Formatierung, indem er automatisch Einrückungen und Tabulatoren in den Code einbaut. Wenn der Editor sich bei der Formatierung anders verhält, als Sie es erwarten, ist dies meist ein Anzeichen, dass Sie in das Programm einen formalen Fehler eingebaut haben, beispielsweise eine fehlende schließende Klammer oder ein fehlendes Hochkomma als Abschluss eines Strings.

Jeder Programmierer entwickelt im Laufe der Zeit seinen eigenen Stil – was in Ordnung ist, solange dieser Stil nur konsequent durchgehalten wird.

2.4.6 Fallunterscheidung

Verschachtelte if-else-Abfragen tauchen häufig da auf, wo man testen möchte, ob eine (diskrete) Größe einen von mehreren möglichen Werten hat (mögliche Fälle), zum Beispiel ob ein eingegebener Buchstabe ein A ist oder ein B oder ein C etc.

Für solche Fallunterscheidungen gibt es in MATLAB eine spezielle, vereinfachte Abfrage, die *switch-Anweisung*, in der Form:

```
switch switch_ausdruck
    case case_ausdruck1
        Anweisungen
    case case_ausdruck2
        Anweisungen
    case {case_ausdruck3,case_ausdruck4,...}
        Anweisungen
    otherwise
        Anweisungen
end
```

Zum Testen vorgegeben ist eine (diskrete) Größe oder ein Ausdruck *switch_ausdruck*. Dieser Ausdruck wird damit *verglichen*, ob er zu einem der zur Verfügung stehenden *Fälle* passt, hier also *case_ausdruck1* oder *case_ausdruck2* bzw. einer der Fälle *case_ausdruck3*, *case_ausdruck4*, etc. Stimmt einer der Ausdrücke mit dem switch_ausdruck überein, werden die Anweisungen ausgeführt, die hinter dem entsprechenden *case* stehen. Passt keiner der Ausdrücke, werden die Anweisungen hinter dem (optionalen) *otherwise* ausgeführt.

Möchte man dieselbe Anweisung für *mehrere Fälle* verwenden, kann man diese Fälle als Liste zusammenfassen, im obigen Code als *{case_ausdruck3,case_ausdruck4,...}*.

Beispiel:
```
w = char( 'b' );

switch( w )
    case 'a'
        disp( 'Methode a gewählt' )
```

```
        case 'b'
            disp( 'Methode b gewählt' )
        case {'c', 'd'}
            disp( 'Methoden c und d noch nicht verfügbar.' )
        otherwise
            disp(' Unbekannte Methode.')
    end
```

Hier soll also die Variable *w* getestet werden, ob sie als Wert einen der zur Verfügung stehenden Buchstaben besitzt – „a" und „b" sind erlaubte Methoden, „c" und „d" noch nicht zur Verfügung stehende Methoden und jeder andere Buchstabe nicht zugelassen.

2.4.7 Zusammenfassung

- Vergleichsoperatoren: $<, <=, >, >=, ==, \sim=$
- MATLAB-Genauigkeit: eps
- Logische Operatoren: &&, ||, ~
- if-Abfrage: if (bedingung) ... end
- if-else-Abfrage: if (...) ... else ... end
- Verschachteltes elseif: if (...) ... elseif ... elseif ... else ... end
- Fallunterscheidung: switch (ausdruck) case ... case ... otherwise ... end

2.4.8 Aufgaben

Aufgabe 2.4.1

Schreiben Sie eine Funktion, die zwei Zahlen *a* und *b* von der Tastatur einliest. Prüfen, ob *b* gleich null ist. In diesem Fall eine Fehlermeldung ausgeben. Ansonsten den Quotienten *a/b* berechnen und das Ergebnis mit fprintf ausgeben. Kommentieren Sie die Funktion im Programm-Code und vergessen Sie auch die H-Line nicht.

Testen Sie die Funktion mit mehreren Zahlenwerten.

Aufgabe 2.4.2

Schreiben Sie die Funktion intervall, die von der Tastatur eine Zahl einliest. Liegt diese Zahl im Intervall zwischen 10 und 99, wird sie zurückgegeben. Anderenfalls erfolgt eine Fehlermeldung. Testen Sie die drei möglichen Fälle mit mehreren Zahlenwerten.

Schreiben Sie die weitere Funktion intervall2, die analog nur Eingabewerte außerhalb des Intervalls von 1 und 2 bearbeitet. Testen Sie die Funktion.

Aufgabe 2.4.3

Erstellen Sie die Funktion Auswahl, die als Erstes von der Tastatur ein Zeichen c einliest. Mit einer verschachtelten if-else-Abfrage soll dann in Abhängigkeit von c wie folgt verfahren werden:

Ist c das Zeichen „k", wird von der Tastatur ein Radiuswert r abgefragt und die Kreisfläche $pi*r*r$ berechnet. Ist c das Zeichen „q", wird von der Tastatur die Kantenlänge a abgefragt und die Quadratfläche $a*a$ berechnet. Ist c das Zeichen „r", werden von der Tastatur die Länge l und die Breite b abgefragt und die Rechteckfläche $l*b$ berechnet. Kommt ein anderes Zeichen, wird eine Fehlermeldung ausgegeben. Zu jedem der regulären Fälle sollen die Lösung und der Flächentyp mit fprintf ausgegeben werden.

Schreiben Sie eine weitere Funktion Auswahl2, die anstelle der verschachtelten if-else-Abfragen eine switch-Anweisung verwendet, und testen Sie alle möglichen Fälle.

2.5 Schleifen

2.5.1 Schleifenbedingung

Schleifen sind dazu da, eine Gruppe von *Anweisungen mehrfach* hintereinander auszuführen – zum Beispiel als Strafarbeit einen Satz 100-mal abzuschreiben oder als Fußballmannschaft während einer Saison nacheinander gegen alle anderen Mannschaften anzutreten. Schleifen gibt es in vielen Bereichen, wobei es jedoch nicht wichtig ist, ob bei jedem Schleifendurchlauf exakt das Gleiche passiert wie bei dem 100-mal geschriebenen Satz, oder ob je nach Anlass die Aktion abgewandelt ist wie bei den Spielen gegen jeweils unterschiedliche Mannschaften.

Für jede Art von Schleife muss es eine *Bedingung* geben, die das *Ende* der Durchläufe markiert. MATLAB unterscheidet hierbei zwei Typen von Schleifen,

- die *Zählschleife*, bei der bis zu einem Endwert gezählt wird, und
- die *Wiederholschleife*, die so lange wiederholt wird, wie es eine Bedingung erlaubt.

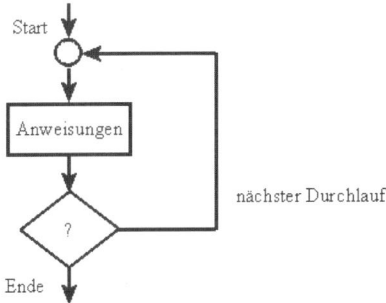

Abbildung 2.12 Schleife

Das Fragezeichen „?" markiert in der obigen Abbildung die Bedingung, die erfüllt sein muss, um mit dem nächsten Schleifendurchlauf weiterzumachen. Bei der Zählschleife tritt das Ende dadurch ein, dass weit genug gezählt wurde, und bei der Wiederholschleife dadurch, dass die Bedingung zum Weitermachen nicht mehr gilt.

Im Normalfall ist es nicht gewollt, dass eine Schleife nie ein Ende findet (*Totschleife*).

2.5.2 Zählschleife

Die *Syntax* der Zählschleife lautet:

```
for index = Startwert : Endwert
    Anweisungen
end
```

bzw. in der erweiterten Form mit einem expliziten Wert für das Inkrement:

```
for index = Startwert : Inkrement : Endwert
    Anweisungen
end
```

index ist eine Variable (Laufvariable), die beim ersten Schleifendurchlauf auf den *Startwert* gesetzt wird. Dann werden alle Anweisungen bis zum Kenner *end* durchgeführt. Anschließend beginnt der zweite Schleifendurchlauf, wozu die Variable *index* um den Wert *Inkrement* erhöht wird. Man kann den Wert für das Inkrement auch weglassen, wie bei der ersten Version der Syntax. Dann wird für das Inkrement der voreingestellte Wert (*Default-Wert*) 1 genommen. Nachdem geklärt ist, was der neue Wert von *index* ist, werden damit erneut alle Anweisungen in der Schleife bis *end* durchgeführt. Das Spiel geht weiter, bis *index* den *Endwert* überschritten hat.

Hier ein einfaches Beispiel für ein Hochzählen in Einerschritten.

Listing 2.5 Hochzählen in Einerschritten

```
function Einerschritte()
    for( n = 1:3 )   % Schleifenkopf mit Startwert 1 und Endwert 3
        fprintf( '* Durchlauf n = %g \n', n );
    end
    fprintf( 'Das war es! \n' );
```

Die Laufvariable *n* (Index) beginnt mit dem Startwert 1 und wird bei jedem Durchlauf um den Standard-Inkrementwert 1 erhöht. Beim zweiten Schleifendurchlauf hat *n* also den Wert 2. Und beim dritten, dem letzten Durchlauf wird der Endwert 3 erreicht. Als einzige

Anweisung in der Schleife haben wir die Ausgabe der Indexnummer n mittels der Funktion fprintf, um die einzelnen Durchläufe unterscheiden zu können. Wenn die Schleife nach drei Durchläufen abgearbeitet ist, d.h. nach dem end, kommt noch die Fertigmeldung 'Das war es!'.

Dies ergibt folgende Ausgabe im Command Window:

```
>> Einerschritte
* Durchlauf n = 1
* Durchlauf n = 2
* Durchlauf n = 3
Das war es!
```

Und das Ganze abwärts mit einer Schrittweite (Inkrement) von -0.5, von 1 bis -1:

Listing 2.6 Runterzählen mit Schrittweite -0.5

```
function Runter()
  for( n = 1:-0.5:-1 )    % Schleifenkopf mit Inkrement -0.5
    fprintf( '* Durchlauf n = %g \n', n );
  end
  fprintf( 'Das war es! \n' );
```

Mit folgender Ausgabe im Command Window:

```
>> Runter
* Durchlauf n = 1
* Durchlauf n = 0.5
* Durchlauf n = 0
* Durchlauf n = -0.5
* Durchlauf n = -1
Das war es!
```

Und ein drittes Beispiel, in dem nicht nur die Laufvariable ausgegeben wird, sondern mit ihr auch eine einfache Berechnung stattfindet:

Aufgabenstellung: Berechne alle Quadratzahlen für $k=1$ bis $k=4$ und gib diese aus.

Wir verwenden diesmal k als Laufvariable, mit einem Startwert von 1 und einem Endwert von 4, der beim vierten Durchlauf erreicht wird, da der Inkrementwert automatisch auf 1 gesetzt ist. Die Aktion bei jedem Durchlauf besteht aus der Anweisung, die Zahl k^2 zu berechnen und das Ergebnis mit fprintf auszugeben.

Um der Ausgabe ein hübscheres Aussehen zu verleihen, wird vor der eigentlichen Schleife in Zeile 1 und 2 mit fprintf eine *Überschrift* für die Tabelle erzeugt:

Listing 2.7 Quadratzahlen

```
function quadrat()
    fprintf( '  k  |   k^2   \n' );              % Zeile 1
    fprintf( '================ \n' );            % Zeile 2
    for( k = 1:4 )                                % Zeile 3
        quadrat = k * k;                          % Zeile 4
        fprintf( ' %2d  |  %3d \n', [ k, quadrat ] );  % Zeile 5
    end                                           % Zeile 6
    % Weitere Anweisungen nach der Schleife        % Zeile 7
```

Verfolgen wir den Ablauf im Einzelnen mit einem *Ablaufprotokoll*:

Ablaufprotokoll: Quadratzahlen

Zeile	Durchlauf	Abläufe	k	quadrat
1	–	Überschrift auf den Bildschirm schreiben: k | k^2	–	–
2	–	Trennzeile unterhalb der Überschrift: ==========	–	–
3	1	Start der Schleife: Index *k* auf 1 gesetzt	1	–
4	1	Berechnung des Quadrats von *k* für Variable *quadrat*	1	1
5	1	Ausgabe von *k* und *quadrat* auf dem Bildschirm	1	1
3	2	Check, ob Index *k* bereits Endwert 4 erreicht hat, → nein, deshalb *k* um 1 (Inkrement-Wert) erhöhen	2	1
4	2	Berechnung des Quadrats von *k*	2	4
5	2	Ausgabe von *k* und *quadrat* auf dem Bildschirm	2	4
3	3	Check, ob Index *k* bereits Endwert 4 erreicht hat, → nein, deshalb *k* um 1 (Inkrement-Wert) erhöhen	3	4
4	3	Berechnung des Quadrats von *k*	3	9
5	3	Ausgabe von *k* und *quadrat* auf dem Bildschirm	3	9
3	4	Check, ob Index *k* bereits Endwert 4 erreicht hat, → nein, deshalb *k* um 1 (Inkrement-Wert) erhöhen	4	9
4	4	Berechnung des Quadrats von *k*	4	16
5	4	Ausgabe von *k* und *quadrat* auf dem Bildschirm	4	16
3	5	Check, ob Index *k* bereits Endwert 4 erreicht hat, → ja, deshalb zu *end* (Zeile 6) springen	4	16
6	5	Ende der Schleife	4	16
7	–	Weitere Anweisungen nach der Schleife durchführen	4	16

Die Ausgabe in MATLAB sieht also folgendermaßen aus:

```
 k  |  k^2                     / durch Zeile 1 erzeugt
================                / durch Zeile 2 erzeugt
 1  |   1                      / 1. Durchlauf: k = 1
 2  |   4                      / 2. Durchlauf: k = 2
 3  |   9                      / 3. Durchlauf: k = 3
 4  |  16                      / 4. Durchlauf: k = 4
```

2.5.3 for-Beispiel: Fakultät

Aufgabenstellung: Schreiben Sie die Funktion fakultaet, die als Parameter eine positive, ganze Zahl n übergeben bekommt, daraus $n!$ berechnet und diesen Wert zurückgibt.

$n!$ (gesprochen n-Fakultät) erhält man dadurch, dass nacheinander die ganzen Zahlen von 1 bis zu der Endzahl n miteinander multipliziert werden.

Es gilt also die Formel: $n! = 1 * 2 * 3 * ... (n-1) * n$

beispielsweise für $n=4$: $4! = 1*2*3*4 = 24$

In der Informatik löst man solche Aufgaben am besten mit einer Zählschleife, da wir n Zahlen miteinander multiplizieren müssen. Die Multiplikations-Operation braucht aber einen Anfangspunkt. Dazu definiert man zu Beginn einen *Zwischenspeicher*, den man mit einem Anfangswert initialisiert – in unserem Fall ist dies die *Variable z* mit dem Anfangswert 1, dem ersten Wert in der Multiplikations-Reihe: $1*2*3*...*n$.

Bei jedem Schleifendurchlauf wird dieser Zwischenspeicher verändert – in unserem Fall wird z mit dem Index k multipliziert, beginnend mit dem Wert 2 (die 1 haben wir ja bereits bei der Initialisierung des Zwischenspeichers abgearbeitet). Die Aktion beim ersten Schleifendurchlauf lautet also: $1*2$. Die Berechnung der Fakultät beginnt mit der Zahl 2 als Index. Bei jedem weiteren Durchlauf erhöhen wir den Index um 1. Der Endwert für den Index ist natürlich die Zahl n, wenn die Multiplikations-Folge bei n angelangt ist.

Als Aktion innerhalb der Schleife wird der Zwischenspeicher z mit dem Wert des Index multipliziert. Dieser neue Wert $z*k$ wird wieder in die Variable z zurückgespeichert.

Hier der Programm-Code der Funktion fakultaet, den Sie im M-File fakultaet.m speichern:

Listing 2.8 function fakultaet

```
function erg = fakultaet( n )        % Zeile 1
    z = 1;                           % Zeile 2
    for( k=2:n )                     % Zeile 3
        z = z * k;                   % Zeile 4
    end                              % Zeile 5
    erg = z;                         % Zeile 6
```

Testen Sie das Programm zum Beispiel durch den Aufruf:

```
>> n = 4;
>> f = fakultaet( n );
>> disp(f);
        24
```

Sie können die Funktion fakultaet noch verfeinern, indem Sie zu Beginn mit einer if-Abfrage testen, ob der übergebene Parameter n wirklich größer als 0 ist. Übrigens ist in der Mathematik $n!$ auch für $n=0$ definiert und hat den Wert $0!=1$.

Verfolgen wir wieder den Ablauf im Einzelnen mit einem *Ablaufprotokoll*:

Ablaufprotokoll: function fakultaet

Zeile	Durchlauf	Abläufe	n	z	k
1	–	Start der Funktion fakultaet, n wird auf 4 gesetzt	4	–	–
2	–	Initialisierung des Zwischenspeichers z mit 1	4	1	–
3	1	Start der Schleife: Index k auf 2 gesetzt	4	1	2
4	1	Berechnung von $z*k$, neues $z = z * k = 1 * 2 = 2$	4	2	2
3	2	Check, ob Index k bereits Endwert 4 erreicht hat, → nein, deshalb k um 1 erhöhen	4	2	3
4	2	Berechnung von $z*k$, neues $z = z * k = 2 * 3 = 6$	4	6	3
3	3	Check, ob Index k bereits Endwert 4 erreicht hat, → nein, deshalb k um 1 erhöhen	4	6	4
4	3	Berechnung von $z*k$, neues $z = z * k = 6 * 4 = 24$	4	24	4
3	4	Check, ob Index k bereits Endwert 4 erreicht hat, → ja, deshalb zu *end* (Zeile 5) springen	4	24	4
5	4	Ende der Schleife	4	24	4
6	–	Rückgabewert *erg* = z = 24 setzen	4	24	4

Am Anfang sind Rechenoperationen mit einem Zwischenspeicher für Sie sicher ungewohnt. Gehen Sie deshalb das Ablaufprotokoll Schritt für Schritt durch und versuchen Sie, die Operationen zu verstehen. Ein Zwischenspeicher, der bei jedem Schleifendurchlauf verändert wird, kommt typischerweise auch noch bei der Berechnung von Summen vor – wir werden ihm später bei der Berechnung der e-Funktion wieder begegnen.

2.5.4 Verschachtelte Schleifen

Aufgabenstellung: Schreiben Sie eine Funktion, die das kleine Einmaleins auf dem Bildschirm ausgibt.

Auf den ersten Blick ähnelt dies der Aufgabe, in der wir mit einer einzigen Schleife die (eindimensionale) Liste der Quadratzahlen von 1 bis 4 berechnet haben. Jetzt sollen wir jedoch ein *zweidimensionales, quadratisches Feld* mit Produktzahlen erzeugen. In einer bestimmten Zeile des Feldes stehen die Produkte, bei denen der erste Faktor stets einen festen Wert hat und der zweite Faktor die Zahlen 1 bis 10 durchläuft.

Beispielsweise gilt für die achte Zeile, dass der erste Faktor, nennen wir ihn *m*, den festen Wert 8 hat. Der zweite Faktor *n* läuft von 1 bis 10. Die Zahlen der Zeile ergeben sich als das Produkt *m*n*:

```
n = 1,    2,    3,    4,    5,    6,    7,    8,    9,   10
m*n für m=8:
    8   16   24   32   40   48   56   64   72   80
```

Für ein *festes m* können wir die Produkte also durch eine Schleife berechnen, in der *n* die Werte 1 bis 10 durchläuft. In der Variablen *erg* merken wir uns das Ergebnis *m*n*, das anschließend mit fprintf dreistellig ausgegeben wird:

```
for( n=1:10 )
    erg = m*n;
    fprintf( ' %3.0f ', erg );
end
```

Wir wollen jedoch nicht nur eine Zeile für ein festes *m* ausgeben, sondern das gesamte Einmaleins für alle Werte von *m* und *n*. Deshalb müssen wir um die *innere Schleife* für *n* noch eine weitere *äußere Schleife* für *m* setzen, damit auch *m* die Zahlen von 1 bis 10 durchläuft. Formal kann man dies wie folgt ausdrücken:

```
for( m=1:10 )
    Berechne alle Einmaleins-Werte für festes m;
    fprintf( '\n');
end
```

Nachdem für ein festes *m* die Einmaleins-Werte berechnet sind, wird mit fprintf außerdem noch ein Zeilenumbruch eingebaut, damit die Werte für das nächste *m* in einer neuen Zeile stehen. Bis auf die Überschrift ist dies der Programm-Code der Funktion *ein_mal_eins*:

Listing 2.9 function ein_mal_eins

```
function ein_mal_eins()
    fprintf( ' ------------ 1x1 ------------  \n' );
    for( m=1:10 )        % nacheinander alle Zeilen zu Nummer m
        for( n=1:10 )    % alle Spalten zu fester Zeile m
```

```
        erg = m*n;
        fprintf( ' %3.0f ', erg );
    end
    fprintf( '\n');
end
```

Nach dem Aufruf von *ein_mal_eins* erhält man die vollständige Einmaleins-Tabelle:

```
>> ein_mal_eins
    ------------- 1x1 -------------
    1    2    3    4    5    6    7    8    9   10
    2    4    6    8   10   12   14   16   18   20
    3    6    9   12   15   18   21   24   27   30
    4    8   12   16   20   24   28   32   36   40
    5   10   15   20   25   30   35   40   45   50
    6   12   18   24   30   36   42   48   54   60
    7   14   21   28   35   42   49   56   63   70
    8   16   24   32   40   48   56   64   72   80
    9   18   27   36   45   54   63   72   81   90
   10   20   30   40   50   60   70   80   90  100
```

Programmieranfänger tun sich mit verschachtelten Schleifen erfahrungsgemäß schwer. Die Parametervariation in zwei Dimensionen ist meist verwirrend und gewöhnungsbedürftig. Erstellen Sie für die Funktion ein_mal_eins ein *Ablaufprotokoll*, in dem Sie die Variation der Werte für *m* und *n* exakt verfolgen!

Machen Sie sich auch klar, dass verschachtelte Schleifen

```
for( m=1:10 )
    for( n=1:10 )
        ...;
    end
end
```

ein vollkommen anderes Ergebnis liefern als sequentiell ablaufende Schleifen:

```
for( m=1:10 )
    ...;
end
for( n=1:10 )
    ...;
end
```

Eine verschachtelte Schleife erzeugt ein zweidimensionales Feld, die beiden sequentiellen Schleifen zwei eindimensionale Listen.

2.5.5 Wiederholschleife

In einer for-Schleife wird so lange hochgezählt, bis ein Endwert erreicht ist. Es gibt aber auch Schleifen, für die nicht von *vornherein* feststeht, *wie oft* sie durchlaufen werden. Die Bedingung, die festlegt, wann man aufhören muss, wird bei diesem Typ erst während der Schleifendurchläufe klar. MATLAB stellt dafür den Typ Wiederholschleife zur Verfügung.

Die Syntax einer Wiederholschleife lautet:

```
while ausdruck
    anweisungen
end
```

Der *ausdruck* im Schleifenkopf definiert eine *Bedingung*, die *vor* jedem Schleifendurchlauf getestet wird. Solange diese Bedingung *erfüllt* ist, gibt es einen weiteren Schleifendurchlauf, bei dem die *Anweisungen* im Schleifenkörper ausgeführt werden.

Aufgabenstellung: Lesen Sie eine positive Zahl von der Tastatur.

Es soll also mit input so lange eine Zahl geholt werden, bis die Eingabe nicht mehr kleiner oder gleich 0 ist. Die Funktion *posnum* im M-File posnum.m löst diese Aufgabe mit einer while-Schleife:

Listing 2.10 function posnum

```
function erg = posnum( prompt )
    z = -1;              % Vorbelegung mit negativer Startzahl
    while ( z <= 0 )  % weiter, solange z <= 0
        z = input( prompt );
    end
    erg = z;             % Rückgabe der positiven Zahl
```

Testen Sie die Funktion posnum beispielsweise mit folgendem Aufruf:

```
zahl = posnum( 'Bitte positive Zahl eingeben: ' );
Bitte positive Zahl eingeben: -3
Bitte positive Zahl eingeben: -5
Bitte positive Zahl eingeben: 8
disp( zahl );
    8
```

In unserem Fall wurde die Schleife dreimal durchlaufen und erst nach dem dritten input-Aufruf, mit Eingabe der positiven Zahl 8, war die Bedingung zum Weitermachen ($z <= 0$)

nicht mehr erfüllt. Wie oft eine Zahl angefordert werden musste, wurde erst während des Schleifendurchlaufs klar. Eine Zählschleife hätte uns bei diesem Problem nichts genutzt.

Warum musste z eigentlich mit einer negativen Zahl vorbelegt werden?

Erinnern Sie sich, dass bereits zu Beginn der Schleife der Test auf die Positivität stattfindet! Und nicht erst dann, wenn input die erste Zahl geliefert und an z übergeben hat.

Wir wollen als zweites Beispiel unsere Funktion quadrat etwas abwandeln. Diesmal geben wir für die Schleife nicht den Endwert vor, sondern wir fordern, dass die Schleife nur so lange durchlaufen wird, wie die Quadratzahl kleiner als 30 ist:

Listing 2.11 Quadratzahlen bis 30

```
function quadrat30()
   k  = 1;              % Vorbelegung der Laufvariablen k
   qu = k*k;            % Vorbelegung mit 1. Quadratzahl
   while( qu < 30 )     % weiter, so lange qu kleiner als 30
      fprintf( ' %2d  |  %3d \n', k, qu );
      k  = k + 1;       % Laufvariable muss erhöht werden
      qu = k * k;       % nächstes Quadrat zu k berechnen
   end
```

Der Aufruf von quadrat30 liefert folgendes Ergebnis:

```
>> quadrat30
   1  |   1
   2  |   4
   3  |   9
   4  |  16
   5  |  25
```

Wenn wir die Funktion quadrat30 mit der for-Schleifen-Version quadrat vergleichen, sehen wir außer dem Schleifentyp noch zwei weitere Unterschiede: Die Variable qu muss vor der Schleife mit einem Startwert vorbelegt werden, analog der Variablen z in der Funktion posnum. Aber auch die „Laufvariable" k muss explizit mit dem Startwert 1 belegt und über die Anweisung $k = k + 1$; in der Schleife bei jedem Durchlauf um den Wert 1 erhöht werden. Bei der for-Schleife erfolgte diese Inkrementierung automatisch im Schleifenkopf.

 Sie können natürlich verschachtelte Schleifen auch mit Hilfe von Wiederholschleifen erstellen – wenn Sie zum Beispiel zwei Bedingungen haben, die erst zur Laufzeit entscheidbar sind. Auch können Sie beide Schleifentypen ineinander verschachteln, was allerdings seltener vorkommt.

2.5.6 while-Beispiel: e-Funktion

Die Exponential-Funktion $y = \exp(x)$, eine der Standardfunktionen der Mathematik, spielt auch in vielen technischen Anwendungen eine große Rolle.

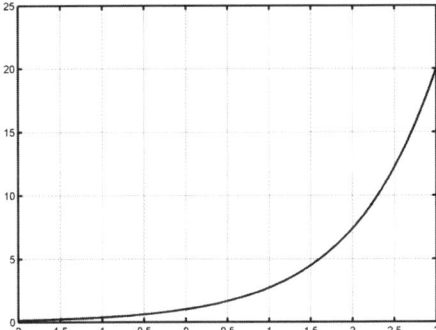

Abbildung 2.13 Graph der e-Funktion

Zur Berechnung der Werte der e-Funktion verwendet man folgende Reihendarstellung:

$$y = \exp(x) = \sum_{n=0}^{\infty} \frac{x^n}{n!}$$

Die ersten Glieder der Reihe haben die Form:

$$y = \frac{x^0}{0!} + \frac{x^1}{1!} + \frac{x^2}{2!} + \frac{x^3}{3!} + \frac{x^4}{4!} + ... = 1 + x + \frac{x^2}{2} + \frac{x^3}{6} + \frac{x^4}{24} + ...$$

Man nummeriert die einzelnen Summanden s_n der Reihe durch, von 0 angefangen, und erhält den n-ten Summanden s_n über folgende *Regel* aus dem davorstehenden Term s_{n-1}:

$$\boxed{s_n = \frac{x}{n} * s_{n-1}}$$

also: $s_0 = 1$, $s_1 = \frac{x}{1} * s_0 = x * 1 = x$

Diese Formel ist der Ausgangspunkt für unsere MATLAB-Funktion zur Berechnung von Werten der e-Funktion mittels einer while-Schleife.

Ein Problem haben wir vorher noch zu klären:

Die Summe in der Reihendarstellung läuft von 0 bis *unendlich*. So viel Rechenzeit wollen wir MATLAB doch nicht zugestehen. Wir begnügen uns mit einer *Näherung*, die nur eine gewisse Zahl von Summanden berücksichtigt. Die Zahl der Summanden soll allerdings nicht von vornherein festgelegt werden. Wir verwenden stattdessen folgendes *Kriterium* für das Ende der Schleife:

- Die Schleife wird so lange durchlaufen, wie der aktuell berechnete Summand s_n im *Absolutbetrag* (abs) größer ist als eine *Schranke epsi*, zum Beispiel für den Wert *epsi* = 0.000001 oder die MATLAB-Genauigkeit *eps*. Werden die Summenglieder kleiner als dieser Wert, dann beenden wir die Berechnung der Summe.

Unsere Funktion nennen wir *efunktion*, im M-File efunktion.m. Ihr werden die drei Parameter *x*, *epsi* und *ausgabe* übergeben. Der Rückgabewert ist die über die Reihenentwicklung berechnete Näherung für die e-Funktion.

Zu Beginn der Funktion werden die drei Variablen *n*, *sn* und *z* definiert:

- *n* führt Buch über die aktuelle Nummer bei der Summation, beginnend mit 0.
- *sn* ist der aktuell berechnete Summand, beginnend mit $s_0 = 1$.
- *z* ist der bereits bekannte Zwischenspeicher, diesmal für die Summe, zu Beginn bereits belegt mit dem ersten Summanden *sn* für *n* = 0.

Im Kopf der while-Schleife steht als Bedingung unser Kriterium für das Weitermachen mit dem nächsten Schleifendurchlauf: abs(*sn*) > *epsi*

Folgende Aktionen treten im Schleifenkörper auf:

- Als Schleifenzähler wird die Summationsnummer *n* um 1 erhöht,
- der aktuelle Summand *sn* wird aus dem vorherigen *sn* nach der Regel berechnet und
- zur Zwischensumme *z* dazugezählt.

Ist der Parameter *ausgabe* ungleich 0, wird zur Kontrolle die Zahl der Summanden ausgegeben, die zur Berechnung der e-Funktions-Näherung benötigt wurden.

Listing 2.12 function efunktion

```
function y = efunktion( x, epsi, ausgabe )
    n  = 0;                 % 0 = Startnummer des Summanden
    sn = 1.0;               % 0. Summand = 1.0
    z  = sn;                % Zwischensumme = 1.0

    while( abs(sn) > epsi )     % Kriterium zum Weitermachen
        n  = n + 1;             % nächste Summandennummer
        sn = sn * x / n;        % aktueller Summand, nach Regel
        z  = z + sn;            % Summand zu Zwischensumme addieren
    end

    y = z;                  % Rückgabe der Summe
    if( ausgabe )           % Kontrollausgabe, falls ausgabe == 1
        fprintf( 'Zahl der Summanden: %g \n', n );
    end
```

Testen Sie die Funktion zum Beispiel jeweils für denselben Wert $x=1$, aber mit verschiedenen Werten für die Schranke *epsi*. Der dritte Parameter *ausgabe* wird zur Protokollierung der Zahl der Summanden auf 1 gesetzt:

```
>> format long          % Ausgabe mit mehr Nachkommastellen
>> x = 1;               % Festlegung von x
>> y1 = efunktion( x, 0.01, 1 )        % großes epsi = 0.01
Zahl der Summanden: 5
y1 = 2.71666666666667
>> y2 = efunktion( x, 0.0001, 1 )      % kleineres epsi = 0.0001
Zahl der Summanden: 8
y2 = 2.71827876984127
>> y3 = efunktion( x, 0.000001, 1 )    % kleines epsi = 0000001
Zahl der Summanden: 10
y3 = 2.71828180114638
```

Der exakte Wert ist: $\exp(1) = 2.71828182845905...$ Je kleiner man die Schranke *epsi* wählt, umso mehr Summanden werden berücksichtigt und desto genauer wird das Ergebnis.

2.5.7 Schleifen verlassen

Bisher wurde ein Schleifenende dadurch erreicht, dass im Schleifenkopf die Bedingung nicht mehr erfüllt war, die für das Weitermachen notwendig ist. Daneben gibt es aber noch *andere Kontrollstrukturen*, mit denen man den Ablauf einer Schleife beeinflussen kann.

Sie können eine Schleife auch dadurch verlassen, dass Sie im Schleifenkörper die Anweisung *break* einbauen, normalerweise verbunden mit einer Bedingung. Damit kann man zum Beispiel erreichen, dass die Schleife bei Eingabe eines bestimmten Zeichens abbricht. In der Funktion *testbreak* ist es der Buchstabe n, dessen Eingabe die Schleife zur Berechnung der Quadrate beendet:

Listing 2.13 function testbreak

```
function testbreak()
    for( n = 1 : 100 )
        q = n*n;
        fprintf('%g^2 = %g \n', [n,q]);  % Ausgabe des Quadrats
        frage = input( 'Nächste Zahl (j/n) ? ' );

        if( frage == 'n' )   % bei Nein Abbruch der Schleife
            break;
        end
    end
```

Ein möglicher Ablauf der Funktion testbreak könnte sein:

```
>> testbreak();
1^2 = 1
Nächste Zahl (j/n) ?  'j'
2^2 = 4
Nächste Zahl (j/n) ?  'j'
3^2 = 9
Nächste Zahl (j/n) ?  'n'
>>
```

In *verschachtelten Schleifen* beendet break die aktuelle Schleife und fährt in einer eventuell darüberliegenden Schleife fort.

Sie können Schleifen (und Funktionen) auch dadurch verlassen, dass Sie die Anweisung *return* einbauen. return bewirkt, dass die aktuelle Funktion auf jeden Fall verlassen wird, ganz gleich wie tief Sie sich in verschachtelten Schleifen befinden mögen.

Ähnlich wirkt die MATLAB-Funktion *error*, mit der Sie zusätzlich eine Fehlermeldung ausgeben können, bevor error die Funktion abbricht.

Eine weitere Kontrollstruktur ist die Anweisung *continue*. continue bewirkt, dass alle Anweisungen, die im Schleifenkörper hinter continue stehen, übersprungen werden und die Schleife sofort mit dem nächsten Durchlauf fortfährt.

2.5.8 Zusammenfassung

- Zählschleife: for (index = Startwert : Inkrement : Endwert) ... end
- Zwischenspeicher
- Verschachtelte Schleifen: innere Schleife, äußere Schleife
- Wiederholschleife: while (Bedingung) ... end
- Schranke: eps
- Summation mittels einer Schleife
- Schleifen verlassen: break, return, continue

2.5.9 Aufgaben

Aufgabe 2.5.1:

Erstellen Sie eine Funktion, die mit einer Zählschleife rückwärts die Kubikwerte x^3 für $x=5$ bis $x=2$ ausgibt. Formatieren Sie die Ausgabe übersichtlich und erzeugen Sie auch eine aussagekräftige Überschrift.

Aufgabe 2.5.2:

Erstellen Sie eine Funktion, die das große Einmaleins für *m*=11 bis *m*=20 und *n*=1 bis *n*=10 ausgibt. Formatieren Sie die Tabelle übersichtlich.

Aufgabe 2.5.3:

Schreiben Sie eine Funktion, die die Werte von *n*! für *n*=1 bis *n*=6 ausgibt. Zur Berechnung von *n*! für ein festes *n* können Sie die Funktion fakultaet verwenden.

Aufgabe 2.5.4:

Schreiben Sie die Funktion intervall, die nur Eingabewerte im Intervall zwischen 10 und 99 akzeptiert. Testen Sie die Funktion für alle möglichen Fälle.

Aufgabe 2.5.5:

Schreiben Sie die Funktion sinus, die über folgende Reihenentwicklung einen Näherungswert für den Sinus berechnet:

$$y = \text{sinus}(x) = \sum_n (-1)^{(n-1)/2} * \frac{x^n}{n!}, \quad n = 1, 3, 5, 7, \ldots$$

Die ersten Glieder der Reihe haben also die Form:

$$y = \frac{x^1}{1!} - \frac{x^3}{3!} + \frac{x^5}{5!} - \ldots = x - \frac{x^3}{6} + \frac{x^5}{120} - \ldots$$

Wählen Sie wie im Beispiel efunktion eine sinnvolle Schranke für den Abbruch der Summe. Testen Sie die Funktion mit mehreren Winkelwerten und vergleichen Sie die Ergebnisse mit den Werten der MATLAB-Funktion sin.

2.6 Felder

2.6.1 Matrizen

Die zentrale Datenstruktur in MATLAB ist die *Matrix*, ein zweidimensionales *Feld* (Array) mit einer gewissen Anzahl von *Zeilen* und *Spalten*, dem wir bereits im Einführungskapitel begegnet sind.

In den einzelnen *Zellen* (Elementen) der Matrix stehen die Daten, das heißt Zahlen, Buchstaben oder auch andere MATLAB-Strukturen, wie wir sie später behandeln werden. Eine Zelle wird durch die Angabe des *Tupels* (Zeile,Spalte) identifiziert. In der folgenden Abbildung liegt die Zelle (2,3) in der zweiten Zeile und der dritten Spalte der 3x4-Matrix, also einer Matrix mit insgesamt drei Zeilen und vier Spalten.

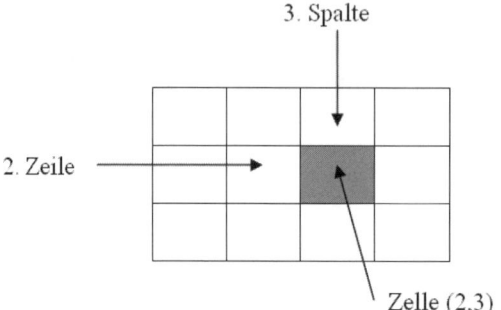

Abbildung 2.14 Zelle (2,3) einer 3x4-Matrix

Auch Datenstrukturen mit *weniger als zwei Dimensionen* werden in MATLAB als Matrizen geführt, beispielsweise eine ganz normale einzelne *Zahl* als 1x1-Array. Man betrachtet sie als Feld mit nur einer Zeile und einer Spalte – also mit genau einer einzigen Zelle, in der der Zahlenwert steht.

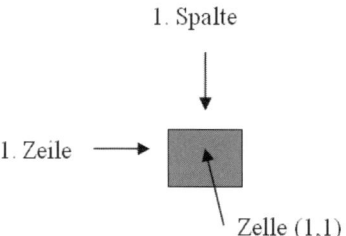

Abbildung 2.15 Zahl als 1x1-Matrix

Ein Feld mit mehr als einer Zelle erzeugen Sie durch die Angabe einer *Wertliste*, die Sie in eckige Klammern [...] setzen. Die einzelnen Zeilen des Feldes werden dabei durch jeweils ein *Semikolon* [Zeile1; Zeile2; ...] voneinander getrennt. Die Daten innerhalb einer Zeile (die einzelnen Spalten) werden durch *Kommas* oder *Leerzeichen* getrennt.

Mit der folgenden Anweisung können Sie einen *Spaltenvektor* anlegen – von MATLAB geführt als Array mit drei Zeilen und einer Spalte (Size = 3x1):

```
>> a = [ 3; 2; 1 ]
a =    3
       2
       1
```

```
>> whos a
  Name        Size       Bytes  Class
  a           3x1           24  double array
```

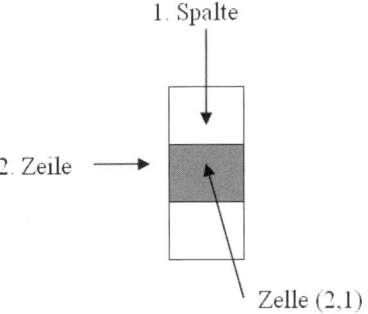

Abbildung 2.16 Spaltenvektor als 3x1-Matrix

In der Zelle (2,1) steht hier beispielsweise der Wert 2.

Den entsprechenden *Zeilenvektor* (mit einer Zeile und drei Spalten) erhält man durch:

```
>> b = [ 3, 2, 1 ]
b = 3   2   1
>> whos b
  Name        Size       Bytes  Class
  b           1x3           24  double array
```

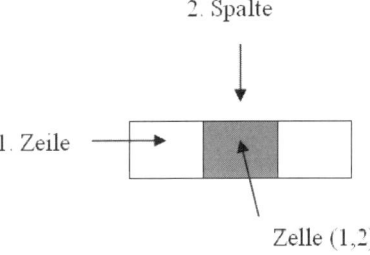

Abbildung 2.17 Zeilenvektor als 1x3-Matrix

Die Kommas als *Trenner* der Daten innerhalb einer Zeile können auch durch *Leerzeichen* ersetzt werden, also: $b = [3\ 2\ 1]$.

Eine *2x2-Matrix*, ein Feld mit zwei Zeilen und zwei Spalten, können Sie wie folgt anlegen:

```
>> c = [ 1, 2; 3, 4  ]
c =  1     2
     3     4
```

```
>> whos c
  Name      Size      Bytes  Class
  c         2x2          32  double array
```

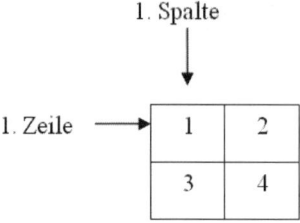

Abbildung 2.18 2x2-Matrix mit 4 Zellen

Der *Zugriff auf die Elemente* erfolgt so, wie man es in der Mathematik gewohnt ist:

```
>> c( 2,2 )
ans = 4
```

Die Elemente einer Matrix müssen nicht in einem einzigen Aufruf, wie $c = [1;2;3]$, gefüllt werden. Man kann die Matrix auch *nacheinander füllen*, indem man die einzelnen Elemente anspricht. Anstelle von $c = [1;2;3]$ kann man also schreiben:

```
>> c(1,1) = 1;
>> c(2,1) = 2;
>> c(3,1) = 3;
```

 Da dies eine wiederkehrende Operation ist, belegt man Matrizen häufig in einer *Schleife*, wie wir es auch im nächsten Abschnitt sehen werden.

MATLAB legt übrigens *automatisch* neue Elemente an, wenn sie vorher noch nicht definiert waren. Man muss sich zunächst keine Gedanken machen, wie viele Elemente letztendlich erzeugt werden sollen. Wenn man in MATLAB für eine bestehende Matrix eine *weitere Zelle* in einer bisher noch nicht existierenden Spalte oder Zeile definiert, dann erzeugt MATLAB gleich alle Zellen der neuen Spalte bzw. Zeile und belegt die Zellen mit der Zahl 0 (nicht etwa mit *NaN* = Not a Number; undefiniert), zum Beispiel:

```
>> a = [1;2;3];
>> a(2,2) = 4
a = 1    0
    2    4
    3    0
```

Informationen über die Anzahl der Zeilen und Spalten einer Matrix liefert die MATLAB-Funktion *size*, als Feld mit der Zahl der Zeilen im ersten Element und der Zahl der Spalten im zweiten:

```
>> sz = size( a )
sz =    3    2
>> zeilen = sz(1)
zeilen = 3
>> spalten = sz(2)
spalten = 2
```

Bei eindimensionalen Feldern, also Zeilen- oder Spaltenvektoren, wie beispielsweise dem weiter oben definierten Vektor *b*, kann man die Länge auch über die Funktion *length* abfragen:

```
>> len = length( b )
len = 3
>> sz = size( b )
sz =   1    3
```

2.6.2 Matrix-Beispiel: sinPlot

In diesem Abschnitt werden wir ein wenig die Grafikfähigkeiten von MATLAB vorwegnehmen, indem wir die MATLAB-Funktion *plot* aufrufen.

Vorher aber noch eine kurze Erinnerung an die mathematische Definition einer *Funktion*:

Eine Funktion *f* ist eine Abbildung einer *Definitionsmenge x* in eine *Bildmenge y*:

$$x \rightarrow y = f(x)$$

Die Definitionsmenge ist beispielsweise ein Intervall aus den reellen Zahlen, definiert als Menge der Zahlen zwischen einem *Anfangs*- und einem *Endwert*.

In unserem Beispiel werden wir als Funktion die sin-Funktion verwenden. Wir starten mit dem Anfangswert $x=0$ und laufen bis zum Endwert 2π, bei dem die sin-Funktion gerade eine Periode geschafft hat. Zwischen 0 und 2π liegen jedoch unendlich viele reelle Zahlen. Da wir etwas berechnen wollen, beschränken wir uns auf eine Untermenge der Zahlen zwischen 0 und 2π, und zwar auf die Zahlenwerte im *Abstand diff*=0.01.

Diese *x*-Werte speichern wir im Vektor *x*:

```
x(1) = anfang        = 0.00;
x(2) = anfang +  diff = 0.01;
x(3) = anfang + 2*diff = 0.02;
x(4) = anfang + 3*diff = 0.03; ...
```

Zu jedem dieser x-Werte berechnen wir den zugehörigen y-Wert, den wir in der entsprechenden Komponente des Vektors y abspeichern:

```
y(n) = sin( x(n) );
```

Dies geschieht nacheinander in einer Schleife, wobei wir den aktuell zu berechnenden x-Wert vom Startwert bis zum Endwert ändern und uns dazu auch die n-te Komponente des Vektors über die *Laufvariable n* merken. Sind die beiden Vektoren mit den x- und y-Werten erstellt, können wir damit die MATLAB-Funktion *plot* aufrufen, die aus den Vektoren x und y eine 2D-Zeichnung mit dem Funktionsverlauf erstellt. Die Anweisung *grid on* am Ende der Funktion bewirkt, dass hinter die Funktion zur Orientierung noch ein Gitternetz gezeichnet wird.

Hier das gesamte Funktionsbeispiel aus dem M-File sinPlot.m. Anfangswert, Endwert und die Abstandsdifferenz sind Übergabeparameter, die erst beim Funktionsaufruf spezifiziert werden.

Listing 2.14 function sinPlot

```
function  sinPlot( anfang, ende, diff )
    akt = anfang;    % 1. Berechnungspunkt: anfang
    n = 1;           % 1. Element des Vektors

    % Vektoren x und y berechnen, bis ende erreicht ist
    while( akt <= ende )
        % n. Komponente des x-Vektors, zwischen anfang und ende
        x(n) = akt;
        % n. Komponente des y-Vektors = sin-Wert zu x(n)
        y(n) = sin( x(n) );

        % nächste Vektorkomponente wählen
        n = n +1;
        % akt. Berechnungspunkt, um diff weiterschreiten
        akt = akt + diff;
    end

    % Daten plotten
    plot(x,y);
    % dazu Grid einschalten
    grid on;
```

Der Aufruf der Funktion sinPlot zum Plotten der sin-Funktion vom Startwert 0 bis 2π mit Zwischenwerten im Abstand *diff*=0.01 lautet:

```
>> sinPlot( 0, 2*pi, 0.01 );
```

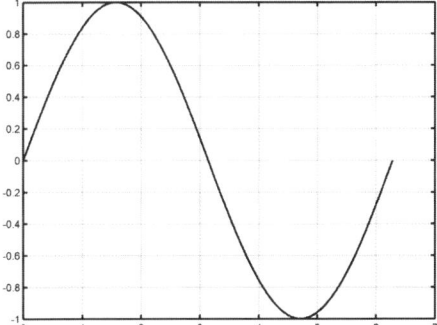

Abbildung 2.19 Plot der sin-Funktion von 0 bis 2π

Erstellen Sie zur Übung ein Ablaufprotokoll für die ersten fünf Schleifendurchläufe der Funktion sinPlot.

 Wir werden demnächst eine noch viel einfachere Methode kennen lernen, mit der man die x- und y-Matrizen ohne einen expliziten Schleifenaufruf mit Werten belegen kann.

2.6.3 Matrizen erzeugen

Es gibt in MATLAB verschiedene Möglichkeiten, um eine Matrix zu erzeugen. Im vorherigen Abschnitt haben wir die Matrizen durch die *explizite Angabe* ihrer *Elemente* (des Inhalts der Zellen) definiert, beispielsweise durch die Wertliste $a = [\,1, 2; 3, 4\,]$.

Weitere Möglichkeiten zum Erstellen von Matrizen sind:

- Matrizen über spezielle *MATLAB-Funktionen* definieren.
- Matrizen aus *externen Dateien* laden.
- Matrizen über selbst geschriebene *M-Files* erzeugen.

Hier einige der speziellen *Matrix-Funktionen* von MATLAB:

- *zeros*   erzeugt eine Matrix, deren Elemente alle den Wert 0 haben.
- *ones*   erzeugt eine Matrix, deren Elemente alle den Wert 1 haben.
- *eye*   erzeugt eine Einheits-Matrix, das heißt, alle Elemente auf der Diagonalen haben den Wert 1, die restlichen Elemente den Wert 0.
- *diag*   erzeugt eine Diagonal-Matrix aus einem vorgegebenen Vektor.
- *rand*   erzeugt eine Matrix, deren Elemente zufällige Werte zwischen 0 und 1 haben.
- *randn*   erzeugt eine Matrix, deren Elemente zufällige, normalverteilte Werte mit Mittelwert 0 und Standardabweichung 1 haben.

Als Beispiel die Erzeugung einer 3x4-Matrix mit lauter Nullen vom Typ int32:

```
>> A = zeros( 3, 4, 'int32' )
A =    0    0    0    0
       0    0    0    0
       0    0    0    0
>> whos A
  Name        Size            Bytes  Class
  A           3x4                48  int32 array
```

Dies ist oft der Ausgangspunkt für beliebige Matrizen, wobei man nach der Initialisierung mit den Nullen die weiteren Werte für die einzelnen Zellen einträgt, zum Beispiel:

```
>> A( 1, 2 ) = int32( 5 );
>> A
A =    0    5    0    0
       0    0    0    0
       0    0    0    0
```

Erzeugung einer 2x3-Matrix mit lauter Einsen vom Typ double:

```
>> B = ones( 2, 3, 'double' )
B =  1    1    1
     1    1    1
>> whos B
  Name        Size            Bytes  Class
  B           2x3                48  double array
```

Erzeugung einer 3x3-Einheits-Matrix (Spaltenzahl = Zeilenzahl = 3) vom Typ double:

```
>> C = eye( 3, 'double' )
C =  1    0    0
     0    1    0
     0    0    1
>> whos C
  Name        Size            Bytes  Class
  C           3x3                72  double array
```

Erzeugung einer 4x4-Diagonal-Matrix mit den Komponenten des Vektors v in der Diagonalen:

```
>> v = double( [ 4; 3; 2; 1 ] );
>> D = diag( v )
D =  4    0    0    0
     0    3    0    0
     0    0    2    0
     0    0    0    1
```

2.6.4 Der :-Operator und linspace

In einem der vorherigen Abschnitte hatten wir den Vektor *x* erzeugt, indem wir nacheinander die einzelnen Werte in einer Schleife belegten:

```
x(n) = anfang + n*diff,  n=1,2,... bis x(n) > ende
```

Zum einfachen Erzeugen solcher Felder gibt es in MATLAB den **:**-*Operator*, mit dem der obige *x*-Vektor durch einen einzigen Aufruf erzeugt werden kann:

```
x = anfang : diff : ende;
```

anfang ist der *Anfangswert*, mit dem $x(1)$ belegt wird. Die folgenden Werte des *x*-Vektors ergeben sich durch *Addition* des Wertes *diff* zum Anfangswert, bis der *Endwert ende* überschritten ist:

```
x(1) = anfang;
x(2) = anfang + diff;
x(3) = anfang + 2*diff; ...
```

Wir sind dem :-Operator bereits bei der *for-Schleife* begegnet:

```
for index = Startwert : Inkrement : Endwert
    Anweisungen
end
```

Auch hier wird für *index* ein Feld erzeugt, beginnend mit dem *Startwert*, und dann fortlaufend um *Inkrement* erhöht bis zum *Endwert*.

Den Wert für *diff* bzw. *Inkrement* können Sie auch weglassen. Dann wird als Differenz der Wert 1 verwendet:

```
x = anfang : ende;
```

Beispiele:

a = 1:5;	ergibt den Vektor: 1, 2, 3, 4, 5
b = 100:–7:50;	ergibt den Vektor: 100, 93, 86, 79, 72, 65, 58, 51
c = 0:pi/4:pi;	ergibt den Vektor: 0, 0.79, 1.57, 2.36, 3.14

Im Abschnitt 2.6.2 zum Beispiel sinPlot wurde in der Schleife der Sinus zu den einzelnen *x*-Werten berechnet. Auch dies kann man in MATLAB mit einem einzigen Befehl erledigen:

```
y = sin( x );
```

Dabei wird ein Vektor *y* erzeugt und jeder Komponente der Sinus des entsprechenden Wertes im *x*-Vektor zugewiesen, also $y(1) = \sin(x(1))$, $y(2) = \sin(x(2))$ etc.

Der :-Operator ohne eine Spezifikation von *anfang* und *ende* kann auch dazu verwendet werden, um alle Elemente eines Feldes anzusprechen, beispielsweise um in dem vorher definierten *a*-Feld alle Komponenten mit dem Wert 0 zu belegen:

```
a(:) = 0;  setzt alle fünf a-Werte auf den Wert 0: [0, 0, 0, 0, 0]
```

Häufig verwendet man an Stelle des :-Operators die Funktion *linspace*, bei der man an Stelle der Differenz *diff* die gewünschte Anzahl *n* der Stützpunkte im Vektor *x* angibt:

```
x = linspace( anfang, ende, n );
```

Beispielsweise die Aufteilung der Strecke [0,2] durch fünf Stützpunkte:

```
>> x = linspace( 0, 2, 5 )
x =     0   0.5000   1.0000   1.5000   2.0000
```

Oder die Aufteilung des Halbkreises [0,pi] durch drei Stützpunkte:

```
>> x = linspace( 0, pi, 3 )
x =     0   1.5708   3.1416
```

Aufgabenstellung: Erstellen Sie eine Funktion, die aus den Koeffizienten eines Polynoms die Funktionswerte für einen bestimmten Definitionsbereich berechnet.

Eine ähnliche Funktionalität liefert die MATLAB-Funktion polyval, die wir im 4. Kapitel im Abschnitt Funktionen verwenden werden.

Wir packen die Koeffizienten in einen Vektor *p*, wobei sie so sortiert sind, dass der Koeffizient zur höchsten Potenz im ersten Element steht. Für das Polynom $x = t^2 - 2\,t + 3$ erhalten wir so beispielsweise den Koeffizientenvektor $p = [1,-2,3]$. Den Definitionsbereich spezifizieren wir durch Anfangspunkt *anfang*, Endpunkt *ende* und Zahl der Stützstellen *n*. Zurückgegeben wird das Feld *t* mit den Stützstellen und die zugehörigen x-Werte:

Listing 2.15 Polynomwerte

```
function [t,x] = pval( p, anfang, ende, n )
    t = linspace( anfang, ende, n );   % Berechnung der t-Werte
    len = length( p );                 % Zahl der Koeffizienten
    x = 0;                             % Vorlegung der x-Werte
    for( n=1:len )                     % Koeffizienten abarbeiten
      x = x + p(n)*t.^(len-n);         % Terme aufsummieren
    end
```

Überlegen Sie sich, warum zum n. Koeffizienten $p(n)$ die Potenz t^{len-n} gehört, also z.B. für das obige Polynom 2. Grades mit *len*=3 Koeffizienten [1,-2,3] für die höchste Potenz 2 zum Index *n*=1 der Term $p(1) * t.^{(3-1)} = 1*t.^2$.

Testen wir unsere Funktion mit einem Polynom 3. Grades zu den Koeffizienten [1,-2,0-1] im Intervall [-1,3] mit 20 Stützstellen, indem wir das Ergebnis als 2D-Zeichnung plotten:

```
>> [t,x] = pval( [1,-2,0,-1], -1, 3, 20 );
>> plot( t,x )
```

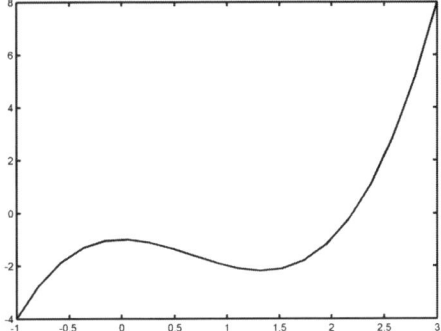

Abbildung 2.20 Aus den Koeffizienten berechnetes Polynom

2.6.5 meshgrid

Eine weitere Funktion, mit der man in MATLAB Felder automatisch belegen kann, ist die Funktion *meshgrid*. meshgrid erzeugt *X*- und *Y*-Matrizen für *dreidimensionale Plots* (siehe Abschnitt Grafik).

Syntax:

```
[X,Y] = meshgrid( anfX:diffX:endX, anfY:diffY:endY );
```

Die Vektoren *x=anfX:diffX:endX* und *y=anfY:diffY:endY* definieren die Intervalle auf der *x*-bzw. *y*-Achse, über die eine Funktion *z=f(x,y)* mit zwei Argumenten *x* und *y* ausgewertet werden soll. Ist in der Funktion *meshgrid* nur ein Vektor *x* angegeben, dann wird für *x* und *y* das gleiche Intervall verwendet, also:

```
[X,Y] = meshgrid( x );   entspricht:  [X,Y] = meshgrid( x, x );
```

meshgrid belegt die Zeilen des *X*-Feldes mit Kopien des Vektors *x* und die Spalten des *Y*-Feldes mit Kopien des Vektors *y*, zum Beispiel:

```
[X,Y] = meshgrid(1:3,10:14)
X =
       1       2       3
       1       2       3
       1       2       3
       1       2       3
       1       2       3
```

```
Y =
      10      10      10
      11      11      11
      12      12      12
      13      13      13
      14      14      14
[X,Y] = meshgrid( -2:1 );
X =
      -2      -1       0       1
      -2      -1       0       1
      -2      -1       0       1
      -2      -1       0       1
Y =
      -2      -2      -2      -2
      -1      -1      -1      -1
       0       0       0       0
       1       1       1       1
```

Die beiden Matrizen X und Y bauen ein Netz über der x-y-Ebene auf. Betrachtet man die x-Achse als die reelle und die y-Achse als die imaginäre Achse für komplexe Zahlen, so definiert die Matrix $Z = X + i*Y$ die Zahlen der komplexen Ebene für x zwischen $[-2,1]$ und y zwischen $[-2i,i]$.

Die folgende Beispielfunktion *surfPlot* verwendet in der ersten Zeile *meshgrid* zum Erzeugen eines Gitters zwischen den x- und y-Werten im Intervall $[-8,8]$ mit dem Abstand 0.5 zwischen den einzelnen Gitterpunkten.

Listing 2.16 function surfPlot

```
function surfPlot()
    [X,Y] = meshgrid( -8:.5:8 );
    R = sqrt( X.^2 + Y.^2 ) + eps;
    Z = sin(R) ./ R;
    surf( X,Y,Z )
```

In der zweiten Zeile wird eine weitere Matrix R definiert, die (über den Satz von Pythagoras) den Abstand der Gitterpunkte vom Ursprung enthält plus einen kleinen Wert *eps*, der verhindert, dass ein R-Wert exakt null werden kann. Die .-Operatoren .^ bzw. ./ bedeuten, dass man diese Operatoren elementweise ausführen will. Im nächsten Abschnitt wird darauf noch ausführlicher eingegangen. In der dritten Zeile wird die Matrix Z erzeugt, die eine Funktion über der x-y-Ebene so definiert, dass jedem Gitterpunkt als z-Koordinate der Wert $\sin(R)/R$ zugewiesen wird. In der letzten Zeile steht der Befehl *surf* zum Plotten der so definierten Fläche.

Durch den Aufruf von surfPlot wird folgender dreidimensionaler Plot erzeugt:

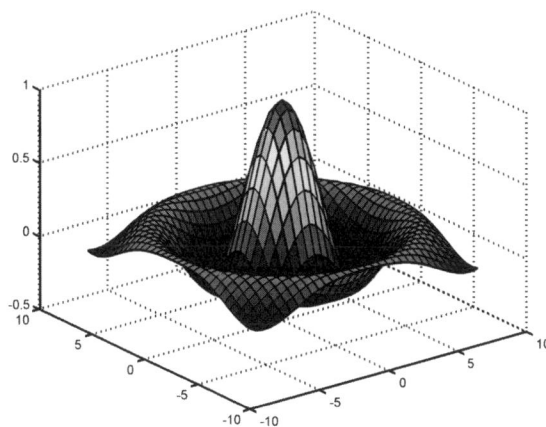

Abbildung 2.21 3D-Grafikbeispiel surfPlot

2.6.6 Matrix-Operatoren

In MATLAB sind *Rechenoperationen*, wie +, −, *, / und ^, auch für Matrizen definiert. Die
Addition und *Subtraktion* erfolgen elementweise wie bei skalaren Größen, wobei die beteiligten Matrizen natürlich die gleichen Dimensionen haben müssen:

```
>> a = [ 3; 2; 1 ];
>> b = [ 1; 0; 1 ];
>> c = a + b
c =   4
      2
      2
```

Es ist auch erlaubt, eine Zahl zu einer Matrix zu addieren. Durch diese Operation wird die
Zahl zu jedem Element der Matrix addiert, beispielsweise die Zahl 1 zur 3x3-Einheits-Matrix:

```
>> d = eye(3) + 1
d = 2    1    1
    1    2    1
    1    1    2
```

Analog den Regeln für Matrizen-Operationen gibt es die *Multiplikation* einer Matrix mit
einer *Zahl* (hier * 2), bei der jedes Element mit dieser Zahl multipliziert wird:

```
>> f = [1,2;3,4]
f = 1    2
    3    4
```

```
>> 2 * f
ans =   2     4
        6     8
```

Multiplikationen sind auch zwischen *Vektoren* und *Matrizen* selbst definiert, und zwar analog den Regeln der linearen Algebra. Ein Beispiel ist die Multiplikation von f mit sich selbst:

```
>> f * f
ans =   7    10
       15    22
```

Möchte man anstelle der Matrix-Multiplikation nur die *Matrix-Elemente* mit sich selbst multiplizieren, erreicht man dies, indem man vor den Multiplikations-Operator einen *Punkt* setzt:

```
>> f .* f
ans =   1     4
        9    16
```

Die elementweise .-Operation ist auch für die Division ./ und die Potenzierung .^ definiert.

Der '-Operator *transponiert* eine Matrix. Die Zeilen und Spalten werden dadurch miteinander vertauscht:

```
>> f = [1,2;3,4]
f =   1     2
      3     4
>> g = f'
g =   1     3
      2     4
```

Die *Transposition* ' wird auch dazu verwendet, um einen Zeilenvektor in einen Spaltenvektor zu verwandeln und umgekehrt:

```
>> x = [1;2;3]
x =   1
      2
      3
>> y = x'
y =   1     2     3
```

Für zwei gleich lange Spaltenvektoren a und b ist das Produkt $a*b$ nicht definiert, jedoch die beiden Produkte $a'*b$ und $b'*a$, wodurch sich das *Skalarprodukt* der beiden Vektoren a und b ergibt.

Für Matrizen gibt es in MATLAB auch noch folgende Operationen, die aus der linearen Algebra bekannt sein sollten:

- size(a)   Anzahl der Zeilen und Spalten
- norm(a)   Vektor- bzw. Matrixnorm von a
- inv(a)   Inverse Matrix zu a
- triu(a)/tril(a) Obere / untere Dreiecksmatrix zu a
- det(a)   Determinante der Matrix a

Für die Division mit Matrizen kennt MATLAB zwei Operatoren:

- Der /-Operator bezeichnet die so genannte *Rechts-Division* von Matrizen und
- der \-Operator die *Links-Division* von Matrizen.

Die Division durch eine Matrix A beschreibt mathematisch eigentlich die Multiplikation mit der inversen Matrix A^{-1}. Ausgehend von der Gleichung $A*X = B$ erhält man durch Links-Division der beiden Seiten durch A die Gleichung $X = A\backslash B = A^{-1}*B$ und ausgehend von $X*A = B$ durch Rechts-Division die Gleichung $X = B/A = B*A^{-1}$. Speziell gilt damit $A\backslash A = \mathbf{1}$ ($\mathbf{1}$ bezeichnet die Einheitsmatrix) und $A/A = \mathbf{1}$, wie man es für reelle Zahlen gewöhnt ist – unter der Voraussetzung, dass A^{-1} existiert, also die Matrix A nicht singulär ist, det(A) damit nicht null. Die Links-Division ist in MATLAB jedoch nicht über die Berechnung der inversen Matrix definiert, sondern durch einen kompakteren numerischen Algorithmus.

 Die Links-Division wird uns wieder in den MATLAB-Anwendungen begegnen, wenn es um das Lösen linearer Gleichungssysteme geht. Dort werden wir auch weitere Operationen für Matrizen kennen lernen, beispielsweise zur Berechnung von Eigenwerten und Eigenvektoren.

2.6.7 Verknüpfungen

Mit Hilfe der Verknüpfungs-Operation können in MATLAB kleinere Matrizen zu größeren *zusammengefügt* werden. Dies geschieht in der gleichen Weise, wie Sie aus einzelnen Zahlen einen Vektor aufgebaut haben:

```
>> v = [3,2,1]
v = 3   2   1
```

Analog kann man aus Vektoren bzw. Matrizen größere Matrizen erzeugen, zum Beispiel:

```
>> w = [ v; v ]
w = 3   2   1
    3   2   1
```

Man kann aber auch Zeilen oder Spalten einer Matrix *löschen*, indem man diese Elemente mit Hilfe der rechteckigen Klammern [ ] (leere Menge) und des :-Operators entfernt:

```
>> w(:,2) = []
w =   3   1
      3   1
```

Bei der obigen Operation wurden alle Elemente der zweiten Spalte auf [ ] gesetzt, also die
gesamte zweite Spalte gelöscht.

2.6.8 Cell-Arrays

Die Elemente in jeder Zelle eines MATLAB-Arrays müssen vom selben Datentyp sein,
also beispielsweise alle vom Typ int32 für ganze Zahlen oder vom Typ char für Buchstaben (Character-Array).

 Wenn Sie in MATLAB eine Liste von Texten als Matrix oder Vektor abspeichern wollen,
müssen die einzelnen Texte die gleiche Zahl von Zeichen enthalten.

Um Arrays zu erzeugen, deren Zellen Daten mit unterschiedlichen Typen enthalten, beispielsweise verschieden lange Texte, wurden in MATLAB die Cell-Arrays eingeführt.
Cell-Arrays sind mehrdimensionale Arrays, deren Elemente selbst wieder beliebige Arrays
sein können – aber auch ganz normale Zahlen, die ja als 1x1-Array geführt werden.

Ein leeres Cell-Array, hier mit 3 Zeilen und 2 Spalten, wird durch den Aufruf der Funktion
cell erzeugt:

```
>> c = cell( 3,2 )
c =   []      []
      []      []
      []      []
>> whos c
  Name      Size        Bytes  Class
    c        3x2           24  cell array
```

Wie bei den normalen Matrizen können nun die einzelnen Zellen mit Daten belegt werden.
Die Werte werden dabei zwischen geschweifte Klammern gesetzt:

```
>> c(2,1) = {'Willy'}
c =        []      []
      'Willy'      []
           []      []
>> c(3,1) = {8}
c =        []      []
      'Willy'      []
      [    8]      []
```

Oft werden Cell-Arrays dadurch erzeugt, dass man zwischen geschweiften Klammern {...} gleich die Daten spezifiziert, die in den einzelnen Zellen stehen sollen:

```
>> d = { 5, 'Eva', pi }
d = [5]    'Eva'    [3.1416]


>> whos d
  Name       Size      Bytes  Class
  d          1x3         202  cell array


>> t = { 'Ja', 'Nein', 'Abbruch' }
t = 'Ja'    'Nein'    'Abbruch'


>> whos t
  Name       Size      Bytes  Class
  t          1x3         206  cell array
```

Wir werden den Cell-Arrays unter anderem in der GUI-Programmierung wieder begegnen, bei der beispielsweise Listboxen oder Pop-up-Menüs mit Daten belegt werden. Die darzustellenden Daten bestehen im Allgemeinen aus unterschiedlich langen Texten und können deshalb nicht als normale Arrays abgespeichert werden.

2.6.9 Zusammenfassung

- Matrix-Definition: c = [1, 2; 3, 4]
- Zelle: c(m, n) = ...
- Funktionen size, length
- 2D-Grafik: plot, grid
- Matrix-Funktionen: zeros, ones, eye, diag, rand, randn
- :-Operator: v = anf : diff : ende
- Funktion linspace
- 3D-Grafik: meshgrid, surf
- Matrix-Operationen: +, −, *, /, ^, norm, inv, det
- Punkt-Operator: .*, ./, .^
- Transposition: '
- Links-Division, Rechts-Division: \, /
- Verknüpfungen: v = [...; ...]
- Cell-Array: cell(m,n), {...}

2.6.10 Aufgaben

Aufgabe 2.6.1:

Schreiben Sie die Funktion *res* = vecAddition(*v*1, *v*2), die die beiden Spaltenvektoren *v*1 und *v*2 addiert und das Ergebnis in *res* zurückgibt.

Testen Sie die Funktion, zum Beispiel mit den Vektoren *v*1 = [1;2;3] und *v*2 = [2;−1;3].

Aufgabe 2.6.2:

Schreiben Sie die Funktion *A* = Drehung(*w*), die aus dem Drehwinkel *w* die zugehörige zweidimensionale Drehmatrix *A* berechnet.

Die Drehmatrix *A* ist wie folgt definiert:

```
A = [cos(w), -sin(w); sin(w), cos(w) ]
```

Testen Sie die Funktion mit unterschiedlichen Winkeln. Welche Matrizen erhält man beispielsweise für die Winkel $\pi/2$ (90 Grad), π (180 Grad) und 2π (360 Grad)?

Aufgabe 2.6.3:

Schreiben Sie die Funktion fncPlot, die analog der sin-Funktion die Funktion

```
f(x) = (x*x*x + 5*x) * cos(3*x)
```

im Intervall *x* = [−5,+6] zeichnet.

Aufgabe 2.6.4:

Erstellen Sie die Funktion *d* = Drehung(*w*, *v*), die den übergebenen 2D-Spaltenvektor *v* um den Winkel *w* dreht und den gedrehten Vektor *d* zurückgibt. Die Drehung eines Vektors *v* kann über die Multiplikation mit der zum Winkel *w* gehörenden Drehmatrix *A* (siehe oben) realisiert werden:

```
d = A * v;
```

Testen Sie die Funktion Drehung, beispielsweise für *w* = pi/2 und *v* = [1;0].

Schreiben Sie eine weitere Funktion [*dx*,*dy*] = linTransf(*w*, *v*, *t*), die nach einer Drehung noch eine Verschiebung um den Vektor *t*=[*tx*;*ty*] vornimmt:

```
d = A * v + t;
```

Testen Sie mit unterschiedlichen Verschiebungen, zum Beispiel für *t* = [0;1]. Unterscheiden sich die Ergebnisse, wenn man die Reihenfolge der Operationen vertauscht, also zuerst dreht und dann verschiebt bzw. zuerst verschiebt und dann dreht?

2.7 Grafik

2.7.1 Grafiktypen

„Ein Bild sagt mehr als 1000 Worte!" – na ja, zumindest verhilft eine Grafik oft zu einer anschaulicheren Darstellung als Tabellen mit endlosen Zahlenreihen. Und darum geht es in diesem Abschnitt: Wie kann man Ergebnisse (von Messungen, Berechnungen, Befragungen etc.) in MATLAB grafisch darstellen?

MATLAB kennt eine ganze Reihe von Grafikfunktionen und Grafiktypen. Welchen Typ Sie wählen, hängt letztendlich von der Art Ihrer Daten und der gewünschten Art der Darstellung ab. Grob kann man die Grafiktypen nach *zwei- und dreidimensionalen Darstellungen* unterscheiden. Einige Anwendungen haben wir bereits in früheren Abschnitten kennen gelernt, beispielsweise die zweidimensionale Darstellung der Sinus-Funktion $y=\sin(x)$ durch die Funktion *plot*. Als Beispiel für eine dreidimensionale Darstellung diente uns die Fläche $z=\sin(R)/R$ über der x-y-Ebene, ermittelt mit Hilfe der Funktion *surf*:

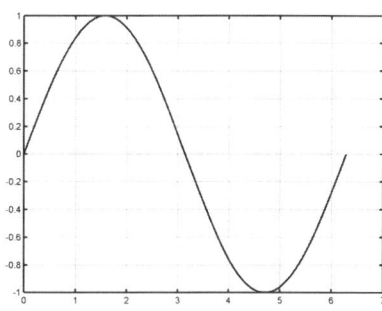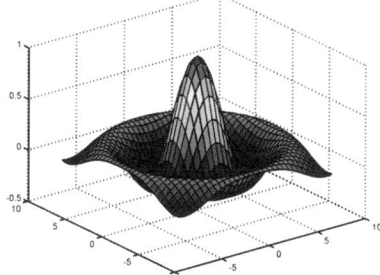

Abbildung 2.22 2D- und 3D-Grafiken

2.7.2 2D-Grafik

Zur grafischen Darstellung von *Funktionen* einer Veränderlichen gibt es in MATLAB die sehr kompakte Grafikfunktion *fplot*, der man nur den Namen der Funktion und ihren Definitionsbereich übergeben muss. Hier wird als Beispiel die Funktion x^2 für x im Intervall zwischen −3 und 3 verwendet:

```
>> fplot( 'x*x', [-3,3] )
>> grid on
```

Die Funktion, die man grafisch darstellen möchte, muss beim Aufruf von fplot als erstes Argument in Anführungszeichen angegeben werden, hier „x*x". Danach folgt der Definitionsbereich für die Variable x, hier „[−3,3]". Der am Ende angehängte Befehl „grid on" erzeugt das Gitternetz hinter der Funktion.

Die Grafik wird in einem separaten Fenster dargestellt, einem *figure*-Window.

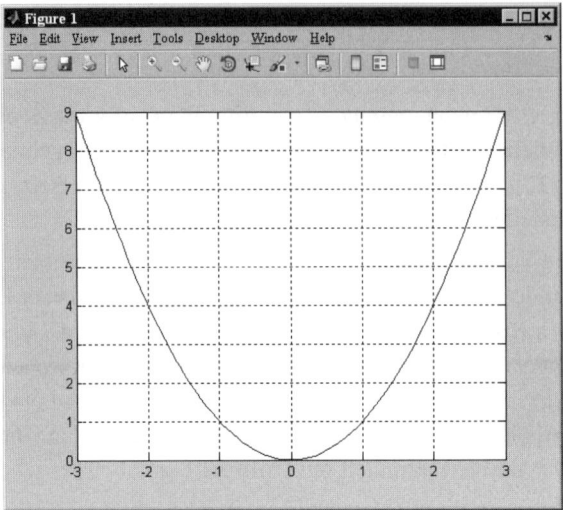

Abbildung 2.23 fplot-Grafik

Außer dem Bild enthält dieses Fenster Kontrollelemente, mit denen man die Darstellung der Grafik verändern kann, zum Beispiel Icons zum Zoomen auf Details oder zum Drehen der Grafik. Des Weiteren gibt es einen Befehl zum *Abspeichern* der Grafik, beispielsweise als externe tif-, jpg- oder bmp-Datei auf der Festplatte. Im Menü des Ausgabefensters unter „File + Export Setup ..." findet man weitere Optionen zum Erzeugen der Bilddatei.

Zur grafischen Ausgabe eines beliebigen *Datensatzes* verwendet man normalerweise die MATLAB-Funktion *plot*, die auf unterschiedliche Art angesteuert werden kann. Die einfachste Plot-Grafik erhält man, wenn man den Datensatz in einen *Vektor* abspeichert und plot mit diesem Vektor aufruft. Die Ausgabe des Datensatzes [0,2,1,–3,4,2,–1] sieht dann wie folgt aus:

```
>> y = [0,2,1,-3,4,2,-1];
>> plot( y );
>> grid on;
```

In unserem Beispiel enthält der Datensatz die sieben Werte $y=[0,2,1,-3,4,2,-1]$, die man einzeln über einen Index k ansprechen kann, wobei k von 1 bis 7 läuft. Für $k=1$ erhält man hier den Wert $y(1)=0$, für $k=2$ den Wert $y(2)=2$ etc. bis zu $k=7$ mit dem Wert $y(7)=-1$. In der Plot-Darstellung werden diese y-Werte nach oben und die Indizes k des Vektors y nach rechts als x-Werte angetragen, in der Art $(x,y)=(k, y(k))$. Der erste Punkt für $k=1$ liegt also bei $(1,y(1))=(1,0)$, der zweite bei $(2,2)$, der dritte bei $(3,1)$ usw. bis zum siebten Punkt bei $(7,-1)$.

Die Plot-Funktion verbindet standardmäßig die einzelnen Punkte mit geraden Linien, was zu der folgenden Abbildung führt.

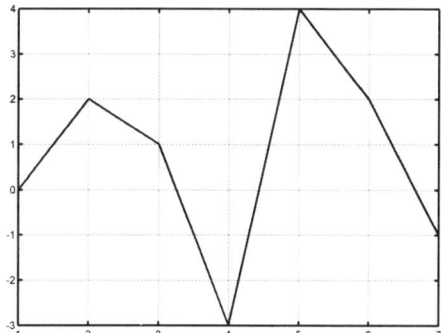

Abbildung 2.24 Plot eines Datensatzes

Oft hat der Index k selbst jedoch keine direkte Bedeutung, sondern dient nur als Hilfsgröße, um die Daten anzuordnen. Im obigen Beispiel könnten die y-Werte Daten sein, die alle 10 Sekunden bestimmt wurden, dann bezieht sich k=1 auf die Zeit 0 s, k=2 auf 10 s, k=3 auf 20 s etc. Dies kann man in der Grafik berücksichtigen, indem man auch für die x-Werte einen Vektor x anlegt und die Funktion plot mit beiden Vektoren x und y aufruft:

```
>> x = [0,10,20,30,40,50,60];
>> y = [0,2,1,-3,4,2,-1];
>> plot(x,y);
>> grid on;
```

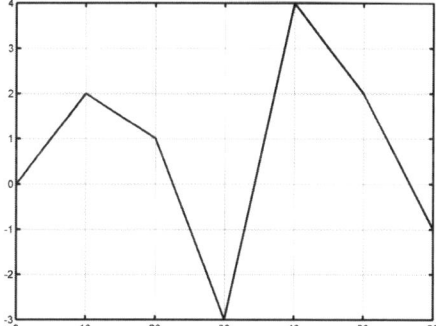

Abbildung 2.25 Plot mit Spezifikation des x-Bereichs

Im Abschnitt 2.6.2 zum Matrix-Beispiel sinPlot ist uns der Plot-Aufruf mit einem x- und einem y-Vektor bereits begegnet. Dort hatten wir die Komponenten der x- und y-Vektoren durch eine while-Schleife belegt. MATLAB bietet aber eine viel komfortablere Methode zum Anlegen von Vektoren, nämlich den **:-**_Operator_.

Wir definieren den *x*-Vektor durch Angabe des Startwertes 0, des Inkrements 0.01 und des Endwertes 2π. Da Funktionen wie sin auch auf ganze Felder anwendbar sind, erzeugen wir den *y*-Vektor durch einen einzigen Aufruf:

```
y = sin(x)
```

Damit sparen wir uns die while-Schleife und das sinPlot-Beispiel schrumpft auf vier Zeilen zusammen:

```
>> x = [0:0.01:2*pi];
>> y = sin(x);
>> plot( x, y );
>> grid on
```

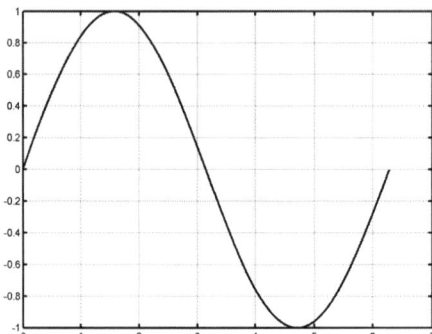

Abbildung 2.26 Plot der sin-Funktion

Bisher hatte plot den Datensatz so dargestellt, dass benachbarte Punkte in der Grafik durch eine Linie verbunden wurden. Man kann plot aber auch dazu bringen, die Daten unverbunden mit einem Symbol darzustellen, zum Beispiel mit einem Fünfeck (pentagram).

Der Kenner dieses *Symbols* wird an plot als weiteres, drittes Argument übergeben:

```
>> x = [0,10,20,30,40,50,60];
>> y = [0,2,1,-3,4,2,-1];
>> plot(x,y,'p');
```

Neben dem Symboltyp kann für plot auch noch die *Farbe* und der *Linientyp* festgelegt werden. Der allgemeine Aufruf von plot lautet:

```
>> plot( x, y, 'color_style_marker' )
```

color_style_marker ist ein Textfeld (zwischen einfachen Anführungszeichen), das einen bis vier Buchstaben enthalten kann und damit Farbe, Linientyp und Symbol, wie beispielsweise das Fünfeck durch ein 'p', spezifiziert.

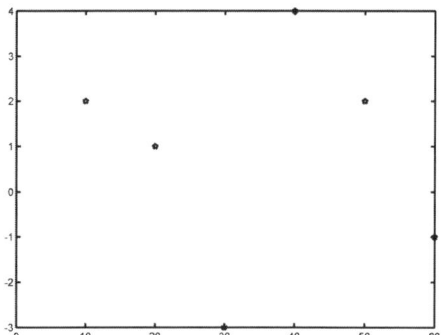

Abbildung 2.27 Plot-Darstellung mit dem Fünfeck-Symbol

Folgende Kenner gibt es für die *Symbole*:

- +   +-Symbol
- o   o-Symbol
- *   *-Symbol
- x   x-Symbol
- s   Rechteck (square)
- d   Raute (diamond)
- ^   Dreieck
- >   Dreieck nach rechts
- <   Dreieck nach links
- p   Fünfeck (pentagram)
- h   Sechseck (hexagram)

Wird kein Symbol spezifiziert, dann werden die Punkte nicht hervorgehoben.

Als *Farbkenner* sind folgende Buchstaben erlaubt:

- c   Cyan (türkis)
- m   Magenta
- y   Yellow (gelb)
- r   Red (rot)
- g   Green (grün)
- b   Blue (blau)
- w   White (weiß)
- k   blacK (schwarz)

Weitere Farben, zum Beispiel als RGB-Werte, und weitere Eigenschaften wie die Linienstärke können im Plot-Aufruf durch zusätzliche Argumente spezifiziert werden:

```
>> plot(...,'PropertyName', PropertyValue,...)
```

Für die *Linientypen* stehen folgende Zeichen zur Verfügung:

- - durchgezogen
- -- gestrichelt
- : gepunktet
- -. Strich-Punkt-Linie

Falls der Kenner für den Linientyp im *color_style_marker* fehlt, werden nur die Symbole dargestellt, aber keine Verbindungslinie zwischen den Punkten gezeichnet.

Beispiele:

Der Aufruf „plot(x, y, 'r:+')" erzeugt eine rote, gepunktete Linie und markiert die Messpunkte zusätzlich mit +-Zeichen.

Der Aufruf „plot(x, y, 'ks')" zeichnet schwarze, rechteckige Messpunkte, die jedoch nicht durch Linien verbunden sind, da der Kenner für den Linientyp fehlt.

Möchte man in einer Grafik *mehrere Datensätze* übereinander darstellen, dann schreibt man die zugehörigen Vektoren mit den gewünschten Darstellungssymbolen *hintereinander* in den Plot-Aufruf, zum Beispiel die sin-Funktion als rote durchgezogene Linie und die cos-Funktion blau gepunktet:

```
>> x  = [0:0.01:2*pi];
>> y1 = sin(x);
>> y2 = cos(x);
>> plot(x,y1,'r-', x,y2,'b:');
>> grid on
```

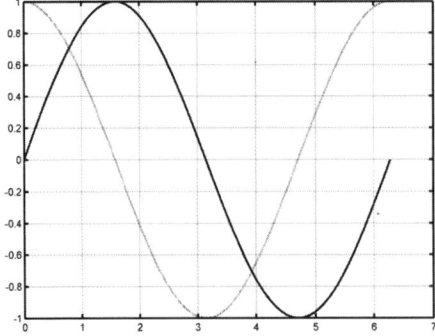

Abbildung 2.28 Mehrere Kurven über einen Plot-Aufruf

Eine weitere Möglichkeit, mehrere Funktionen in eine Grafik zu zeichnen, bietet die *hold*-Funktion. Normalerweise löscht jeder Plot-Aufruf die Grafik im figure-Window. Der Befehl *hold on* bewirkt, dass die bestehenden Zeichnungen weiterhin erhalten bleiben. Der Aufruf *hold off* beendet diesen Modus:

```
>> x   = [0:0.01:2*pi];
>> y1 = sin(x);
>> y2 = cos(x);
>> plot(x,y1,'r-');
>> hold on
>> plot(x,y2,'b:');
>> legend('sin(x)','cos(x)');
>> hold off
```

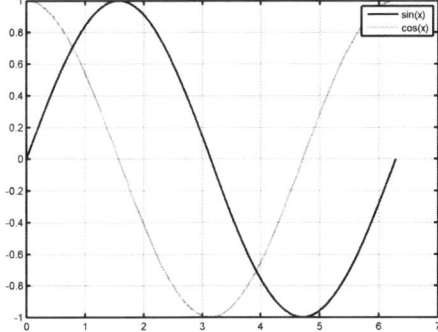

Abbildung 2.29 Mehrere Kurven über hold-Aufruf, mit Legende

Der *legend*-Befehl in der vorletzten Zeile bewirkt, dass rechts oben eine Erklärung (Legende) zur farblichen Darstellung der Funktionen eingeblendet wird. Man kann eine Grafik auch mit einer Überschrift versehen, zum Beispiel über den *title*-Aufruf:

```
>> title( 'sin- und cos-Funktion', 'FontSize', 12 )
```

Zur Beschriftung der Achsen dienen die *xlabel*- und *ylabel*-Aufrufe:

```
>> xlabel( 'x-Achse' );
>> ylabel( 'y-Achse' );
```

Diese Befehle wirken jeweils auf die zuletzt erzeugte Grafik und müssen deshalb immer hinter dem zugehörenden Plot-Befehl stehen.

Zum Plotten im logarithmischen Maßstab stellt MATLAB die Funktionen *semilogx*, *semilogy* und *loglog* zur Verfügung. Näheres finden Sie in der MATLAB-Hilfe.

Der Befehl *clf* (clear figure) setzt die Eigenschaften eines figure-Windows wieder auf ihre Standardwerte zurück und löscht die Grafik.

2.7.3 3D-Grafik

Im vorherigen Abschnitt haben wir eine Funktion mit einer Veränderlichen als 2D-Grafik dargestellt, also beispielsweise $y = f(x) = \sin(x)$. Dazu haben wir den Definitionsbereich für x an n Stützstellen x_1, x_2, ... x_n betrachtet und mit diesen Werten den Vektor x belegt, zum Beispiel die x-Werte $x_1=0.00$, $x_2=0.01$, ... $x_n=2\pi$ für den Vektor $x=[0.00;0.01;0.02;...2*pi]$. Zu jedem Stützpunkt $x(n)$ haben wir dann mit Hilfe der gegebenen Funktion einen y-Wert berechnet und das Ergebnis im Vektor y gespeichert, also zum Beispiel $y(1) = \sin(x(1))$, ... $y(n) = \sin(x(n))$. Mit den beiden Vektoren x und y wurde anschließend die Funktion plot(x,y) aufgerufen.

Jetzt, in diesem Abschnitt, geht es um die grafische Darstellung von dreidimensionalen Daten, wie sie beispielsweise bei der Visualisierung von Funktionen mit zwei Veränderlichen $z = f(x,y)$ auftreten. Die Funktion *surf* zeichnet eine Fläche im Raum, wobei man zur Definition der zu zeichnenden Daten mehrere Möglichkeiten hat. Man startet damit, dass man sich ein Gebiet der x-y-Ebene als Definitionsbereich der Funktion $f(x,y)$ aussucht. Jedem Paar (x,y) weist man dann einen z-Wert zu, der den Abstand der Fläche am Punkt (x,y) über der x-y-Ebene definiert.

Als einfaches Beispiel wollen wir eine ebene Fläche nehmen, die nur an den folgenden vier Eckpunkten (y,x) definiert ist:

```
(y,x)  =  (1,1),  (1,2),  (2,1),  (2,2)
```

An diesen Punkten (y,x) habe die Fläche die folgenden Höhenwerte $z(y,x)$:

```
z(1,1) = 0,   z(1,2) = 0,   z(2,1) = 1,   z(2,2) = 1
```

 MATLAB vertauscht für surf die Reihenfolge von x und y. Das erste Argument in den Matrizen definiert den y-Wert, das zweite den x-Wert, also $z(y,x)$ anstelle von $f(x,y)$. Diese Darstellung ist konsistent mit der Belegung eines Arrays, bei dem ja auch als erstes Argument die Zeile (entsprechend dem y-Wert) und erst als zweites die Spalte (der x-Wert) angegeben wird.

Wenn man die Funktion surf mit diesem z-Array aufruft, wird die Fläche dargestellt:

```
>> z = [ 0 0; 1 1 ]
z =  0      0
     1      1
>> surf ( z )
```

Die beiden Punkte mit $y=1$, $z(1,1)$ und $z(1,2)$ haben also die Höhe 0, die beiden anderen die Höhe 1. Die nicht explizit spezifizierten Werte für die x- und y-Achse richten sich in diesem Fall nach den Indizes der z-Matrix, bekommen so die Werte 1 bzw. 2.

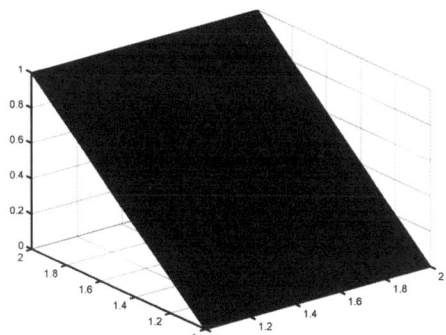

Abbildung 2.30 Ebene Fläche über surf-Aufruf

Normalerweise erzeugt man das Netz der *x-y*-Werte für surf nicht per Hand, sondern verwendet dazu die bereits vorgestellte *meshgrid*-Funktion. Im obigen Beispiel kann man die zugehörigen *x-y*-Werte wie folgt erzeugen:

```
>> [x,y] = meshgrid(1:2)
x =  1     2
     1     2
y =  1     1
     2     2
```

Die zugehörige *z*-Matrix ist wie oben definiert. In unserem speziellen Beispiel gilt, dass der *z*-Wert immer um 1 kleiner ist als der *y*-Wert. Deshalb könnten wir auch schreiben:

```
>> z = y - 1
z =  0     0
     1     1
```

surf kann mit allen drei Koordinaten-Vektoren aufgerufen werden, um auch die *x*- und *y*-Werte explizit zu setzen:

```
>> surf( x,y,z )
```

Damit erhält man in unserem Beispiel die gleiche Grafik wie beim vorherigen Aufruf, da die Indizes der *z*-Matrix mit den spezifizierten *x-y*-Werten übereinstimmen.

Im meshgrid-Abschnitt haben wir bereits die grafische Ausgabe der folgenden Funktion behandelt:

```
function surfPlot()
    [X,Y] = meshgrid(-8:0.5:8);
    R = sqrt(X.^2 + Y.^2) + eps;
    Z = sin(R) ./ R;
    surf(X,Y,Z)
```

Hier läuft das Intervall auf der x- bzw. y-Achse jeweils von −8 bis +8, und die Punkte liegen im Abstand 0.5, also $x = -8, -7.5, -7, \ldots +8$ und y analog. Die Zuordnung der z-Werte ist etwas komplizierter. Man berechnet den quadratischen Abstand der (x,y)-Punkte vom Ursprung R und weist jedem Punkt (x,y) als Höhe den z-Wert $\sin(R)/R$ zu. Die Addition des kleinen eps-Wertes verhindert, dass bei der Division durch R für $(x,y) = (0,0)$ durch den Wert 0 geteilt wird. Die Operation ./ ist übrigens keine Rechts-Division. Der Punkt vor dem /-Zeichen bestimmt, dass hier nur die einzelnen Zellen der Matrix elementweise durch den zugehörigen R-Wert geteilt werden.

Außer mit surf kann man 3D-Flächen auch noch über weitere MATLAB-Funktionen ausgeben. Eine einfache Drahtmodell-Darstellung erhält man mittels der Funktion *mesh*.

```
>> mesh( x,y,z )
```

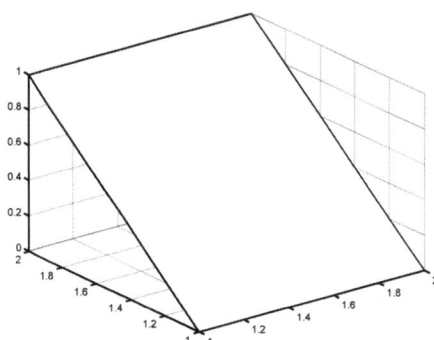

Abbildung 2.31 mesh-Drahtmodell mit verdeckten Linien

mesh reagiert auf die Option *hidden*, die bestimmt, ob die Fläche die darunter liegenden Objekte verdeckt. Standardmäßig ist die Verdeckung eingeschaltet, also on. Schaltet man

```
>> hidden off;
```

erhält man folgende Darstellung, die die Fläche „durchsichtig" macht:

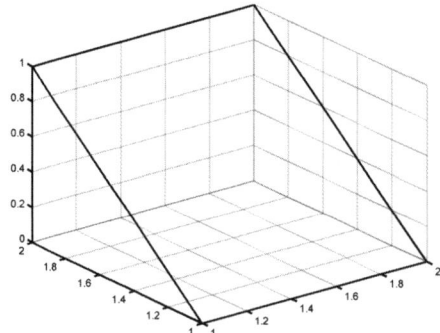

Abbildung 2.32 mesh-Drahtmodell, alle Kanten sichtbar

Als weitere 3D-Flächendarstellung gibt es den Kontur-Plot, zum Beispiel:

```
>> contour3( x,y,z )
```

Die Zahl der Höhenlinien kann durch den vierten Parameter festgelegt werden:

```
>> contour3( x,y,z, 20 )
```

Eventuell verwendet man eine Farbdarstellung, um die Höhe z zu visualisieren:

```
>> contourf( x,y,z, 20 )
```

Der Befehl

```
>> colorbar;
```

erzeugt dazu einen Farbbalken, der die Zuordnung von Farbe und Höhe z erklärt.

Mit dem Befehl „colormap <typ>" kann man eine andere Farbzuordnung definieren:

```
>> colormap Autumn
```

2.7.4 Mehrere Plots in einer figure

Wie man mehrere Datensätze in einer Zeichnung unterbringt (zum Beispiel mit dem Befehl „hold on"), haben wir bereits früher gesehen. In diesem Abschnitt geht es darum, mehrere Zeichnungen auf einer Seite, also einer figure, darzustellen.

Hierfür gibt es den Befehl *subplot*, der mehrere Plot-Bereiche in einem einzigen Fenster definiert.

Beispiel:

```
>> z = [0 2 3 0; 0 2 3 0];   % Definition: Höhe z über x-y-Ebene
>> subplot(1,2,1);           % 1 Zeile, 2 Spalten, linker Plot p=1
>> mesh(z)                   % Darstellung als mesh
>> subplot(1,2,2);           % p=2, d.h. rechter Plot
>> surf(z)                   % Darstellung als surf
```

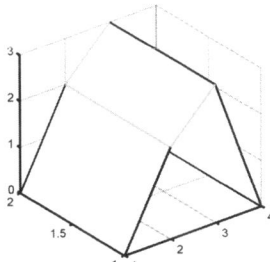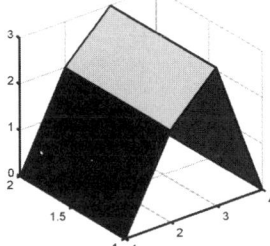

Abbildung 2.33 Mehrere Subplots

subplot hat drei Parameter: subplot(*m*,*n*,*p*). Das erste Paar, *m* und *n*, definiert, wie das Fenster in Unterbereiche zerlegt wird: *m* = Zahl der Zeilen, *n* = Zahl der Spalten. Der dritte Parameter *p* bestimmt, in welchem der Bereiche gerade gezeichnet wird. Die einzelnen Plots sind dazu zeilenweise durchnummeriert, also zuerst (1,1), dann (1,2) und nach dem Ende der ersten Zeile weiter mit (2,1) etc.

Um den *Beobachtungspunkt* (viewpoint) für einen plot oder subplot zu ändern, gibt es die Funktion *view*. Der Beobachtungspunkt wird über zwei Winkel definiert:

```
>> view( Azimuth, Elevation )
```

- Azimuth: Drehung der Ansicht in der *x*-*y*-Ebene (Winkel in Grad!)
- Elevation: Neigung der Ansicht bezüglich der *x*-*y*-Ebene (Winkel in Grad)

view(0, 0) ergibt einen Blick seitlich auf die *x*-*z*-Ebene, view(90, 0) einen Blick seitlich auf die *y*-*z*-Ebene, view(0, 90) einen Blick von oben auf die *x*-*y*-Ebene, view(−45, 45) eine in etwa isometrische Darstellung.

MATLAB passt normalerweise den *Plot-Ausschnitt* der Größe des darzustellenden Objekts an. Mit dem Befehl *axis* kann man den Ausschnitt selbst festlegen:

```
>> axis( [xmin xmax ymin ymax] )   bzw.
>> axis( [xmin xmax ymin ymax zmin zmax] )


>> axis square   % Ausschnitt mit gleichen Kantenlängen
>> axis equal    % Koordinatensystem mit gleicher Aufteilung
```

2.7.5 3D-Kurven

Möchte man im 3D-Raum nicht Flächen, sondern dreidimensionale (parametrisierte) Kurven anzeigen, kann man dazu den Befehl *plot3* verwenden. Analog der 2D-Funktion plot belegt man drei Vektoren *X*, *Y* und *Z* mit den Stützstellen der Kurve. Man erzeugt also (in einer Schleife oder mit dem :-Operator) die Zuordnung der Punkte zu dem Vektorindex *n*:

$$n \rightarrow (X(n), Y(n), Z(n))$$

Listing 2.17 function spirale

```
function spirale()
   n = [0 : pi/10 : 4*pi];
   X = sin(n);
   Y = cos(n);
   Z = n;
   plot3( X,Y,Z, 's-' );
```

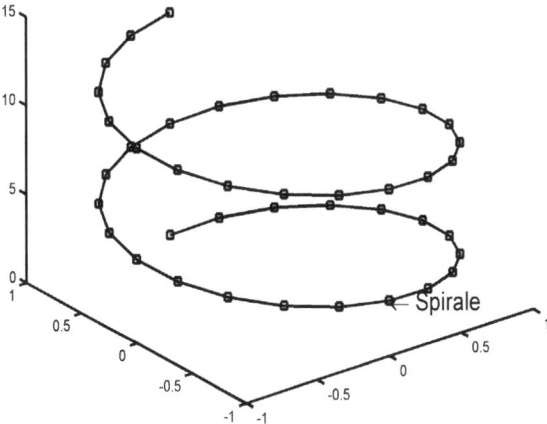

Abbildung 2.34 3D-Kurve mit Text

Mit dem Befehl *text* kann ein Text an jede beliebige Stelle im Plot geschrieben werden:

```
text( x,y,z, 'Text', 'weitere Parameter: Ausrichtung, Font' )
```

Als Ergänzung zu obigem Beispiel wollen wir an die Position zu $n=\pi$ den Text 'Spirale' schreiben, mit einem Pfeil (arrow) nach links und der Text-Ausrichtung vom Positionierungspunkt nach links sowie einer Fontgröße von 16 pt:

```
text( sin(pi),cos(pi), pi, '\leftarrow Spirale', ...
        'HorizontalAlignment','left', 'FontSize',16 );
```

2.7.6 Grafik-Handle

Die Grafikfunktionen von MATLAB öffnen beim Ausführen automatisch ein neues Fenster – eine neue figure, falls noch keine figure geöffnet ist. Gibt es bereits ein offenes figure-Fenster, dann verwenden die Grafikfunktionen dieses für die Ausgabe der Daten. Sind bereits mehrere Fenster geöffnet, dann benutzt MATLAB das „aktuelle" Fenster, also das Fenster, das zuletzt verwendet oder durch einen Maus-Klick ausgewählt wurde.

Möchten Sie explizit ein neues Fenster für die Grafikausgabe haben, können Sie ein solches mit dem Befehl *figure* vor dem Aufruf der Grafikfunktionen erzeugen:

```
>> z = [ 0 0; 1 1 ];
>> figure;
>> surf( z );
```

Die einzelnen grafischen Objekte hält MATLAB in der so genannten „Hierarchie". Das oberste Objekt wird *root* genannt (der gesamte Bildschirm). Darunter befinden sich die geöffneten Grafikfenster (*figures*). In den figures sind wieder weitere Objekte vorhanden, *axes* und Menüleisten. Darunter hängen die eigentlichen Grafikobjekte, die wir im Plot zeichnen.

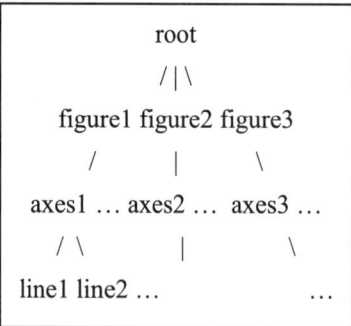

Um auf diese Objekte zugreifen zu können bzw. sie zu manipulieren, gibt es so genannte *Grafik-Handle*, die eindeutig figures, axes und alle weiteren Grafikobjekte kennzeichnen.

Für die zuletzt verwendeten Objekte hat MATLAB folgende Kennungen:

- *gcf* : Handle des aktuellen Grafikfensters (figure)
- *gca* : Handle der aktuellen axes
- *gco* : Handle des aktuellen Grafikobjekts (Linie, Fläche, …)

Alle aktuellen Objekte der zuletzt erzeugten Grafik erhält man mit dem Befehl *findobj*. Mit Hilfe dieser Handle kann man die zugehörigen Objekte verändern. Dazu sollte man sich direkt nach dem Erzeugen der Objekte die zugehörigen Handle holen und sie für spätere Manipulationen in selbst gewählten Variablen speichern, zum Beispiel:

```
>> z = [ 0 0; 1 1 ];
>> figure;              % neues Fenster öffnen
>> surf( z );           % Fläche zeichnen
>> hnd = findobj;       % Handle merken
```

Informationen über die Bedeutung der Komponenten liefert der Befehl *get*:

```
>> get( hnd, 'type' )
ans = 'root'
      'figure'
      'axes'
      'surface'
```

In der Grafik gibt es demnach folgende Komponenten:

- *hnd* (1) : root   der gesamte Bildschirm
- *hnd* (2) : figure   der aktuelle Plot, das Grafikfenster
- *hnd* (3) : axes   die Koordinatenachsen im aktuellen Plot
- *hnd* (4) : surface   die zuletzt gezeichnete Fläche

Die Einstellmöglichkeiten für die Objekte erhält man mit dem Befehl *set*, wobei die Voreinstellungen in geschweiften Klammern angegeben sind.

```
>> set( hnd (3) )
    XTick
    XTickLabel
    ...
```

Mit set kann man diese Komponenten auch ändern – beispielsweise definiert die Eigenschaft 'XTick' zum axes-Handle *hnd*(3) die Einteilung der *x*-Achse:

```
>> set( hnd(3), 'XTick', 1.3 : 0.3 : 2 )
```

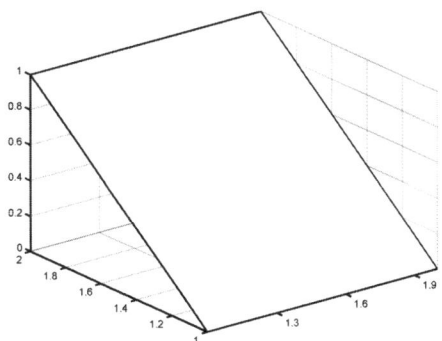

Abbildung 2.35 Achseneinteilung definieren

Die Eigenschaft 'XTickLabel' ermöglicht eine beliebige Beschriftung der Achse an den XTick-Positionen:

```
>> set( hnd(3), 'XTickLabel', {'1.3','Mitte','1.9'} )
```

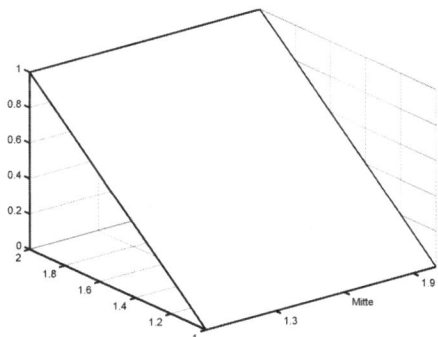

Abbildung 2.36 Achsen beschriften

Um die *Beschriftung der Achsen* auszuschalten, können Sie ebenfalls die Eigenschaft 'XTick' bzw. 'YTick' oder 'ZTick' verwenden, indem man sie mit der leeren Menge [ ] belegt. Die aktuelle Grafik bestimmt man beispielsweise mit der Funktion gca:

```
>> set( gca, 'XTick', [] )
```

 In einem geöffneten figure-Fenster können Sie die Eigenschaften einer Grafik auch interaktiv über entsprechende Menüpunkte bzw. den „Property Editor" festlegen. Der dort integrierte „Inspector" liefert einen Überblick über die Eigenschaften der Objekte und ist für erste Tests hilfreich, bevor man die Einstellungen im Programm mit Hilfe der set-Funktion automatisiert.

2.7.7 Zusammenfassung

- 2D-Funktions-Plot: fplot
- Gitternetz: grid on/off
- Plot eines Datensatzes: plot(x, y, 'color_style_marker')
- Plot-Symbol, Farbe, Linientyp
- Grafik löschen: clf
- Grafik erhalten: hold on/off
- Beschriftungen: legend, title, xlabel, ylabel
- 3D-Grafik: surf, mesh, hidden on/off, contour3, contourf
- Farbbalken: colorbar, colormap
- Mehrere Plots: subplot
- Beobachtungspunkt: view
- Plot-Ausschnitt: axis
- 3D-Kurven: plot3
- Grafiktext: text
- Grafikfenster: figure
- Grafik-Handle: gcf, findobj, get, set
- Beschriftung der Achsen

2.7.8 Aufgaben

Aufgabe 2.7.1:

Erstellen Sie die Funktion polyPlot, die folgende Funktionen zusammen in einem Grafikfenster ausgibt, für x im Intervall $[-2,2]$:

$$y_1 = x; \quad y_2 = x^2; \quad y_3 = x^3; \quad y_4 = x^4;$$

Bringen Sie auch eine Überschrift und entsprechende Beschriftungen (Legende) an. Versuchen Sie, auch andere Funktionen zu plotten.

Aufgabe 2.7.2

Erstellen Sie die Funktion dataPlot, die eine gewisse Menge von Zahlen (zum Beispiel zehn Zahlen) über eine Schleife von der Tastatur einliest und diesen Datensatz in einer 2D-Grafik ausgibt. Testen Sie die Funktion und stellen Sie im Programm sicher, dass von der Tastatur auch wirklich nur Zahlenwerte eingelesen werden.

Aufgabe 2.7.3

Erstellen Sie die Funktion flaeche3d, die mit der Funktion surf eine 3D-Fläche zeichnet, wobei die Höhe z über der x-y-Ebene durch folgende Punkte (y,x) definiert ist:

```
z = 0 2 3 0
    0 2 3 0
```

Erweitern Sie die Funktion, indem Sie die z-Werte für die Höhe über die Tastatur einlesen (mittels einer verschachtelten Zählschleife!). Stellen Sie im Programm sicher, dass von der Tastatur auch wirklich nur Zahlenwerte eingelesen werden.

Aufgabe 2.7.4

Erstellen Sie die Funktion multPlot, die mit Hilfe der Funktion subplot die Fläche aus der vorherigen Aufgabe vierfach in einem einzigen Fenster darstellt. Wählen Sie für die einzelnen Plots unterschiedliche Ansichten mittels der Funktion view(Azimuth, Elevation), zum Beispiel die Standardansichten einer Fertigungszeichnung. Speichern Sie die Zeichnung im bmp-, jpg- oder tif-Format ab.

2.8 Strukturen

2.8.1 Strukturierte Daten

Bei uns bekommt ein neuer Student in seiner ersten Semesterwoche eine Rechennummer und einen Bereich auf der Server-Festplatte. In diesem „Home"-Bereich legt er im Laufe seines Studiums alles Mögliche ab – Zeichnungen, Programme, Ausarbeitungen etc. Ein nicht geringer Prozentsatz der Studenten speichert dabei seine Daten direkt im obersten Verzeichnis des Home-Bereichs, wo es nach kurzer Zeit aussieht wie „Kraut und Rüben".

Abhilfe schafft hier eine Strukturierung, die den Home-Bereich in sinnvolle Unterverzeichnisse gliedert, zum Beispiel in ein Verzeichnis für die Konstruktion, ein Verzeichnis für Informatik und darunter noch Unterverzeichnisse für die Vorlesungen Informatik1 und Informatik2 sowie weiter unten eventuell Verzeichnisse für die einzelnen Labore:

```
                        Home
                       /    \
              Informatik    Konstruktion
                 /  \         /  \
             Inf1  Inf2      ...
              /                ...
          Labor1               ...
```

Ich nehme an, dass auch Sie zu Hause eine gewisse Strukturierung in Ihren Daten haben, also nicht aktuelle Telefonrechnungen, das Abiturzeugnis und die gesammelten Liebesbriefe in einen einzigen Karton werfen – von Ausnahme-Studenten einmal abgesehen.

Und wenn Sie zu einer Person mehrere Daten haben, dann werden Sie diese Daten wahrscheinlich auch gemeinsam verwalten. Für Ihre Freundin bzw. Ihren Freund haben Sie möglicherweise einen einzigen Zettel angelegt, auf dem alle wichtigen Daten stehen:

- Name
- Telefonnummer
- Anschrift
- Geburtstag

Ähnlich geht auch jede Personalverwaltung vor. Daten für eine Person werden zusammen in einer Mappe gehalten, heutzutage oft in elektronischer Form. Benötigt man Informationen zu einer Person, dann besorgt man sich als Erstes die Mappe. Bezogen auf die Mappe holt man sich dann die interessierenden Daten, beispielsweise die Anschrift.

Im Abschnitt Strukturen geht es darum, wie man Informationen in MATLAB sinnvoll bündelt, um später gezielt auf diese Informationen zugreifen zu können.

2.8.2 Datenfelder

Wir haben uns bereits mit Variablen und Datentypen befasst. Typische *Datentypen* in MATLAB sind int32, double, char. Die Basis-Informationseinheiten, die *Datenfelder* im Speicher des Rechners, werden über einen Variablennamen angesprochen und haben beispielsweise einen der oben angegebenen, primären Datentypen.

Die Variable x sei zum Beispiel ein Datenfeld mit der ganzen Zahl 5:

```
>> x = int32( 5 );
>> whos x
  Name      Size      Bytes  Class
    x       1x1           4  int32 array
```

In MATLAB werden die Datenfelder durch zweidimensionale Arrays (Felder) dargestellt. In anderen Programmiersprachen zählen Arrays normalerweise bereits zu den zusammengesetzten Datentypen.

Wenn wir jetzt die Daten unserer Freundin betrachten, sehen wir, dass diese aus einer ganzen Sammlung von einzelnen Datenfeldern bestehen:

- Name Text-Datenfeld
- Telefonnummer Zahlen- oder Text-Datenfeld
- Straße Text-Datenfeld
- Hausnummer Ganzzahl-Datenfeld
- Postleitzahl Text-Datenfeld, wegen möglicher führender Nullen
- Ort Text-Datenfeld
- Geburtstag Tripel aus Zahlen (Tag, Monat, Jahr)

Um mir die Telefonnummer der Freundin zu holen, nehme ich den Zettel mit ihrem Namen und lese den zweiten Eintrag, neben dem Kenner *Telefonnummer*.

Wir werden im nächsten Abschnitt anstelle des Zettels eine MATLAB-Struktur verwenden, um die Daten von allen Freunden und Freundinnen zu speichern und zu verwalten.

2.8.3 struct

Der MATLAB-Befehl *struct* erzeugt eine Struktur. Wir wollen eine struct-Variable mit dem Namen „person" erzeugen, um die Daten der Freundin zu speichern:

```
>> person = struct( 'name', 'Hanna', ...
                    'telnr', '0815', ...
                    'strasse', 'Hamb. Str.', ...
                    'hausnr', 75 );
>> person
person = name: 'Hanna'
        telnr: '0815'
      strasse: 'Hamb. Str.'
       hausnr: 75
```

Nach dem Bezeichner struct stehen in der Klammer *paarweise* die *Namen* der Datenfelder und die dort gespeicherten *Werte*, also zum Beispiel der Feldname *telnr* und die dort gespeicherte Nummer '0815', als Text wegen der führenden Null.

 Die Fortsetzungszeichen „..." am Ende der Zeilen wurden hier verwendet, da die Daten nicht in eine Zeile passen – und weil sie die paarweise Zuordnung von Namen und Werten hervorheben. Man könnte aber auch alles in eine einzige Zeile packen.

Auf die einzelnen _Komponenten_ (Datenfelder) eines structs greift man mit Hilfe des _Punkt-Operators_ zu, beispielsweise für die Abfrage:

```
>> person.telnr
ans = 0815
```

Über den Punkt-Operator kann man die Werte auch verändern:

```
>> person.telnr = '12345'
person = name: 'Hanna'
         telnr: '12345'
         strasse: 'Hamb. Str.'
         hausnr: 75
```

Der Befehl whos zeigt uns den Typ und die Größe der struct-Variablen _person_:

```
>> whos person
  Name        Size      Bytes   Class
  person      1x1         544   struct array
```

person ist also ein 1x1-struct-Array. Man kann deshalb _person_ auch als erstes Element eines Arrays von struct-Daten auffassen:

```
>> person(1)
ans = name: 'Hanna'
      telnr: '12345'
      strasse: 'Hamb. Str.'
      hausnr: 75
```

Um die Daten weiterer Freunde und Freundinnen zu speichern, fügen wir dem Array neue Elemente hinzu, indem wir beispielsweise ein zweites Element _person_(2) erzeugen.

```
>> person(2).name = 'Willy';
>> person(2)
ans = name: 'Willy'
      telnr: []
      strasse: []
      hausnr: []
>> person
person = 1x2 struct array with fields:
    name
    telnr
    strasse
    hausnr
```

Mit dem Aufruf „person(2).name = 'Willy'" wird das zweite Element des struct-Arrays erzeugt. Außer dem Feld _name_, das explizit mit dem Wert „Willy" belegt wurde, sind alle anderen Felder jetzt noch leer, also mit der leeren Menge [ ] belegt. Der Aufruf des Variablennamens *person* listet zur Information nur die Komponenten (fields) des structs auf. Um an die Werte zu kommen, muss man angeben, welches Element des Arrays man auslesen möchte, also zum Beispiel *person*(2).

Analog kann man weitere Elemente des struct-Arrays erzeugen, etwa das vierte Element:

```
>> person(4).hausnr = 1;
>> person(4)
ans =   name: []
       telnr: []
      strasse: []
      hausnr: 1
>> person(3)
ans =   name: []
       telnr: []
      strasse: []
      hausnr: []
```

Das nicht explizit spezifizierte dritte Element wird dabei gleich mit angelegt und dessen Werte alle mit der leeren Menge [ ] belegt.

2.8.4 struct-Beispiel: person

Die Beispielfunktion *print_person* legt den *struct person* mit den beiden Feldern *name* und *telnr* an. In einer Schleife werden die Werte für diese Felder von der Tastatur eingelesen, und zwar nacheinander für das erste Element *person*(n), n = 1, bis zur übergebenen Maximalzahl *num_pers*, im Beispielaufruf gleich 3. Nach der Eingabe aller Daten werden Namen und Telefonnummern aller Freunde in einer zweiten Schleife mit fprintf auf dem Bildschirm ausgegeben. Vorher wird noch die Überschrift 'Meine Freunde: ' gedruckt, die über der Liste stehen soll:

Listing 2.18 function print_person

```
function  print_person( num_pers )
  for( n = 1:num_pers )    % Einleseschleife: von 1 bis num_pers
    person(n).name  = input( 'Name: ' );
    person(n).telnr = input( 'Tel.-Nr.: ' );
  end
  fprintf( '\nMeine Freunde : \n' );  % Überschrift
  fprintf(   '--------------\n' );
  for( n = 1:num_pers )    % Ausgabeschleife
    fprintf( 'Name: %s, Tel.Nr.: %g\n', ...
            person(n).name, person(n).telnr );
  end
```

Der Aufruf der Funktion print_person für drei Personen mit Beispieldaten:

```
>> print_person(3)
Name: 'Otto'
Tel.-Nr.: 23
Name: 'Anna'
Tel.-Nr.: 12
Name: 'Fritz'
Tel.-Nr.: 45


Meine Freunde :
---------------
Name: Otto, Tel.Nr.: 23
Name: Anna, Tel.Nr.: 12
Name: Fritz, Tel.Nr.: 45
```

2.8.5 struct ändern

Sie können einen struct einfach dadurch *erweitern*, dass Sie zusätzliche Komponenten definieren, hier beispielsweise die Komponente *beruf* nachträglich zu *person*(1)*:*

```
>> person(1) = struct( 'name', 'Willy', 'telnr', 1234 );
>> person(1)
ans = name: 'Willy'
      telnr: 1234

>> person(2) = struct( 'name', 'Eva', 'telnr', 666 );
>> person(2)
ans = name: 'Eva'
      telnr: 666

>> person(1).beruf = 'Student';
>> person(1)
ans = name: 'Willy'
      telnr: 1234
      beruf: 'Student'

>> person(2)
ans = name: 'Eva'
      telnr: 666
      beruf: []
```

Die Definition einer neuen Komponente kann auch dazu verwendet werden, zu Beginn einen *struct* überhaupt erst zu *definieren*, indem man seine erste Komponente angibt und diese danach durch weitere Komponenten ergänzt – hier durch die Definition von *datum.tag* und die Erweiterung durch *datum.monat* und *datum.jahr*:

```
>> datum.tag = 13;
>> datum
datum = tag: 13

>> whos datum
  Name        Size       Bytes  Class
  datum       1x1          132  struct array

>> datum.monat = 12;
>> datum.jahr = 2005;
>> datum
datum = tag: 13
       monat: 12
        jahr: 2005

>> whos datum
  Name        Size       Bytes  Class
  datum       1x1          396  struct array
```

In der Funktion print_person haben wir dies bereits verwendet, denn dort ist zu Beginn der struct noch gar nicht definiert. Er wird in der Schleife durch Eingabe seiner Komponenten aufgebaut.

Bisher haben wir immer nur Komponenten für einen *struct* angelegt. Manchmal möchte man einen *struct* auch dahingehend ändern, dass man *Komponenten* (fields) *entfernt*. Nehmen wir das Beispiel *person*:

```
>> person
person = name: 'Willy'
         telnr: 1234
         beruf: 'Student'
```

Jetzt meldet sich der Datenschutzbeauftragte und weist darauf hin, dass die Telefonnummer nicht gespeichert werden darf. Wir müssen den Eintrag *telnr* also für alle Personen löschen. Dies leistet die Funktion *rmfield*:

```
>> person = rmfield( person, 'telnr' );

>> person
person = name: 'Willy'
         beruf: 'Student'
```

Die Parameter der Funktion rmfield sind der Name des structs und die Komponente, hier *telnr*, die in diesem struct gelöscht werden soll. Zurück gibt rmfield den geänderten struct, der bei uns wieder in der Variablen *person* gespeichert wird.

Weitere Informationen über einen struct liefern folgende Funktionen:

- *isstruct*(*s*)   gibt 1 zurück, falls *s* ein struct ist, ansonsten 0
- *fieldnames*(*s*)   gibt die Namen der Komponenten des structs *s* zurück
- *s2* = *orderfields*(*s*1)   erzeugt aus dem struct *s*1 einen neuen struct *s*2 mit alphabetisch geordneten Komponenten

2.8.6 struct-Beispiel: CAD-Drahtmodell

Die Funktion *pyramide* erzeugt das einfache *Drahtmodell* einer Pyramide mit den Parametern Kantenlänge (*laenge*) und Höhe (*hoehe*).

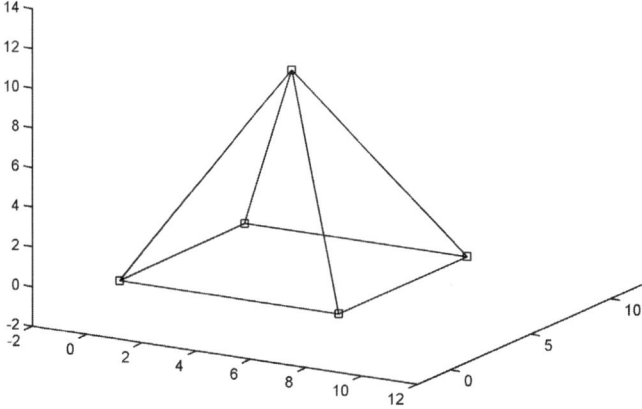

Abbildung 2.37 Pyramide als Drahtmodell

Das Drahtmodell ist die einfachste Art, einen 3D-Körper zu definieren:

- Man spezifiziert den Körper durch die Rand-*Linien* seiner Flächen.
- Die Linien selbst sind durch ihre *Eckpunkte* begrenzt.

Der 3D-Körper unserer Pyramide besteht aus acht geraden Linien, die durch fünf Eckpunkte begrenzt sind. Vergleichen Sie, welche Eckpunkte zu den einzelnen Linien gehören, also beispielsweise *P*1 und *P*2 zur Linie *L*1. Der Punkt *P*2 begegnet uns aber zusätzlich noch als Eckpunkt der Linien *L*2 und *L*6:

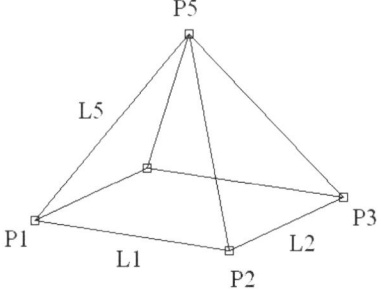 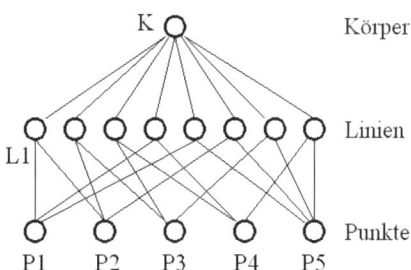

Abbildung 2.38 Aufbau eines Drahtmodells

 In unserem vereinfachten Drahtmodell berücksichtigen wir nur *ebene Flächen* und *gerade Linien* als deren Begrenzungen. In diesem Fall ist die Geometrie der (geraden) Begrenzungs-Linien bereits durch die Koordinaten der *Eckpunkte* festgelegt. Im allgemeinen Fall muss man zur Beschreibung der Körperlinien noch weitere Informationen festlegen, beispielsweise Mittelpunkt und Radius für begrenzende Kreisbögen.

Zum Speichern der Koordinaten (x,y,z) der Eckpunkte definieren wir das struct-Array *pt*:

```
pt = struct( 'x', 0, 'y', 0, 'z', 0 );
```

Die Eckpunkte werden durchnummeriert: $pt(1)$, $pt(2)$ usw. bis zur maximalen Zahl der Punkte des Körpers. Der erste Eckpunkt $pt(1)$ liegt beispielsweise auf dem Ursprung und hat somit die Koordinaten: $pt(1).x = 0$; $pt(1).y = 0$; $pt(1).z = 0$;

Zum Speichern der geraden Linien dient das struct-Array *ln*, das selbst keine Geometriedaten verwaltet, sondern nur Verweise auf die Nummern der beiden Eckpunkte $p1$ und $p2$ enthält, also nachbarschaftliche (topologische) Bezüge definiert:

```
ln = struct( 'p1', 0, 'p2', 0 );
```

Die erste Linie $ln(1)$ verläuft beispielsweise zwischen dem ersten und dem zweiten Punkt. Damit sind 1 und 2 die Nummern der zugehörigen Eckpunkte, also $ln(1).p1=1$ und $ln(1).p2=2$, oder kompakter ausgedrückt:

```
ln(1) = struct( 'p1', 1, 'p2', 2 );
```

In der Funktion pyramide werden als Erstes die Daten der fünf Punkte und acht Linien belegt. Mit diesen struct-Array-Daten wird dann die Unterfunktion drawLines aufgerufen, die in einer Schleife mittels der Funktion plot3 alle Linien zeichnet. Jeder plot3-Aufruf zeichnet genau eine Linie über zwei Punkte. Die dafür notwendigen Paare $x=[x(1),x(2)]$, $y=[y(1),y(2)]$ und $z=[z(1),z(2)]$ werden dazu vorher mit den Daten der Endpunkte $p1$ und $p2$ belegt. Die Nummern der Eckpunkte der ersten Linie $line(1)$ sind beispielsweise durch $line(1).p1$ und $line(1).p2$ gegeben. Die x-Koordinate des ersten Punktes erhält man somit über die x-Komponente von pt zur Nummer $line(1).p1$, also durch $pt(line(1).p1).x$. Analog berechnen sich die Koordinaten der Eckpunkte für eine beliebige Linie $line(n)$.

Listing 2.19 function pyramide

```
% function pyramide
%   Parameter: laenge = Kantenlänge, hoehe = Höhe der Pyramide
function pyramide( laenge, hoehe )

    % pt = struct der Eckpunkte mit den Koordinaten x,y,z
    % Daten: Definition der 5 Punkte des Körpers
    pt(1).x = 0;          pt(1).y = 0;          pt(1).z = 0;
    pt(2).x = laenge;     pt(2).y = 0;          pt(2).z = 0;
    pt(3).x = laenge;     pt(3).y = laenge;     pt(3).z = 0;
    pt(4).x = 0;          pt(4).y = laenge;     pt(4).z = 0;
    pt(5).x = laenge/2;   pt(5).y = laenge/2;   pt(5).z = hoehe;

    % ln = struct der Körper-Linien mit den Eckpunktnummern p1, p2
    % Daten: Definition der 8 Linien des Körpers über Punktnummern
    ln(1) = struct( 'p1', 1, 'p2', 2 );
    ln(2) = struct( 'p1', 2, 'p2', 3 );
    ln(3) = struct( 'p1', 3, 'p2', 4 );
    ln(4) = struct( 'p1', 4, 'p2', 1 );

    ln(5) = struct( 'p1', 1, 'p2', 5 );
    ln(6) = struct( 'p1', 2, 'p2', 5 );
    ln(7) = struct( 'p1', 3, 'p2', 5 );
    ln(8) = struct( 'p1', 4, 'p2', 5 );

    % Aufruf der Zeichen-Funktion:
    %   Übergabe der structe ln und pt
    drawLines( ln, pt );

    % Ansicht und Bildgröße bestimmen
    view( 30, 20 );
    axis([-2, 12, -2, 12, -2, 14]);
return;

% Unterfunktion drawLines
%   übergeben: struct-Array line und pt
function drawLines( line, pt )
    hold on;

    % Anzahl der Linien aus Länge des Feldes line bestimmen
    nmax = length( line )
```

```
% alle Linien nacheinander zeichnen
for( n = 1:nmax )
    % 1. Punkt der Linie        2. Punkt der Linie
    x(1) = pt( line(n).p1 ).x;  x(2) = pt( line(n).p2 ).x;
    y(1) = pt( line(n).p1 ).y;  y(2) = pt( line(n).p2 ).y;
    z(1) = pt( line(n).p1 ).z;  z(2) = pt( line(n).p2 ).z;

    % 3D-Zeichenroutine für eine Linie mit 2 Punkten
    plot3( x,y,z, '-s' );
end

    hold off;
return;
```

 In der Funktion drawLines wird nirgendwo direkt gesagt, dass eine Pyramide gezeichnet werden soll. Wenn Sie die struct-Arrays *ln* und *pt* mit anderen Daten belegen, können Sie diese Funktion dazu verwenden, beliebige andere Körper zu zeichnen.

2.8.7 Objektorientierte Programmierung

In unseren bisherigen Programmierbeispielen in MATLAB haben wir

- *Daten* (oder Daten-Strukturen) in Variablen gespeichert, zum Beispiel in der Variablen *r* den eingelesenen Wert für einen Radius in der Form „r = input('Radius eingeben: ')" bzw. durch eine feste Definition den Wert „r = 2", und

- *Funktionen* geschrieben, die mit den Daten gearbeitet haben und beispielsweise zu *r* den Umfang „2*pi*r" bestimmten.

In der objektorientierten Programmierung (OOP) wird die Trennung von Datenbereich und Funktionen in dem Sinne aufgehoben, dass man anstelle der beiden Bereiche ein einziges „Objekt" einführt, das sowohl die Daten enthält als auch die Funktionen (*Methoden*), die mit diesen Daten arbeiten. Typische OOP-Sprachen sind C++ und Java. Aber auch MATLAB bietet (eingeschränkte) OOP-Funktionalität.

Der zentrale neue Datentyp der OOP ist die *Klasse* (class). *Objekte* sind Variablen mit dem Datentyp einer Klasse (*Instanzen* der Klasse). Man kann Klassen als eine Erweiterung des Datentyps struct auffassen. Ein struct kann nur Daten aufnehmen. Eine class ist insofern eine Erweiterung, als sie neben den Daten auch noch Funktionen (Methoden) verwalten kann. Die wichtigste Methode einer class ist der *Konstruktor* – eine Funktion mit dem Namen der class, die das Klassen-Objekt erzeugt und meist auch die ersten Daten der Klasse anlegt.

In MATLAB müssen alle Dateien, die Methoden einer Klasse enthalten, in einem speziellen *Verzeichnis* liegen, dessen Namen mit @ beginnt, gefolgt vom Namen der Klasse.

Wir wollen hier unser Drahtmodell-Beispiel noch einmal als Klasse *drahtmodell* ausführen. Dazu benötigen wir als Erstes ein *Verzeichnis* „@drahtmodell" unter unserem MAT-LAB-Arbeitsverzeichnis. Hierin liegen die M-Files mit den Methoden der Klasse. Der Konstruktor der Klasse, die Funktion *d*=drahtmodell(), liegt also im Verzeichnis „@drahtmodell" in der Datei drahtmodell.m. Diese Funktion definiert in unserem Fall die Daten des Drahtmodells (die Punkte *pt* und Linien *ln*, die in einem struct *d* gehalten werden, und auch die Anzahl der Punkte und Linien) und erzeugt eine Variable *d* vom Datentyp „class drahtmodell".

Wenn Sie den Programm-Code mit dem der Funktion pyramide im vorherigen Abschnitt vergleichen, werden Sie als Hauptunterschied feststellen, dass die Daten des Drahtmodells nicht in einzelnen Variablen wie *pt* und *ln* gehalten werden, sondern Komponenten eines gemeinsamen structs mit dem Namen *d* sind. Am Ende der Datei drahtmodell.m steht die Funktion, die das Objekt erzeugt:

```
d = class( d, 'drahtmodell' );
```

Das Objekt *d* wird damit zu einer Variablen vom Typ der Klasse drahtmodell.

Hier eine einfache Version des *Konstruktors drahtmodell*, der nur die Daten eines Quadrates mit der Kantenlänge 8 anlegt und nicht die vollständige Pyramide:

Listing 2.20 Konstruktor der class drahtmodell

```
% Konstruktor der class drahtmodell
%    d = drahtmodell() erzeugt ein drahtmodell Objekt
function d = drahtmodell()

    % Daten-structs in der Klasse drahtmodell
    d.pt = struct( 'x', 0, 'y', 0, 'z', 0 );
    d.ln = struct( 'p1', 0, 'p2', 0 );

    % Definition der Punkte des Körpers
    d.pt(1).x = 0; d.pt(1).y = 0; d.pt(1).z = 0;
    d.pt(2).x = 8; d.pt(2).y = 0; d.pt(2).z = 0;
    d.pt(3).x = 8; d.pt(3).y = 8; d.pt(3).z = 0;
    d.pt(4).x = 0; d.pt(4).y = 8; d.pt(4).z = 0;

    % Definition der Linien des Körpers über Punkte
    d.ln(1) = struct( 'p1', 1, 'p2', 2 );
    d.ln(2) = struct( 'p1', 2, 'p2', 3 );
    d.ln(3) = struct( 'p1', 3, 'p2', 4 );
    d.ln(4) = struct( 'p1', 4, 'p2', 1 );
```

```
% wie viele Punkte und Linien gibt es
d.anz_pt = 4;
d.anz_ln = 4;

% Erzeugung der Instanz der Klasse mit den obigen Daten
d = class( d, 'drahtmodell' );
```

 Normalerweise sollte man hierzu auch gleich noch einen Copy-Konstruktor definieren. Um den Programm-Code so einfach wie möglich zu halten, wurde er in diesem Beispiel weggelassen. Auch legt man im Allgemeinen im Konstruktor nicht schon komplette Datensätze an, sondern definiert nur, welche Daten-Strukturen als Attribute (Variablen) vorliegen.

Im MATLAB-Arbeitsverzeichnis können wir jetzt die neue Klasse drahtmodell verwenden, zum Beispiel durch den Aufruf:

```
>> d = drahtmodell
d = drahtmodell object: 1-by-1

>> whos d
  Name      Size      Bytes  Class
  d         1x1        2192   drahtmodell object
```

Der MATLAB-Befehl whos erkennt also, dass Sie ein Objekt der Klasse drahtmodell erzeugt haben.

Uns fehlt jetzt noch der zweite Teil – die Funktion, die das Drahtmodell auf dem Bildschirm darstellt. Im vorherigen Abschnitt war dies in die Unterfunktion drawLines ausgelagert. Unsere Klasse drahtmodell soll jetzt auch eine äquivalente Methode *drawLines* bekommen, die in der Datei drawLines.m im Verzeichnis „@drahtmodell" liegt:

Listing 2.21 Methode drawLines

```
% Klassen-Methode drawLines
function drawLines( d )
    hold on;

    % alle Linien nacheinander zeichnen
    for( n = 1 : d.anz_ln )

        % 1. Punkt der Linie
        x(1) = d.pt(d.ln(n).p1).x;
        y(1) = d.pt(d.ln(n).p1).y;
        z(1) = d.pt(d.ln(n).p1).z;
```

```
% 2. Punkt der Linie
x(2) = d.pt(d.ln(n).p2).x;
y(2) = d.pt(d.ln(n).p2).y;
z(2) = d.pt(d.ln(n).p2).z;

% 3D-Zeichenroutine für eine Linie
plot3( x,y,z, '-s' );
end

hold off;
% Ansicht und Bildgröße bestimmen
view( 30, 70 );
axis( [-2, 10, -2, 10, -2, 10] );
```

Im Unterschied zum Beispiel pyramide müssen die Daten zum Zeichnen der Funktion drawLines nicht mehr explizit übergeben werden. Das Objekt *d* kennt alle Daten, die zum Zeichnen benötigt werden, unter anderem auch, wie viele Linien gezeichnet werden sollen.

Die Methode drawLines kann man nun wie folgt aufrufen:

```
>> drawLines(d)
```

Üblicherweise ruft man Methoden aber mit Hilfe des *Punkt-Operators* auf, analog dem Zugriff auf die Komponenten eines structs. Hierzu benötigt man in MATLAB (hoffentlich nur als Übergangslösung) die *subsref-Methode* (subscripted reference), die in der Datei subsref.m definiert, auf welche Methoden zugegriffen werden darf:

Listing 2.22 subsref-Methode

```
% subsref: Definiert die Feldnamen für drahtmodell-Objekte
function b = subsref( d, index )
    switch( index.subs )
        case 'anz_ln'
            b = d.anz_ln;
        case 'anz_pt'
            b = d.anz_pt;
        case 'drawLines'
            drawLines(d);
            b = d.anz_ln;
        otherwise
            error('Ungültiger Feldname')
    end
```

Hiermit kann die Methode drawLines wie folgt aufgerufen werden:

```
>> d.drawLines
```

Auch auf die Daten des Objekts *d*, wie *anz_ln* und *anz_pt*, kann so zugegriffen werden:

```
>> d.anz_ln
ans = 4
```

Weitere Informationen über Objekte liefern folgende MATLAB-Funktionen:

- *isa*   überprüft, ob das Objekt *d* vom Typ „class drahtmodell" ist: 1 = ja.
- *methods*   gibt die für das Objekt implementierten Methoden aus.

```
>> isa( d, 'drahtmodell' )
ans = 1

>> methods( d )
Methods for class drahtmodell:
drahtmodell    drawLines    subsref
```

Zur Klasse drahtmodell könnten Sie nun weitere Methoden hinzufügen, zum Beispiel:

- addPoint (*x*, *y*, *z*)   für einen weiteren Punkt im Drahtmodell
- addLine (*n*1, *n*2)   für eine weitere Linie vom Punkt *pt*(*n*1) zum Punkt *pt*(*n*2)

Typische weitere Methoden sind *display* zur Ausgabe von Informationen zum Objekt und Konvertierungs-Methoden zum Wandeln (cast) in andere Datentypen. Bei der Art der Wandlung eines Objekts in einen anderen Datentyp haben Sie beliebige Freiheiten. Eine Umwandlung des drahtmodell-Objekts in int32 könnte beispielsweise als Ergebnis die Anzahl der Linien zurückgeben.

Andere, hier nicht behandelte Eigenschaften der OOP sind die *Vererbung* von Eigenschaften einer Vater-Klasse (parent class) an die Kinder (child class) und das *Überladen* von Operatoren und Funktionen. Je nach Typ der beteiligten Operanden kann ein Operator oder eine Funktion damit unterschiedlich arbeiten. Der +-Operator, der normalerweise Zahlen addiert, könnte bei unserem Drahtmodell das Hinzufügen weiterer Linien bewirken.

Für C++-Kenner:

Folgendes gibt es in MATLAB bisher noch nicht:

Destruktoren, Referenzen, Templates, virtuelle Klassen.

2.8.8 Zusammenfassung

- struct-Definition: v = struct(Komponentenname, Wert, ...);
- struct-Komponenten: Punkt-Operator
- Funktionen: rmfield, isstruct, fieldnames, orderfields
- OOP: class, @-Verzeichnis, Konstruktor
- subsref-Methode: Zugriff über Punkt-Operator, Objekte
- OOP-Informationen: isa, methods, display, cast

2.8.9 Aufgaben

Aufgabe 2.8.1:

Erweitern Sie die Funktion print_person, indem Sie zum struct *person* folgende weitere Komponenten hinzufügen, die Sie ebenfalls von der Tastatur einlesen lassen:

- Straße
- Hausnummer
- Postleitzahl
- Ort
- Geburtsdatum [Array aus 3 Zahlen]

Aufgabe 2.8.2:

Erstellen Sie die Funktion find_person, die den struct *person* verwendet, um eine Liste mit Personendaten zu erstellen. Nach der Tastaturabfrage einer Telefonnummer soll die Funktion die zu dieser Nummer gehörende Person in der Liste identifizieren und deren Daten auf dem Bildschirm ausgeben.

Aufgabe 2.8.3:

Erweitern Sie die Funktion pyramide dahingehend, dass sie andere 3D-Körper mit geraden Linien darstellt, beispielsweise einen Quader, eine Pyramide mit dreieckiger Basis, ein Prisma etc. Die Parameter und der Typ der Körper werden über die Tastatur eingegeben. Mit einer switch-Anweisung schalten Sie dann zur Berechnung der Körperlinien.

Aufgabe 2.8.4:

Erweitern Sie das OOP-Beispiel drahtmodell um folgende Methoden:

- function d = addPt(d, x, y, z)   fügt einen weiteren Punkt zur Datenbasis hinzu.
- function d = addLn(d, $n1$, $n2$)   fügt eine weitere Linie zur Datenbasis hinzu.

2.9 Dateien

Bisher haben wir mit Daten gearbeitet, die entweder fest innerhalb der Funktionen definiert wurden, zum Beispiel über die Zuweisung $x=6$, oder die wir von außen über input von der Tastatur eingelesen haben. Wenn wir MATLAB beenden, geht der Zugriff auf diese Daten verloren. Um Daten dauerhaft zu sichern, speichert man diejenigen, mit denen man länger arbeiten möchte, in eine Datei auf der Festplatte oder auf einem anderen Speichermedium. Informationen in eine Datei zu schreiben bzw. Informationen aus einer Datei zu lesen, ist das Thema dieses Abschnitts. Bei den Dateioperationen werden wir uns auf ASCII-Dateien beschränken, also nur reine Textdateien betrachten. Wie man mit Binär-Dateien umgeht, können Sie der MATLAB-Hilfe entnehmen.

2.9.1 Dateizugriff

Der Zugriff auf Dateien (files) wird über so genannte *File-Identifier* (*fid*) geregelt. Der erste Schritt bei Dateioperationen ist deshalb, sich einen fid durch das Öffnen einer Datei zu verschaffen. Die MATLAB-Syntax zum Öffnen einer Datei lautet:

```
fid = fopen( 'Dateiname', 'Zugriffsart' );
```

Es ist klar, dass man zum Öffnen einer Datei ihren Namen angeben muss. Wenn Sie mit einem Text-Editor arbeiten, reicht diese Angabe aus, um den Inhalt der Datei auf den Bildschirm zu bekommen. Intern auf der Programmier-Ebene ist die Situation ein klein wenig komplexer, was ein normaler Text-Editor jedoch automatisch für Sie regelt. Außer dem Namen der Datei muss zum Öffnen nämlich noch die *Zugriffsart* gewählt werden.

MATLAB bietet hierfür unter anderem folgende Wahlmöglichkeiten (definiert als String):

- 'r'   read = reiner Lesezugriff auf die Datei.
- 'w'   write = Schreibzugriff, bisheriger Inhalt wird überschrieben.
- 'a'   append = Text an bestehenden Dateiinhalt anhängen.

Beispiele:

>> fid = fopen('hallo.txt', 'r');   öffnet die Datei hallo.txt zum Lesen

>> fid = fopen('hallo.txt', 'w');   erzeugt die Datei hallo.txt bzw. überschreibt sie

>> fid = fopen('hallo.txt', 'a');   öffnet die Datei hallo.txt, um Text hinzuzufügen

Kann MATLAB die angegebene Datei *nicht öffnen*, wird als *fid* der Wert −1 zurückgegeben. Bevor man auf die Datei-Inhalte zugreift, sollte man deshalb immer testen, ob *fid* nicht negativ ist. Im Fehlerfall liefert die Funktion *ferror* weitere Informationen über den Fehler beim Öffnen der Datei.

Nach dem erfolgreichen Öffnen einer Datei dient ein gültiger *fid* zum Zugriff auf den Datei-Inhalt. Vergessen Sie nicht, nach dem Ende der Dateizugriffe die geöffnete Datei mit folgendem Aufruf wieder zu schließen:

```
>> fclose( fid );
```

2.9.2 Dateien lesen

Zum Auslesen des Inhaltes einer Textdatei gibt es verschiedene Dateifunktionen, die sich alle auf den *fid* einer geöffneten Datei beziehen. *fgetl* liest beispielsweise genau eine Zeile aus einer Textdatei:

```
>> tline = fgetl( fid );
```

Im Rückgabewert *tline* steht der Text der eingelesenen Zeile. Das Newline-Zeichen „\n" wurde bereits entfernt. Als Nebeneffekt wird der *fid* auf die nächste Zeile der Textdatei gesetzt. Ist das *Ende der Datei* erreicht, steht in tline die Zahl −1.

Das folgende Beispiel öffnet die Datei hello.txt zum Lesen, liest dann zeilenweise den Text der Datei ein und gibt jede Zeile mit fprintf auf dem Bildschirm aus:

Listing 2.23 function read_file

```
function read_file()
    filename = 'hello.txt';
    % Datei zu filename zum Lesen (read) öffnen
    fid = fopen( filename, 'r' );
    % Check, ob fid gültig ist
    if( fid < 0 )
        fprintf( 'Kann Datei %s nicht öffnen \n', filename );
        return;    % im Fehlerfall Funktion sofort beenden
    end

    % so lange weiter, bis Datei-Ende erreicht ist
    weiter = 1; % Flag als Merker, ob Datei-Ende erreicht ist
    while( weiter )
        % nächste Zeile einlesen
        tline = fgetl( fid );
        if( tline == -1 )  % Datei-Ende erreicht, falls tline = -1
            weiter = 0;  % Flag zum Beenden setzen
        else
            % ansonsten Text auf dem Bildschirm ausgeben
            fprintf( '%s \n', tline );
        end
    end
```

```
% Datei wieder schließen
fclose( fid );
```

Weitere Funktionen zum Lesen einer Datei sind *fgets* und *fscanf*. Für Binär-Dateien gibt es die Funktion *fread*.

2.9.3 Dateien schreiben

Zum Beschreiben einer Datei kann man die bereits bekannte Funktion *fprintf* verwenden. Standardmäßig schreibt fprintf Text auf den Bildschirm. Wenn man aber zusätzlich als erstes Argument den *fid* einer bereits geöffneten Datei angibt, dann wird der Text nicht auf den Bildschirm, sondern in die zugehörige Datei geschrieben:

```
fprintf( fid, 'Format-String', Variable, … );
```

Das folgende Beispiel liest fünf Zeilen von der Tastatur und schreibt sie in die Datei neu.txt:

Listing 2.24 function write_file

```
function write_file()
    filename = 'neu.txt';

    % Datei zu filename zum Schreiben (write) öffnen
    fid = fopen( filename, 'w' );
    % Check, ob fid gültig ist
    if( fid < 0 )
        fprintf( 'Kann Datei %s nicht öffnen \n', filename );
        return;   % im Fehlerfall Funktion beenden
    end

    % Fünfmal Text von der Tastatur holen
    fprintf( 'Bitte 5 Zeilen Text eingeben : \n' );
    for( n = 1:5 )
        % Text von der Tastatur holen
        tline = input( '- ' );
        % Text-Zeile tline in Datei schreiben
        fprintf( fid, '%s \n', tline );
    end

    % Datei wieder schließen
    fclose( fid );
```

Vergessen Sie bei der Eingabe über die Tastatur nicht, den Text in einfache Anführungszeichen zu setzen.

fwrite ist eine weitere Funktion zum Beschreiben einer Datei.

2.9.4 Zusammenfassung

> - File-Identifier: fid
> - Dateien öffnen: fopen
> - Zugriffsart: 'r', 'w', 'a'
> - Dateien schließen: fclose
> - Aus Dateien lesen: fgetl, fgets, fscanf, fread
> - Datei-Ende: fid == −1
> - In Dateien schreiben: fprintf, fwrite

2.9.5 Aufgaben

Aufgabe 2.9.1:

Schreiben Sie eine Funktion, die testet, ob eine Datei existiert:

```
function  res = fileExists( filename )
```

Die Funktion gibt 0 zurück, wenn die Datei mit dem Namen filename nicht existiert, und 1, wenn sie gefunden wurde.

Tipp: Versuchen Sie als Test, die Datei zum Lesen zu öffnen. Ein ungültiger File-Identifier liefert die Information, ob das geklappt hat.

Aufgabe 2.9.2:

Schreiben Sie eine Funktion, die zwei Textdateien zu einer einzigen zusammenfügt:

```
function  res = filesAdd( file1, file2, new_file )
```

Als Argumente werden jeweils die Dateinamen der beiden bestehenden Dateien und der Name der neu zu erstellenden Datei übergeben.

Testen Sie die Funktion mit verschiedenen Dateien und überprüfen Sie das Ergebnis!

2.10 Strings

2.10.1 Character-Arrays

Texte (Strings) werden in Programmiersprachen meist als Zeichenfelder (Character-Arrays) geführt. Das gilt auch für MATLAB, das ja als Basis-Datentyp bereits Arrays vorsieht. Wenn man einer Variablen, hier *t*, einen Text (in einfachen Anführungszeichen!) zuweist, dann wird in MATLAB ein char-Array erzeugt, das genau so viele Zellen hat wie der Text Zeichen:

```
>> t = 'Willy'
t = Willy

>> whos t
  Name      Size      Bytes  Class
  t         1x5          10  char array
```

Auch Leer- und Sonderzeichen benötigen je eine Zelle im Feld:

```
>> h = 'hello, world'
h = hello, world

>> whos h
  Name      Size      Bytes  Class
  h         1x12         24  char array
```

Will man Zahlen nicht als double-Wert, sondern als reinen Text darstellen, dann nehmen die einzelnen Ziffern der Zahl je einen Speicherplatz im Feld ein:

```
>> z = '0815'
z = 0815

>> whos z
  Name      Size      Bytes  Class
  z         1x4           8  char array
```

Wenn Sie genau hinsehen, werden Sie bei der Ausgabe von whos bemerkt haben, dass ein Zeichen nicht 1 Byte, sondern 2 Byte beansprucht, obwohl nach ASCII-Standard eigentlich genau 1 Byte pro Zeichen vorgesehen ist. Dies berücksichtigt Sprachen mit mehr als 256 Zeichen, wie Japanisch und Chinesisch, die zur Nummerierung und Darstellung all der vielen Zeichen ihres Alphabets 2 Byte benötigen (Double-Byte, Multi-Byte, ...).

Für C-Kenner:

In der Sprache C muss man für einen String immer eine Zelle mehr reservieren, als Zeichen im String vorhanden sind – für die abschließende Null „\0". In MATLAB wird jedoch kein abschließendes Null-Byte verwendet.

Auf die einzelnen Zeichen in einem String kann man über den Index genau so zugreifen wie auf die Zellen in jedem anderen Array:

```
>> t(1)
ans = W

>> z(2)
ans = 8
```

Die „8" in der Zelle $z(2)$ ist natürlich das Zeichen '8' und nicht die Zahl 8!

Da ein String ein ganz normaler Zeilenvektor ist (Array mit 1 Zeile und n Spalten), kann man Texte wie Vektoren elementweise zusammenbauen:

```
>> s = [h , ', ', t ]
s = hello, world, Willy

>> whos s
  Name      Size      Bytes  Class
  s         1x19         38  char array
```

Der Text s wurde also aus den Komponenten h='hello, world', dem Text ', ' und t='Willy' zu „hello, world, Willy" zusammengesetzt. Analog können Sie auch Teile eines Textes herauskopieren, indem Sie nur einen Index-Bereich ansprechen, hier von Zeichen 7 bis zum 18. Zeichen:

```
>> r = s(7:18)
r = world, Will

>> whos r
  Name      Size      Bytes  Class
  r         1x12         24  char array
```

2.10.2 String-Funktionen

Da der Umgang mit Texten auf der Array-Ebene doch sehr umständlich ist, gibt es für Strings spezielle Funktionen. Um aus mehreren einzelnen Bestandteilen einen String zusammenzusetzen, kann man beispielsweise die sehr mächtige Funktion *sprintf* verwenden, die analog zu fprintf arbeitet, den Ergebnistext aber nicht auf den Bildschirm oder in eine Datei schreibt, sondern ihn an eine String-Variable, hier die Variable s, zurückgibt:

Syntax:

```
s = sprintf( formatStr, v1, ... );
```

Damit können Sie zum Beispiel Zahlen in Text umwandeln, wobei sprintf analog der Funktion fprintf einen Formatstring formatStr mit Platzhaltern, beispielsweise „%g", verwendet:

```
>> u = sprintf( 'Zahl %g : ', 3 )
u = Zahl 3 :

>> whos u
  Name      Size      Bytes  Class
  u         1x9          18  char array
```

Zum Umwandeln von einzelnen Zahlen in einen String gibt es auch noch einfachere Methoden wie *int2str* oder *num2str* für ganze bzw. reelle Zahlen:

```
>> v = int2str( 4711 )
v = 4711

>> whos v
  Name      Size      Bytes  Class
  v         1x4           8  char array
```

Umgekehrt kann man mit der Funktion *str2double* einen String, der eine Zahl darstellt, in eine Zahl wandeln (wobei führende Nullen entfallen):

```
>> x = str2double( '0815' )
x = 815

>> whos x
  Name      Size      Bytes  Class
  x         1x1           8  double array
```

Weitere String-Funktionen sind:

- *ischar*(s)   testet, ob s vom Typ String ist.
- *length*(s)   bestimmt die Anzahl der Zeichen im String s.
- *strcmp*(s1, s2)   vergleicht s1 und s2, gibt bei Gleichheit 1 zurück, sonst 0.
- *strncmp*(s1, s2, n) prüft nur die ersten n Zeichen auf Gleichheit.
- *sscanf*(...)   zerlegt einen String in Einzelteile – diese Funktion werden wir im Abschnitt 4.3 „Spiel: Projekt Labyrinth" verwenden.
- *str2num*(s)   Wandlung von String in Zahl, siehe „Einfache Eingabe"
- *num2str*(n)   Wandlung von Zahl in String

Für C-Kenner:

In der Sprache C gibt strcmp bei Gleichheit den Wert 0 zurück und bei Ungleichheit den Wert des „lexigrafischen" Unterschieds! Die Funktion length, die auf alle Arten von Arrays anwendbar ist, dient in MATLAB als Ersatz für die C-Funktion strlen.

Beispiele:

```
>> le = length( 'MATHEMATIK' )
le = 10

>> res = strcmp( 'MATLAB', 'MATHEMATIK' )
res = 0

>> res = strncmp( 'MATLAB', 'MATHEMATIK', 3 )
res = 1

>> res = sscanf( '13 11 2006', '%g %g %g' )
res =   13
        11
      2006

>> whos res
  Name        Size      Bytes  Class
  res         3x1          24  double array
```

2.10.3 String-Evaluation

Wenn Sie in MATLAB im Command-Window etwas eintippen, ist dies zuerst einmal ein Stück Text, der vom Programm MATLAB als Befehl interpretiert wird, also anhand seiner Bestandteile evaluiert wird. Zum Beispiel könnten Sie nacheinander die beiden folgenden Befehle absetzen, die eine Linie von (2,1) nach (5,3) plotten und dazu die Achsen-Längen des Koordinatensystems setzen:

```
>> plot( [2,5], [1,3] );
>> axis( [0,6,0,4] );
```

Das gleiche Resultat erzielen Sie, wenn Sie die beiden Befehle in einen String packen und diesen String anschließend von MATLAB mit Hilfe der Funktion *eval* ausführen lassen:

```
>> befehl = 'plot( [2,5], [1,3] );  axis( [0,6,0,4] );';
>> whos befehl
  Name        Size      Bytes  Class
  befehl      1x41         82  char array

>> eval( befehl );
```

Auf den ersten Blick scheint dies kein Vorteil zu sein gegenüber dem direkten Einbau der Befehle in einen M-File. Was machen Sie aber, wenn Sie beim Schreiben des Programms noch gar nicht wissen, welchen Befehl der Anwender ausführen möchte? In diesem Fall haben Sie in MATLAB die Möglichkeit, sich vom Benutzer den Befehlstext per Tastatur-Eingabe von input holen zu lassen und diesen Befehl dann mit Hilfe von eval auszuführen.

Listing 2.25 function userCmd

```
function userCmd()
    b = input( 'Ihr Befehl : ' );
    eval( b );
```

In der Ausführung erhält man damit beispielsweise folgendes Ergebnis:

```
>> userCmd
Ihr Befehl : 'plot( [0,3], [1,5] )'
```

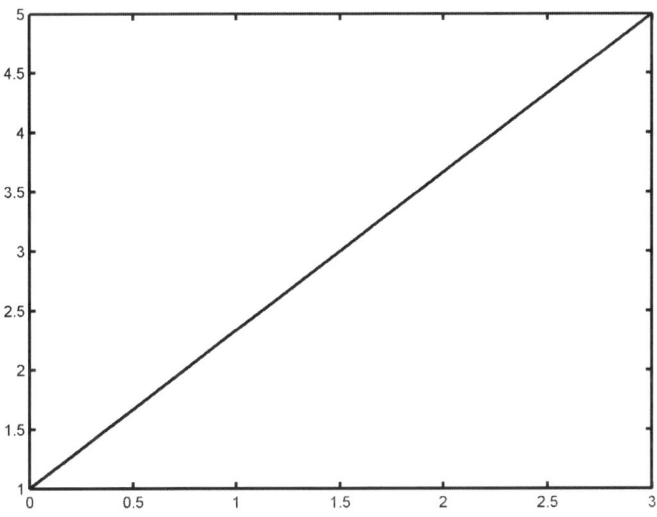

Abbildung 2.39 Kommando-Evaluation

2.10.4 Zusammenfassung

- Character-Arrays
- String-Funktionen: sprintf, int2str, num2str, str2double, length, strcmp, sscanf, ...
- String-Evaluation: eval

2.10.5 Aufgaben

Aufgabe 2.10.1:

Schreiben Sie die Abfragefunktion

```
function  erg = frage( txt )
```

die einen übergebenen Fragetext *txt* auf den Bildschirm schreibt und als Tastatur-Eingabe eine Antwort erwartet. Kommt als Antwort der String „Ja", dann gibt die Funktion den Wert 1 zurück. Für jede andere Antwort ist der Rückgabewert 0.

Aufgabe 2.10.2:

Schreiben Sie eine Funktion, die eine txt-Datei in eine HTML-Datei umwandelt. Die HTML-Datei hat den gleichen Namen wie die txt-Datei, nur die andere Extension „.html". Zum Beispiel wird aus myFile.txt die Datei myFile.html.

Am Anfang der neuen HTML-Datei steht zum Beispiel folgender Text:

```
<HTML>
<HEAD> <TITLE>Von txt zu html</TITLE> </HEAD>
<BODY>
```

Dann wird die txt-Datei eingelesen. Die Zeichen der einzelnen Zeilen werden analysiert und gegebenenfalls in das HTML-Format konvertiert. Die meisten Zeichen können unverändert in die HTML-Datei übernommen werden. Nur folgende Zeichen werden ersetzt:

```
\n    -> <br>
ä     -> &auml;
Ä     -> &Auml;
ö     -> &ouml;
Ö     -> &Ouml;
ü     -> &uuml;
Ü     -> &Uuml;
ß     -> &szlig;
```

Am Ende der HTML-Datei kommen als Abschluss noch die beiden Zeilen:

```
</BODY>
</HTML>
```

Erzeugen Sie eine Textdatei. Konvertieren Sie diese mit Ihrer Funktion nach HTML und überprüfen Sie das Ergebnis, die neu erzeugte HTML-Datei, in Ihrem Web-Browser.

3

GUI

3 GUI

3.1 Grafische Benutzeroberfläche

Bei den bisher vorgestellten MATLAB-Programmen war es so, dass der Programmablauf bereits vor dem Start des Programms ziemlich genau festgelegt wurde. Alles kommt schön der Reihe nach. Nur an fest definierten Stellen kann es eine Verzweigung geben oder man wiederholt einen Abschnitt in einer Schleife. Zu genau vorbestimmten Zeiten werden Sie aufgefordert, Daten über die Tastatur einzugeben. Und nur dann, wenn das Programm es für richtig erachtet, bekommen Sie die Ergebnisse auf dem Bildschirm angezeigt. Das heißt – der Ablauf ist vorhersehbar und folgt dem vom Programmierer vorgegebenen Muster, einem Plan, dem der Benutzer des Programms folgen muss. Bei Programmen mit grafischer Benutzeroberfläche (Graphical User Interface – GUI) scheint plötzlich alles anders zu sein. Jetzt hat der Benutzer das Kommando. Mit der Maus oder der Tastatur bestimmt er, wann die nächste Aktion startet und was das Programm dann machen soll.

 Das klingt auf den ersten Blick alles sehr demokratisch und selbstbestimmt – ist aber letzten Endes nur Propaganda: Auch bei GUI-Programmen haben die Programmierer im Voraus genau festgelegt, wann welche Aktion durchgeführt wird. Und zur Kontrolle der Benutzereingaben werden exakt dieselben Programmstrukturen verwendet wie bisher, also Verzweigungen und Schleifen.

3.1.1 Das große Warten – Callbacks

Sie kennen wahrscheinlich die folgende Situation: Man möchte etwas zusammen unternehmen und wartet darauf, dass der Partner zurückruft, damit es endlich losgehen kann. Dieses große Warten ist das eigentliche Geheimnis von GUI. Während die bisher vorgestellten Programme nach dem Start sofort mit Benutzerabfragen, Berechnungen etc. loslegten, erzeugen GUI-Programme nach dem Start normalerweise nur die Daten für ein Startfenster (Window) und melden dem Betriebssystem, dass ein neues Fenster auf dem Bildschirm bereitsteht. Dann wartet das GUI-Programm in einer while-Schleife, der so genannten *Message-Loop*, auf „Meldungen" (messages) vom Betriebssystem.

Meldungen vom Betriebssystem – wie hat man sich das vorzustellen? Das Betriebssystem ist der Teil, durch den alle Ein- und Ausgaben im Rechner verwaltet werden. Eingaben, das sind für uns primär Tastatur-Eingaben und Klicks mit der Maus oder Änderungen der Mausposition. Alle Eingaben und die Ausgaben auf dem Bildschirm beziehen sich in Fenster(Window)-basierten Betriebssystemen immer auf ein bestimmtes, aktives Fenster auf dem Desktop des Rechners. Das Programm, dem das zur Zeit aktive Fenster gehört, zum Beispiel das Startfenster einer GUI-Anwendung, wird im Message-Loop-Zustand vom Betriebssystem informiert, wenn eine Tastatur-Eingabe oder eine Maus-Aktion erfolgt ist bzw. wenn ein eigenes Fenster auf dem Desktop aktiviert oder deaktiviert wurde – dies sind die Meldungen, die das Betriebssystem an das wartende, angemeldete Programm verschickt.

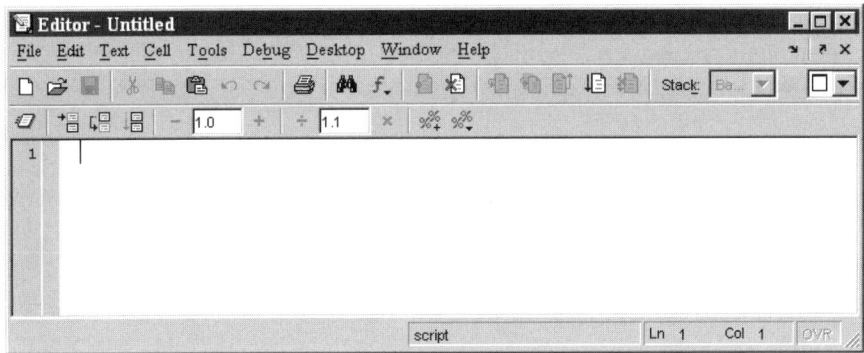

Abbildung 3.1 Startfenster des MATLAB-M-File-Editors

Trifft nun eine Meldung beim GUI-Programm ein, dann wird je nach Art der Meldung reagiert. Dieses Aufdröseln der Meldungen und das Zuordnen der Aktionen wird den GUI-Programmierern heutzutage glücklicherweise von mächtigen Bibliotheksfunktionen abgenommen – Funktionen, die zu verstehen auch geübten Programmierern oftmals schwerfällt. Auch MATLAB hat so ein mächtiges Tool (Interface-Builder), um GUI-Oberflächen zu erzeugen und zu verwalten: *GUIDE* (Graphical User Interface Design Environment).

Bevor wir aber zu den Einzelheiten von GUIDE kommen, noch ein Wort zu den Reaktionen auf die Meldungen vom Betriebssystem – Meldungen, dass beispielsweise ein bestimmter Knopf (Button), sagen wir der Speichern-Knopf, in unserem Fenster gedrückt wurde.

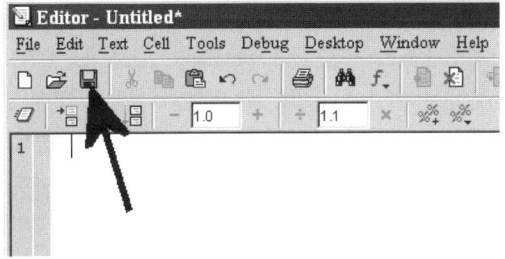

Abbildung 3.2 Bediener drückt den Speichern-Knopf

Wir als Programmierer definieren, welche Aktion als Antwort auf das Drücken dieses Knopfes zu erfolgen hat – genauer: Wir schreiben eine Funktion, die als Reaktion aufgerufen wird. Diese Art von Funktionen nennt man *Callbacks*, also Rückruf-Funktionen. Wie man die Callbacks den möglichen Aktionen zuordnet, werden wir am Beispiel von GUIDE besprechen.

3.1.2 Einführung in GUIDE

GUI ist ein weites Feld – deshalb stürmen wir am besten einfach drauflos und erzeugen unsere erste grafische Benutzeroberfläche. Starten Sie GUIDE, indem Sie im MATLAB-Command-Window folgendes Kommando eintippen:

```
>> guide
```

Es öffnet sich der Startdialog von GUIDE:

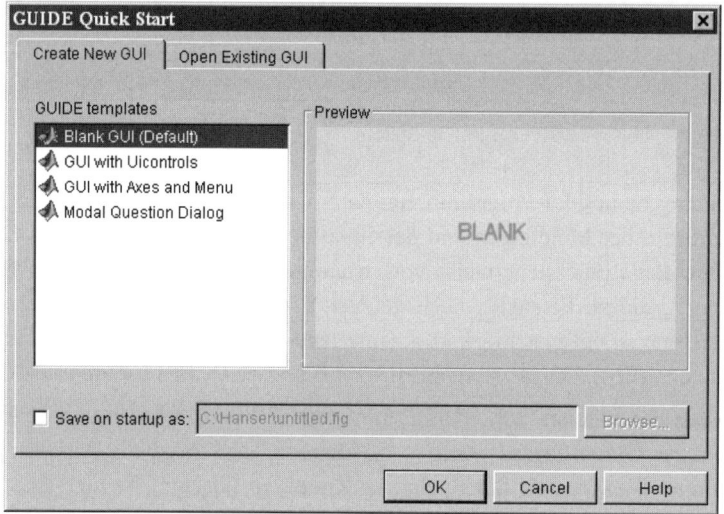

Abbildung 3.3 GUIDE-Startdialog

Als Ausgangsbasis erzeugen wir eine neue leere GUI, indem wir die Option „Create New GUI + Blank GUI" auswählen und mit OK bestätigen. Danach öffnet sich der GUIDE-*Layout-Editor*, mit dem wir das Aussehen und die Elemente der grafischen Benutzeroberfläche festlegen.

Zu Anfang werden wir nur ein einziges Element auf unserer GUI platzieren, einen *Push-Button* (Knopf), der beim Drücken eine Aktion auslösen soll. Klicken Sie dafür mit der Maus in der Iconleiste links auf das oberste Feld der linken Reihe (mit der Aufschrift „OK") und ziehen Sie das Element bei gedrückter linker Maustaste in den Layout-Bereich an eine beliebige Position auf dem Gitter.

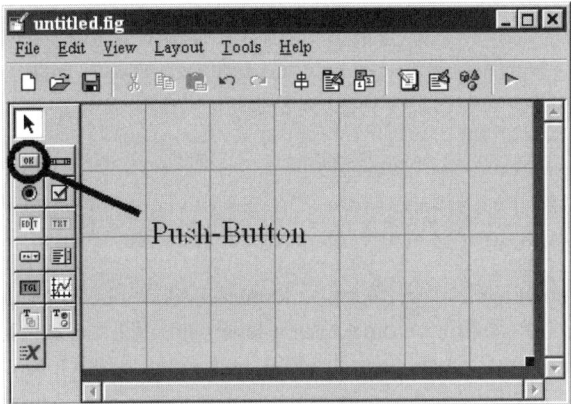

Abbildung 3.4 Layout-Editor mit GUI-Elementen

Speichern Sie Ihre GUI durch Drücken des Speicher-Icons, beispielsweise unter dem Namen gui1.fig.

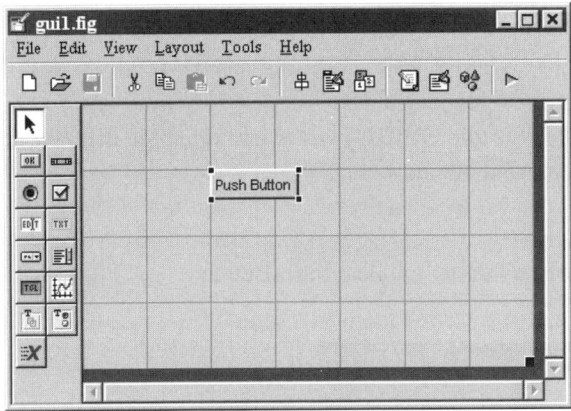

Abbildung 3.5 Push-Button im Layout

Durch das Speichern wird außer der *Layout-Datei* gui1.fig auch noch der zugehörige *M-File* gui1.m erzeugt, der die Ansteuerung und Programmierung unserer GUI enthält.

```
function varargout = gui1(varargin)
% GUI1 M-file for gui1.fig
%       GUI1, by itself, creates a new GUI1 or raises the existing
%       singleton*.
...
```

Im ersten Durchgang wollen wir gar nicht erst versuchen, die einzelnen Anweisungen in der Datei gui1.m zu verstehen, sondern scrollen direkt ans Ende dieser Datei. Dort steht bereits der Kopf der Funktion *pushbutton1_Callback*. Diese *Callback-Funktion* wird aufgerufen, wenn später einmal ein Anwender unseres Programms den neu erzeugten Push-Button drückt:

```
% --- Executes on button press in pushbutton1.
function pushbutton1_Callback(hObject, eventdata, handles)
% hObject     handle to pushbutton1 (see GCBO)
% eventdata   reserved - to be defined in a future version of MATLAB
% handles     structure with handles and user data (see GUIDATA)
```

Bisher ist diese Funktion jedoch noch leer – es erfolgt also keinerlei Aktion beim Drücken des Buttons. Wir werden hinter den Push-Button eine Aktion legen, nämlich das Zeichnen eines neuen Grafikfensters (figure) mit einem Geraden-Plot und einer Axis-Definition. Erweitern Sie dazu den Callback-Funktionskopf mit den unten angegebenen drei Zeilen:

```
% --- Executes on button press in pushbutton1.
function pushbutton1_Callback(hObject, eventdata, handles)
% hObject     handle to pushbutton1 (see GCBO)
% eventdata   reserved - to be defined in a future version of MATLAB
% handles     structure with handles and user data (see GUIDATA)
    figure;
    plot( [2,5], [1,3] );
    axis( [0,8,0,5] );
```

Speichern Sie den M-File, schließen Sie alle GUIDE-Fenster und rufen Sie dann Ihr erstes GUI-Programm im MATLAB-Command-Window auf:

```
>> gui1
```

Es erscheint das von Ihnen entworfene Fenster mit dem Push-Button:

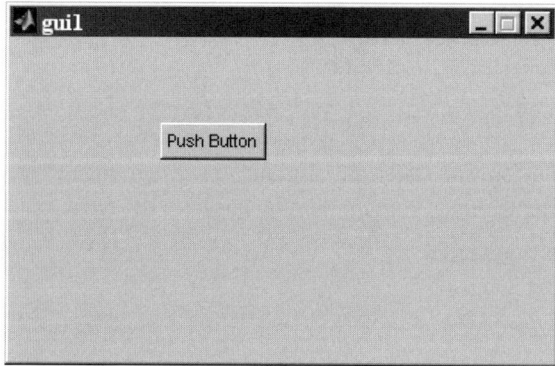

Abbildung 3.6 Aufruf von gui1

Wenn Sie auf den Push-Button klicken, wird die von uns erweiterte, zugehörige Callback-Funktion *pushbutton1_Callback* ausgelöst. Bei jedem Klick wird eine neue figure erzeugt und darin die Gerade gezeichnet:

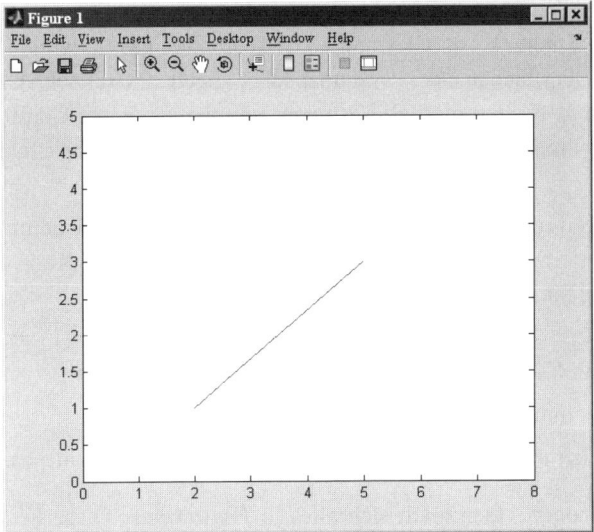

Abbildung 3.7 Callback-Aktion

3.1.3 Zusammenfassung

- Message Loop: Warten auf Meldungen vom Betriebssystem, aktives Fenster
- Callbacks: Funktionsaufrufe als Reaktion
- GUIDE: Layout-Editor
- Layout-Datei: gui1.fig, M-File: gui1.m
- Push-Button: pushbutton1_Callback

3.1.4 Aufgaben

Aufgabe 3.1.1:

Erstellen Sie ein Layout mit mehreren Push-Buttons und definieren Sie unterschiedliche Aktionen als Callbacks.

3.2 GUI-Elemente

3.2.1 Fenster und Maus

Nachdem Sie jetzt einen ersten Eindruck von GUI und GUIDE erhalten haben, wollen wir das Thema mit den grafischen Oberflächen etwas systematischer angehen. Grafische Oberflächen sind inzwischen Standard für ziemlich alle Programme, die auf einem Computer laufen, von Textverarbeitungs-Programmen über CAD-Systeme bis zu Überwachungs- und Steuerungssystemen.

Bisher verwendeten wir zur Kontrolle unserer MATLAB-Anwendungen das Command-Window (bei Programmen in der Sprache C entspricht dies den so genannten Konsolen-anwendungen, einer Umgebung für das Konsolenfenster cmd.exe, auch als Eingabefenster oder DOS-Shell bezeichnet).

Typische MATLAB-Aufrufe für das Command-Window sind:

- fprintf   um Text im Command-Window auszugeben und
- input   um Zeichen über das Command-Window von der Tastatur einzulesen.

In GUI-Programmen ist dies anders – hier spielt sich alles in *Fenstern* ab. Diese Fenster haben im Allgemeinen noch weitere Elemente wie *Rahmen, Menü, Titel* und *Bildlaufleisten*. Das Ansteuern dieser Elemente erfolgt in der Regel über die *Maus*.

Für Benutzer-*Eingaben* sind typischerweise spezielle Eingabefelder vorgesehen. Die *Ausgabe* kann beispielsweise über Meldungsfenster erfolgen oder direkt als Fenster-Inhalt. Diese Ausgabe ist das, was der Programmierer selbst erstellen und einbauen muss. Vieles von der normalen Fenster-Ansteuerung nimmt ihm zum Glück das System ab.

In *MATLAB* ermöglicht das Tool GUIDE ein relativ einfaches Erstellen von Fenster-Anwendungen, indem man die gewünschten Elemente per Drag-and-Drop im Layout-Editor platziert, wie wir das im letzten Abschnitt mit dem Push-Button getan haben (Drag-and-Drop = Elemente in das Layout ziehen und dort ablegen). Dieses Layout, also die Position der Elemente, deren Namen etc., wird von GUIDE in einem *FIG-File* gespeichert (wie beispielsweise in der Datei gui1.fig im letzten Abschnitt). Die Funktionen, die den Aufbau des Fensters initialisieren und kontrollieren und die bei den Fenster-Aktionen als Callback-Funktionen aufgerufen werden, stehen im zugehörigen *M-File* (zum Beispiel in gui1.m), dessen Gerüst von GUIDE ebenfalls automatisch erzeugt wird.

Der FIG-File hat ein binäres Format und kann nur durch GUIDE bearbeitet werden. Sie sollten einen FIG-File auch nicht im Windows-Explorer umbenennen. Verwenden Sie stattdessen den GUIDE-Menüpunkt „File + Save As". Zum Teil sind die FIG-Files der verschiedenen MATLAB-Versionen nicht kompatibel. Oft können Sie ein Layout aber in Ihre Version umwandeln, indem Sie den FIG-File in GUIDE öffnen und in Ihrer Version neu abspeichern.

3.2.2 GUIDE-M-File

Im Abschnitt 3.1.2 „Einführung in GUIDE" wurde automatisch der M-File gui1.m für ein Layout mit einem einzigen Element, dem Push-Button, erzeugt. gui1.m sieht wie folgt aus (wobei zur besseren Übersicht einige der Kommentarzeilen entfernt wurden):

Listing 3.1 GUIDE-M-File

```
function varargout = gui1(varargin)
% GUI1 M-file for gui1.fig
    % Begin initialization code - DO NOT EDIT
    gui_Singleton = 1;
    gui_State = struct('gui_Name',       mfilename, ...
                       'gui_Singleton',  gui_Singleton, ...
                       'gui_OpeningFcn', @gui1_OpeningFcn, ...
                       'gui_OutputFcn',  @gui1_OutputFcn, ...
                       'gui_LayoutFcn',  [] , ...
                       'gui_Callback',   []);
    if nargin && ischar(varargin{1})
      gui_State.gui_Callback = str2func(varargin{1});
    end
    if nargout
        [varargout{1:nargout}] = gui_mainfcn(gui_State, varargin{:});
    else
        gui_mainfcn(gui_State, varargin{:});
    end
    % End initialization code - DO NOT EDIT


% --- Executes just before gui1 is made visible.
function gui1_OpeningFcn(hObject, eventdata, handles, varargin)
% This function has no output args, see OutputFcn.
% hObject    handle to figure
% eventdata  reserved - to be defined in a future version of MATLAB
% handles    structure with handles and user data (see GUIDATA)
% varargin   command line arguments to gui1 (see VARARGIN)
    % Choose default command line output for gui1
    handles.output = hObject;

    % Update handles structure
    guidata(hObject, handles);

    % UIWAIT makes gui1 wait for user response (see UIRESUME)
    % uiwait(handles.figure1);
```

```
% --- Outputs from this function are returned to the command line.
function varargout = gui1_OutputFcn(hObject, eventdata, handles)
% varargout   cell array for returning output args (see VARARGOUT);
% hObject     handle to figure
% eventdata   reserved - to be defined in a future version of MATLAB
% handles     structure with handles and user data (see GUIDATA)
   % Get default command line output from handles structure
   varargout{1} = handles.output;


% --- Executes on button press in pushbutton1.
function pushbutton1_Callback(hObject, eventdata, handles)
% hObject     handle to pushbutton1 (see GCBO)
% eventdata   reserved - to be defined in a future version of MATLAB
% handles     structure with handles and user data (see GUIDATA)
   figure;
   plot( [2,5], [1,3] );
   axis( [0,8,0,5] );
```

Nur nicht erschrecken! Das meiste läuft automatisiert ab, was auch bedeutet, dass Sie an einigen Zeilen im Programm-Code am besten gar keine Änderungen vornehmen sollten.

Für dieses einfache Layout gibt es vier Funktionen:

- gui1   Startfunktion, mit der der Anwender das Fenster aufruft.
- gui1_OpeningFcn   automatisch aufgerufen direkt vor dem Fensteraufbau.
- gui1_OutputFcn   aufgerufen vor der Abfrage des Rückgabewertes.
- pushbutton1_Callback aufgerufen, wenn der Push-Button gedrückt wird.

Startfunktion gui1:

Vor der ersten Zeile Code steht „% Begin initialization code – DO NOT EDIT" und am Ende steht „% End initialization code – DO NOT EDIT". Daran sollten Sie sich auch halten. In dieser Funktion werden sowieso nur zwei Aktionen durchgeführt:

Der struct *gui_State* wird angelegt. In ihm merkt sich das Layout einige Daten – hauptsächlich, welche Funktionen vor dem Start des Fensters (OpeningFcn) und vor der Parameter-Rückgabe (OutputFcn) aufgerufen werden. Bei uns sind hier *gui1_OpeningFcn* und *gui1_OutputFcn* eingetragen. Optional kann beim Start von gui1 noch eine Callback-Funktion angegeben werden, die im Übergabe-Argument *varargin{1}* steht. Mit diesen Daten von *gui_State* und eventuell weiteren Argumenten wird anschließend die MATLAB-Hauptfunktion gui_mainfcn aufgerufen – in den zwei Varianten, einmal mit Rückgabewerten (*nargout* = Zahl der Rückgabewerte nicht null) und einmal ohne.

gui1_OpeningFcn:

In der Funktion gui1 ist gui1_OpeningFcn als die Funktion eingetragen, die Daten für den Aufbau des Hauptfensters bereitstellt. Die eingetragene OpeningFcn wird von gui_mainfcn automatisch aufgerufen und bekommt von dort folgende Parameter übergeben:

- *hObject*   Handle zur figure, die das Hauptfenster repräsentiert.
- *eventdata*   zur Zeit nicht verwendet.
- *handles*   struct mit Daten des Fensters und weiterer Daten des Anwenders.
- *varargin*   beim Aufruf von gui1 übergebene weitere Argumente (*varargs-Mechanismus* – siehe MATLAB-Hilfe).

Der struct *handles* ist explizit dafür gedacht, von Ihnen mit weiteren Daten gefüllt zu werden. Die Daten in *handles* werden mit der Funktion *guidata* zur figure gespeichert und können in den Callback-Funktionen der Fenster-Elemente weiterverwendet werden – wie, das sehen wir im nächsten Beispiel.

Auf die auskommentierte uiwait-Anweisung am Ende der OpeningFcn kommen wir später zurück:

```
% uiwait(handles.figure1);
```

gui1_OutputFcn:

Die Funktion gui1_OutputFcn dient primär dazu, die Daten festzulegen, die die Funktion gui1 zurückgeben soll. Im Abschnitt 3.2.5 GUI-Rückgabewert werden wir uns näher damit befassen, wann diese Funktion aufgerufen wird. gui1_OutputFcn verwendet zur *Rückgabe* die Variable *varargout*, in der unterschiedliche Daten abgelegt werden können. Standardmäßig ist dort die Komponente *output* des handles-structs eingetragen, in der die Funktion gui1_OpeningFcn die Variable *hObject*, das Handle zur figure, gespeichert hatte:

```
varargout{1} = handles.output;
```

Wir können dieses Handle zur figure auslesen, wenn wir unsere Startfunktion *gui1* mit Rückgabewert aufrufen, also zum Beispiel eine Variable *h* zur Abfrage verwenden:

```
>> h = gui1;
>> h
h = 152.0013
```

Der Rückgabewert kann aber auch anders belegt werden, indem man in der OutputFcn der Variablen *varargout*{1} einen speziellen Wert zuweist, zum Beispiel folgenden Text:

```
varargout{1} = 'Hello GUI';
```

Beim Aufruf von gui1 wird dann anstelle der Handle-Nummer der Text „Hello GUI" zurückgegeben:

```
>> h = gui1;
>> h
h = Hello GUI
```

Der Rückgabewert wird in unserem Beispiel sofort nach dem Aufruf von gui1 gesetzt, also bereits vor dem Beenden des Dialogs. Wie man dies über den Aufruf von *uiwait* in der OpeningFcn ändert – darauf kommen wir im Abschnitt 3.2.5 „GUI-Rückgabewert" zurück.

pushbutton1_Callback:

Diese Callback-Funktion wird aufgerufen, wenn der von uns im Layout erstellte Push-Button gedrückt wird. Ähnlich wie die OpeningFcn bekommt auch diese Funktion die folgenden Parameter übergeben:

- *hObject*   Handle der Komponente, hier des Push-Buttons.
- *eventdata*   zur Zeit nicht verwendet.
- *handles*   struct mit Daten des Fensters und weiterer Daten des Anwenders.

Wir hatten diese Callback-Funktion im Abschnitt 3.2.1 dahingehend erweitert, dass nach dem Drücken des Push-Buttons eine neue figure mit einer Geraden erzeugt wurde.

Jede Callback-Funktion kann die Daten im struct *handles* verwenden. Nach einem Ändern der Daten in *handles* muss jedoch die Funktion *guidata* aufgerufen werden, um die geänderten Daten von *handles* am Objekt *hObject* zu speichern:

```
guidata( hObject, handles );
```

3.2.3 Text-Ausgabefeld

In diesem Abschnitt erzeugen wir unser zweites GUI-Layout, das diesmal zwei Textfelder enthalten soll – ein Text-Ausgabefeld („Static Text") und ein Text-Eingabefeld („Edit Text"). Starten Sie dazu wieder GUIDE und erzeugen Sie ein leeres Layout.

Platzieren Sie per Drag-and-Drop als Erstes einen *„Static Text"* und speichern Sie dann die neue GUI unter dem Namen gui2.

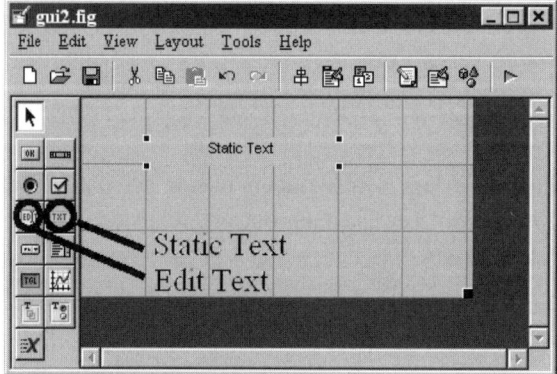

Abbildung 3.8 Static-Text-Element

Wenn Sie sich jetzt den M-File gui2.m ansehen, werden Sie keinerlei neue Einträge entdecken. Speziell gibt es zum Text-Ausgabefeld auch keine Callback-Funktion. Ausgabefelder reagieren nicht auf Maus-Klicks – deshalb gibt es dafür auch keine Reaktion, keine Callback-Funktion.

Durch den Aufruf

```
>> gui2
```

erscheint Ihr GUI-Fenster, in dem immer der gleiche Text „Static Text" steht.

Abbildung 3.9 GUI-Fenster mit Static-Text-Element

Um diesen Text zu ändern, gibt es zwei Möglichkeiten:

- Sie können im Layout einen beliebigen Text fest eintragen.
- Alternativ füllen Sie das Textfeld jedes Mal zur Laufzeit mit einem gewünschten Text.

Um den Text im *Layout* zu ändern, müssen Sie den „*Property Inspector*" aufrufen.

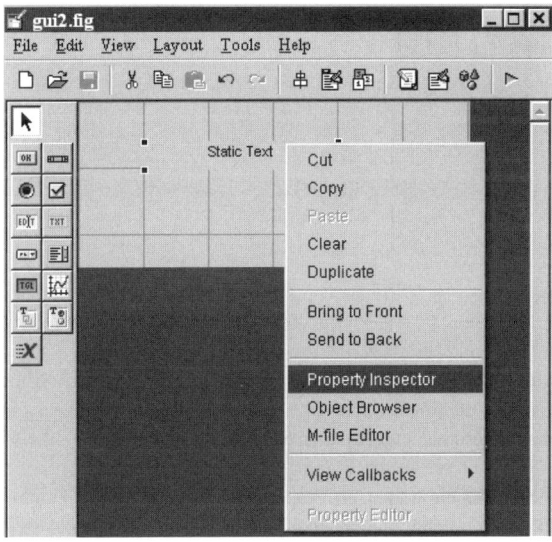

Abbildung 3.10 Property-Inspector-Aufruf im Kontext-Menü

Setzen Sie hierfür im GUIDE-Layout-Editor die Maus auf den von Ihnen neu erzeugten Static Text und drücken Sie die rechte Maustaste. Es erscheint ein Kontext-Menü, in dem Sie mit der linken Maustaste den Eintrag „Property Inspector" auswählen.

Durch diesen Aufruf öffnet sich ein relativ langer Dialog, mit dem man die Eigenschaften dieses Static-Text-Feldes ändern kann:

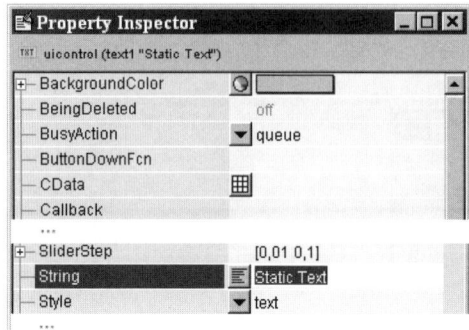

Abbildung 3.11 Property Inspector

Aus der Überschrift 'uicontrol (text1 "Static Text")' erfahren wir, dass der Name unseres Textfeldes „text1" ist. Von den weiteren Eigenschaften interessiert uns jetzt nur der Eintrag zur Eigenschaft „*String*". Im Feld rechts daneben steht „Static Text". Wählen Sie mit der Maus dieses Feld und ändern Sie den Text, zum Beispiel in „Hello Text-GUI". Speichern Sie das geänderte Layout ab und rufen Sie gui2 auf. Anstelle von „Static Text" erscheint im Fenster nun der Text, den Sie im Layout angegeben haben:

Abbildung 3.12 Geänderter Ausgabetext

 Möglicherweise hat Ihr Textfeld nicht den Namen (genauer den „Tag") „text1" bekommen, sondern den Tag „text2". GUIDE nummeriert die GUI-Elemente mit 1 anfangend durch. Wenn Sie im Layout-Editor etwas herumspielen, können Sie weitere Static-Text-Felder erzeugen und auch wieder löschen. Ein weiteres Feld bekommt die nächsthöhere Nummer und heißt dann beispielsweise „text2". Sie können jedoch im Property Inspector über die Eigenschaft „Tag" Ihrem Static-Text-Feld nachträglich einen anderen Namen geben, solange der im aktuellen Layout nicht bereits vergeben ist.

Kommen wir zur *zweiten Möglichkeit*, den Text zu ändern. Zur *Laufzeit* der GUI-Funktion kann man einen beliebigen Text in das Textfeld eintragen, indem man beispielsweise in der *OpeningFcn* das Textfeld (mit dem Namen „text1") anspricht und den Eintrag zur Eigenschaft „String" belegt, in unserem Beispiel mit dem Text „Hello OpeningFnc":

Listing 3.2 OpeningFnc mit Textbelegung

```
% --- Executes just before gui2 is made visible.
function gui2_OpeningFcn(hObject, eventdata, handles, varargin)
% hObject    handle to figure
% handles    structure with handles and user data (see GUIDATA)
    % Choose default command line output for gui2
    handles.output = hObject;

    % NEU: im Textfeld 'text1' die Eigenschaft 'String' setzen
    set( handles.text1, 'String', 'Hello OpeningFnc' );

    % Update handles structure
    guidata( hObject, handles );
```

Erweitern Sie die OpeningFcn des M-Files gui2.m, wie oben angezeigt, durch die Zeile:

```
set( handles.text1, 'String', 'Hello OpeningFnc' );
```

Die MATLAB-Funktion *set* wirkt auf die Komponente *text1* im struct *handles*, der die Daten des Fensters und weitere Daten des Anwenders verwaltet. Bei der Komponente *text1* ändern wir die Eigenschaft 'String', indem wir ihr den neuen Text „Hello OpeningFnc" zuweisen – ähnlich wie wir es im ersten Teil im Property Inspector des Layouts gemacht haben. Der Unterschied ist aber, dass wir den Text jetzt im laufenden Programm ändern können, zum Beispiel auch über eine Callback-Funktion des Fensters, wie wir im nächsten Abschnitt sehen werden.

Abbildung 3.13 Textbelegung in der OpeningFnc

Speichern Sie das geänderte Layout ab und rufen Sie gui2 auf. Im Fenster erscheint nun der Text, den Sie durch die set-Funktion definiert haben.

3.2.4 Text-Eingabefeld

Starten Sie GUIDE und wählen Sie „Open Existing GUI", um gui2.fig erneut zu öffnen. Fügen Sie dann unterhalb des Static-Text-Feldes ein Feld vom Typ „*Edit Text*" ein:

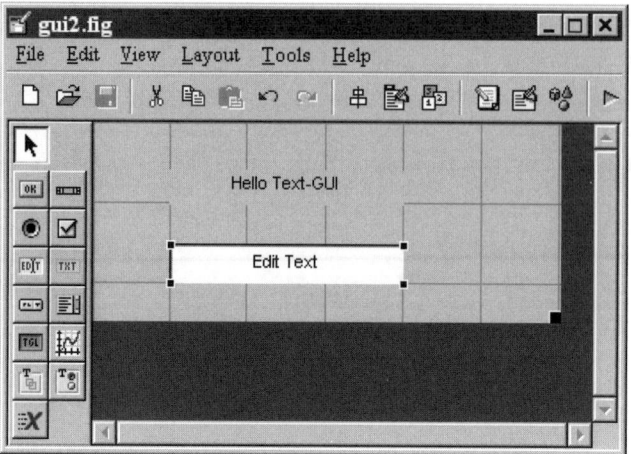

Abbildung 3.14 Layout mit zusätzlichem Edit-Text-Feld

Der Property Inspector sagt Ihnen, dass das neue Feld den Namen „edit1" besitzt. Speichern Sie das geänderte Layout und öffnen Sie den zugehörigen M-File gui2.m. Dort sind jetzt von GUIDE zwei neue Funktionen zum Edit-Text-Feld edit1 eingetragen:

- die Callback-Funktion des Feldes:

```
function edit1_Callback(hObject, eventdata, handles)
...
```

- die CreateFnc, die beim Erzeugen des Feldes aufgerufen wird:

```
% --- Executes during object creation, after setting all properties.
function edit1_CreateFcn(hObject, eventdata, handles)
...
```

Die CreateFnc, die beim Start des Fensters vor dem Erzeugen des Edit-Text-Feldes aufgerufen wird, lassen wir unverändert. Uns interessiert hier ausschließlich die Callback-Funktion *edit1_Callback*, die immer dann aufgerufen wird, wenn die Maus zur Laufzeit des Programms im Edit-Text-Feld steht und der Anwender die *Return-Taste* (Eingabe-Taste) drückt – aber nicht bereits bei der Eingabe von Textzeichen in das Edit-Text-Feld.

Edit-Text-Felder dienen dazu, einen beliebigen Text einzulesen. Mit folgendem Aufruf kann man den Text, der vor dem Drücken der Return-Taste in diesem Feld stand, in der Variablen *txt* speichern:

```
txt = get( handles.edit1, 'String' );
```

Die MATLAB-Funktion *get* wirkt auf die Komponente *edit1* im struct *handles* und liest den Wert der Eigenschaft 'String' aus – ähnlich wie die Funktion set im letzten Abschnitt die Eigenschaft 'String' mit einem neuen Text besetzt hat.

Man kann in diesem Fall den get-Aufruf noch einfacher gestalten. Wir befinden uns ja in edit1_Callback, der Callback-Funktion des edit1-Feldes. Der Übergabeparameter *hObject* dieser Funktion verweist damit bereits auf das Feld *handles.edit1*. Anstelle des obigen get-Aufrufs kann deshalb auch folgende einfachere Zeile verwendet werden:

```
txt = get( hObject, 'String' );
```

Damit haben wir uns den eingegebenen Text in der Variablen *txt* gemerkt und können ihn für beliebige Zwecke weiterverwenden. Zum Beispiel können wir diesen Text in das darüber stehende Static-Text-Feld schreiben, indem wir wie im vorherigen Abschnitt die set-Funktion für dieses Feld aufrufen und dort den Text *txt* in 'String' eintragen:

```
set( handles.text1, 'String', txt );
```

Damit sieht die Callback-Funktion des Edit-Text-Feldes wie folgt aus:

Listing 3.3 Edit-Text-Callback

```
function edit1_Callback(hObject, eventdata, handles)
% hObject handle to edit1 (see GCBO)
% handles structure with handles and user data (see GUIDATA)
    txt = get( hObject, 'String' );
    set( handles.text1, 'String', txt );
```

Speichern Sie den geänderten M-File ab und rufen Sie gui2 auf. Wenn Sie im Edit-Text-Feld einen Text eintippen und ihn mit der Return-Taste bestätigen, wird dieser Text auch in das Static-Text-Feld kopiert:

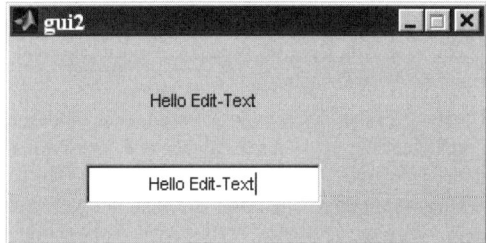

Abbildung 3.15 Callback-Aufruf zum Edit-Text-Feld

3.2.5 GUI-Rückgabewert

Im vorherigen Abschnitt hatten wir die Möglichkeit geschaffen, dass der Benutzer einen Text in ein Edit-Text-Feld eingibt und wir im Programm diesen Wert auslesen. Jetzt soll die Funktion gui2 dahingehend erweitert werden, dass dieser Text von gui2 als *Funktionswert* zurückgegeben wird. Wie das prinzipiell gehen kann, haben wir bereits bei der GUI-Funktion gui1 gesehen, die einen festen Text zurückgibt, der in der OutputFcn der Variablen *varargout{1}* zugewiesen wurde:

```
varargout{1} = 'Hello GUI';
```

Beim Aufruf von gui1 wird der Text „Hello GUI" als Funktionswert zurückgegeben:

```
>> h = gui1
h = Hello GUI
```

Der Rückgabewert wird in diesem Beispiel aber sofort nach dem Aufruf von gui1 gesetzt, bevor der Anwender irgendeine Chance hat, einen eigenen Text zur Rückgabe einzugeben.

Bei der Erweiterung stehen wir deshalb vor zwei Aufgaben:

* Die *Ausgabe* muss so lange *zurückgehalten* werden, bis der Dialog zu Ende ist.
* Der *Text* aus dem Edit-Text-Feld muss an die OutputFcn *übergeben* werden.

Für die erste Aufgabe, das Zurückhalten der Ausgabe, aktiviert man in der *OpeningFcn* den Aufruf von *uiwait*. Dadurch wartet das Hauptprogramm mit der Ausgabe von gui2, bis das GUI-Fenster geschlossen wurde bzw. bis ein Aufruf von *uiresume* erfolgt.

Entfernen Sie also das Kommentarzeichen vor uiwait in der Funktion gui2_OpeningFcn:

```
% UIWAIT makes gui2 wait for user response (see UIRESUME)
uiwait( handles.figure1 );
```

Zum Einbau des Aufrufs von *uiresume* kommen wir später.

Dialoge, die in dieser Art und Weise auf eine Antwort warten, nennt man „*modale Dialoge*". Hierzu gehören typischerweise Abfragedialoge, zum Beispiel mit den Optionen „Ja /Nein", die erst dann fortfahren, wenn der Benutzer eine Auswahl getroffen hat.

„*Nichtmodale Dialoge*" (Modeless Dialogs) werden dagegen so gestartet, dass sie das aufrufende Programm in seinem Ablauf nicht blockieren. Dadurch können mehrere Programme nacheinander gestartet werden und nebeneinander laufen, beispielsweise das MATLAB-Programm neben einem Textverarbeitungs-Programm, ohne dass das eine auf eine Antwort des anderen Programms warten muss.

uiwait *blockiert* aber noch nicht die Oberfläche des aufrufenden Programms. Dies erreicht man durch den zusätzlichen Einbau der folgenden Zeile vor dem uiwait-Aufruf:

```
set( hObject, 'WindowStyle', 'modal' );
```

Für die zweite Aufgabe, die Übergabe des Textes, bieten sich zwei Methoden an:

- Man erweitert den struct *handles* zum Merken des Textes.
- Man liest den Wert im Edit-Text-Feld *edit1* in der OutputFcn direkt aus.

Für die erste Methode gehen Sie in die Callback-Funktion *edit1_Callback* und weisen den vorher mit der get-Funktion ermittelten Text *txt* der neu angelegten handles-Komponente *my_txt* zu. Danach müssen Sie den gesamten struct *handles* noch am GUI-Objekt mit der Funktion guidata abspeichern:

```
handles.my_txt = txt;
guidata( hObject, handles );
```

In der *OutputFcn* haben wir Zugriff auf die handles-Daten und können so den gemerkten Text der Variablen varargout{1} zuweisen:

```
varargout{1} = handles.my_txt;
```

Alternativ dazu kann man als zweite Methode in der *OutputFcn* den Inhalt des Edit-Text-Feldes *edit1* auch direkt auslesen und der Rückgabevariablen *varargout*{1} übergeben, ohne den struct *handles* zu erweitern:

```
varargout{1} = get( handles.edit1, 'String' );
```

Jetzt kommen wir zum letzten Problem: Wo bauen wir den Aufruf von *uiresume* ein? Leider kann man uiresume *nicht* in die OutputFcn einbauen – dort kommt die Funktion zu spät, da das GUI-Fenster beim Aufruf der OutputFcn bereits geschlossen wird. uiresume muss in eine vorher aufgerufene Callback-Funktion des GUI-Fensters eingebaut werden. Versuchsweise setzen wir diesen Aufruf an das Ende von *edit1_Callback*:

```
uiresume( handles.figure1 );
```

Wenn wir gui2 starten, einen Text in das Edit-Text-Feld eingeben und mit Enter bestätigen, wird dieser Text auch wirklich zurückgegeben:

Abbildung 3.16 uiresume in der Edit-Text-Callback-Funktion

Die Blockade des Hauptprogramms gui2 wurde durch das Drücken der Eingabe-Taste aufgehoben, und nach uiresume erfolgte sofort der Aufruf der OutputFnc. Aber das GUI-Fenster ist weiterhin offen. Wenn wir jetzt einen anderen Text in das Edit-Text-Feld eintragen, wird dieser neue Text nicht als aktueller Rückgabewert verwendet:

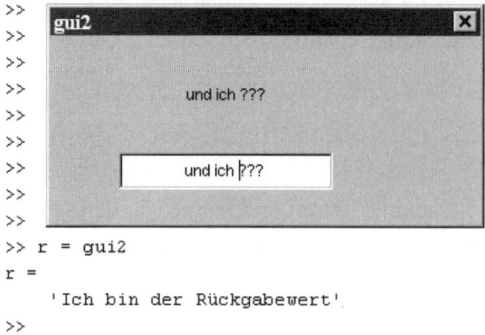

Abbildung 3.17 Keine Aktualisierung des Rückgabewerts

Um dieses Problem zu beheben, müssen wir uns eine andere Callback-Funktion suchen – am besten eine, die beim Beenden des GUI-Fensters aufgerufen wird.

Starten Sie dazu GUIDE und öffnen Sie gui2.fig. Wählen Sie im Menü „*View*" das Untermenü „*View Callbacks*" und klicken Sie dort auf den Eintrag „*CloseRequestFnc*".

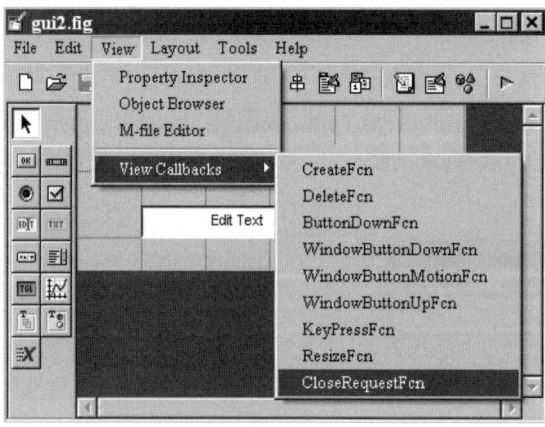

Abbildung 3.18 View Callbacks

Der zugehörige M-File gui2.m öffnet sich und *figure1_CloseRequestFcn* ist dort als neue Callback-Funktion eingetragen:

```
% --- Executes when user attempts to close figure1.
function figure1_CloseRequestFcn(hObject, eventdata, handles)
```

Die Callback-Funktion *CloseRequestFnc* wird aufgerufen, wenn der Benutzer das GUI-Programm beenden möchte. Hier ist der richtige Zeitpunkt, um *uiresume* einzubauen:

```
uiresume(handles.figure1);
```

Beim automatischen Erzeugen der Callback-Funktion CloseRequestFnc wurde bereits der Funktions-Code eingebaut, um das GUI-Programm zu *beenden* (*delete*: Löschen der GUI-figure, also das Schließen des Fensters):

```
delete(hObject);
```

Das wollen wir an dieser Stelle aber *noch nicht* tun, denn wir brauchen ja noch die Daten des GUI-handles für die Variable *varargout*{1} in der OutputFcn. Wir *verschieben* deshalb den delete-Aufruf von der CloseRequestFnc zur *OutputFcn*.

Der vollständige M-File *gui2.m* sieht damit wie folgt aus. Beachten Sie besonders die Änderungen in den Funktionen gui2_OutputFcn und figure1_CloseRequestFnc:

Listing 3.4 Vollständiges Beispiel gui2.m

```
function varargout = gui2(varargin)
    % Begin initialization code - DO NOT EDIT
    gui_Singleton = 1;
    gui_State = struct('gui_Name',        mfilename, ...
                       'gui_Singleton',  gui_Singleton, ...
                       'gui_OpeningFcn', @gui2_OpeningFcn, ...
                       'gui_OutputFcn',  @gui2_OutputFcn, ...
                       'gui_LayoutFcn',  [] , ...
                       'gui_Callback',   []);
    if nargin && ischar(varargin{1})
        gui_State.gui_Callback = str2func(varargin{1});
    end
    if nargout
        [varargout{1:nargout}] = gui_mainfcn(gui_State, varargin{:});
    else
        gui_mainfcn(gui_State, varargin{:});
    end
    % End initialization code - DO NOT EDIT


function gui2_OpeningFcn(hObject, eventdata, handles, varargin)
    % neue Komponente handles.my_txt zur Sicherheit vorbelegt
    handles.my_txt = 'noch nix da';


    % handles structure aktualisieren
    guidata( hObject, handles );
```

```matlab
% modal: blockiert alle anderen Fenster
set( hObject, 'WindowStyle', 'modal' );
% Startet das Warten, bis uiresume aufgerufen wird
uiwait( handles.figure1 );

% --- Outputs from this function are returned to the command line.
function varargout = gui2_OutputFcn(hObject, eventdata, handles)
    % kurz vorher wurde die CloseRequestFnc aufgerufen,
    % Text aus handles wird an varargout zur Rückgabe übergeben
    varargout{1} = handles.my_txt;
    % jetzt erst wird die figure gelöscht und das Programm beendet
    % dadurch wird auch die Blockade der anderen Fenster aufgehoben
    delete( handles.figure1 );

function edit1_Callback(hObject, eventdata, handles)
    % den eingegebenen Text aus dem Edit-Text-Feld holen
    txt = get( hObject,'String' );
    % diesen Text in das Static-Text-Feld schreiben
    set( handles.text1, 'String', txt );
    % den Text zusätzlich im struct handles merken
    handles.my_txt = txt;
    % handles structure am GUI-Objekt aktualisieren
    guidata( hObject, handles );

function edit1_CreateFcn(hObject, eventdata, handles)
    if ispc && isequal( get(hObject,'BackgroundColor'),
                        get(0,'defaultUicontrolBackgroundColor'))
        set(hObject,'BackgroundColor','white');
    end

% --- Executes when user attempts to close figure1.
function figure1_CloseRequestFcn(hObject, eventdata, handles)
    % beim Schließen das Warten beenden, aber noch kein delete!
    % nach uiresume wird automatisch gui2_OutputFcn aufgerufen,
    % in der erst zum Schluss delete ausgeführt wird
    uiresume( handles.figure1 );
    % WURDE ENTFERNT! delete( hObject ); WURDE ENTFERNT!
```

 Die meisten GUI-Dialoge enthalten einen speziellen Button zum Schließen des Fensters. In diesem Fall bietet es sich an, den uiresume-Aufruf in der zu diesem Button gehörenden Callback-Funktion unterzubringen. Nach uiresume erfolgt automatisch der Aufruf der OutputFnc, in der man *varargout{1}* setzt, bevor man mittels delete das Fenster schließt.

3.2.6 GUI-Grafikobjekt

In unserem nächsten GUI-Projekt wollen wir uns mit dem Einbau von Grafikobjekten in die GUI-Oberfläche beschäftigen. Rufen Sie dazu wieder GUIDE auf und erzeugen Sie eine neue, leere GUI, die Sie unter dem Namen *gui3.fig* abspeichern. Im Layout-Editor wählen Sie diesmal das Grafikobjekt *Axes* und platzieren es im Layout.

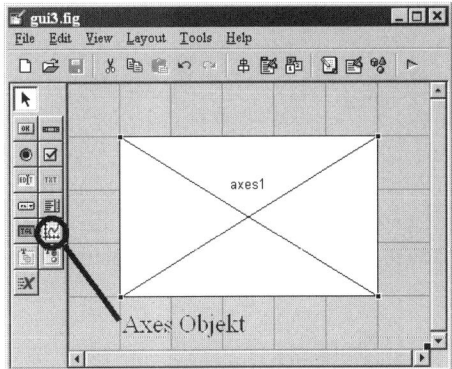

Abbildung 3.19 Layout mit Axes-Objekt

Wenn wir gui3 aufrufen, erscheint ein GUI-Fenster mit einem leeren Grafikfeld. In diesem Feld wollen wir eine *3D-Grafik* anzeigen. Dazu muss irgendwo ein *surf*-Aufruf eingebaut werden – und zwar am besten in der *OpeningFcn*, damit die Zeichnung gleich beim Start des GUI-Fensters geladen wird. Als Fläche wählen wir die bereits mehrfach verwendete Funktion „$\sin(R) / R$":

Listing 3.5 GUI mit 3D-Grafik

```
function gui3_OpeningFcn(hObject, eventdata, handles, varargin)
    % Grafik in aktuelle Axes zeichnen
    [X,Y] = meshgrid(-8:.5:8);
    R = sqrt(X.^2 + Y.^2) + eps;
    handles.Z = sin(R)./R;
    surf(handles.Z)

    % Choose default command line output for gui3
    handles.output = hObject;
    % Update handles structure
    guidata(hObject, handles);
```

Das *Z*-Feld mit den Höhenangaben für die Fläche wurde im struct *handles* gespeichert – wozu das gut ist, werden wir gleich sehen. Wenn wir gui3 aufrufen, erscheint in unserem Fenster die 3D-Darstellung der Funktion „$\sin(R) / R$" über dem *X-Y*-Gitter:

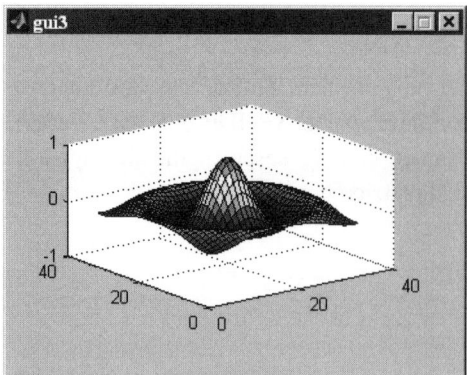

Abbildung 3.20 GUI-Fenster mit 3D-Grafik

Die *Achsenbeschriftung* können Sie auch hier dadurch ausblenden, indem Sie der Axes-Eigenschaft 'XTick', etc. die leere Menge [ ] zuweisen, z.B. in der OpeningFcn durch

```
set( handles.axes1, 'XTick', [] );
```

3.2.7 Pop-up-Menü

Als Nächstes erweitern wir unser Layout um ein neues GUI-Objekt – ein Pop-up-Menü, das wir unterhalb der Axes platzieren:

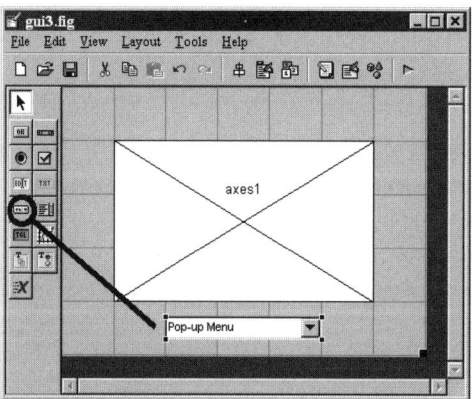

Abbildung 3.21 Layout mit Pop-up-Menü

Welche Einträge im Pop-up-Menü erscheinen, wird im Property Inspector für dieses Menü eingetragen. Klicken Sie dazu auf das Feld rechts neben dem Eintrag *String*. Es öffnet sich ein Fenster, in das Sie für unser Beispiel untereinander die beiden Texte „surf" und „mesh" eintragen:

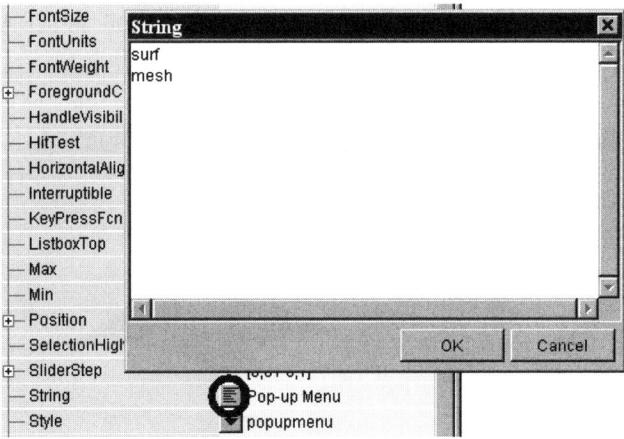

Abbildung 3.22 Pop-up-Menü-Einträge

In der Callback-Funktion zum Pop-up-Menü *popupmenu1_Callback* legen wir fest, welche Aktion erfolgen soll, wenn der Anwender im Menü „surf" oder „mesh" auswählt:

Listing 3.6 Pop-up-Menü-Callback

```
% --- Executes on selection change in popupmenu1.
function popupmenu1_Callback(hObject, eventdata, handles)

    % Nummer des ausgewählten Menü-Eintrags
    val = get( hObject, 'Value' );
    % Liste der Texte im Pop-up-Menü (Cell-Array)
    str = get( hObject, 'String' );

    % Text zur Nummer des ausgewählten Menü-Eintrags
    switch( str{val} )
        % Eintrag surf wurde ausgewählt -> Darstellung surf
        case 'surf'
            surf(handles.Z);
        % Eintrag mesh wurde ausgewählt -> Darstellung mesh
        case 'mesh'
            mesh(handles.Z);
    end

    guidata(hObject,handles)
```

Nach dem Start von gui3 können wir jetzt im Pop-up-Menü zwischen den Darstellungen „surf" und „mesh" umschalten. Nach jeder Anwahl wird die Callback-Funktion popupmenu1_Callback gestartet, die mit einem surf- oder mesh-Aufruf die 3D-Grafik in der Axes neu zeichnet.

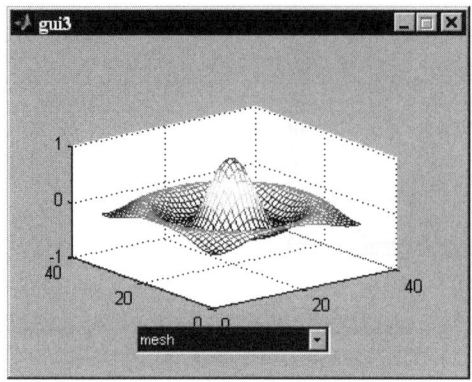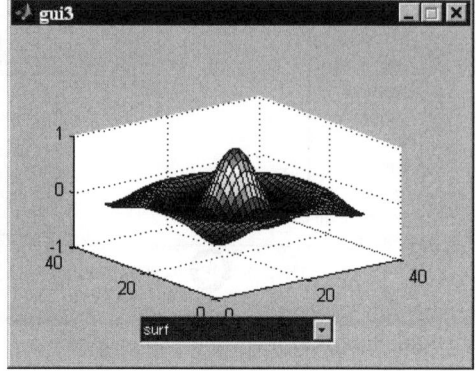

Abbildung 3.23 Umschalten über Pop-up-Menü

Die Daten zum Zeichnen der Fläche entnehmen wir dem Z-Feld mit den Höhenangaben *handles.Z*, das wir in der OpeningFcn im struct *handles* gespeichert hatten.

Weitere GUI-Elemente:

- *Toggle Button*   Ein- und Ausschalt-Knopf
- *Check Box*   Ankreuz-Option
- *Radio Buttons*   gegenseitig ausschließende Auswahl-Knöpfe
- *Listbox*   Liste mit selektierbaren Zeilen
- *Slider*   Schieberegler zur Anzeige und Definition von Daten innerhalb eines Intervalls
- *Table*   Tabelle
- *Panel*   zum Gruppieren von GUI-Elementen mit Titel, Rand etc.
- *Button Group*   zum Gruppieren von Buttons mit gegenseitigem Ausschluss
- *ActiveX Control*   COM-Objekt, siehe Abschnitt 4.8 Prozess-Kommunikation

 Wenn Sie Pop-up-Menüs oder auch Listboxen über den M-File mit Daten belegen wollen, müssen Sie diese als *Cell-Array* übergeben, also zum Beispiel das Cell-Array *cell_vars* mit den Text-Einträgen 'Zeile 1' etc. für eine Listbox:

```
cell_vars = { 'Zeile 1', 'Zeile 2', 'Zeile 3' };
set( handles.listbox1, 'String', cell_vars );
```

Weitere Beispiele und Informationen zu *Problemen* mit dem Pop-up-Menü finden Sie im Internet unter: www.Stein-Ulrich.de/Matlab/.

3.2.8 Zusammenfassung

- Fenster: Rahmen, Menü, Titel, ...
- Maus-Steuerung
- GUIDE-M-File: OpeningFcn, OutputFcn, Callback
- *handles*: struct für GUI- und User-Daten, guidata
- Callback-Parameter: *hObject*, *handles*
- Text-Ausgabefeld: „Static Text"
- Property Inspector: GUI-Element-Eigenschaften
- OpeningFcn: Eigenschaften zur Laufzeit setzen
- Text-Eingabefeld: „Edit Text", Callback-Funktion
- Eigenschaften setzen und auslesen: set, get
- GUI-Rückgabewert: OutputFcn, *varargout*{1}
- Ausgabe zurückhalten: uiwait, WindowStyle modal
- Fenster freigeben: CloseRequestFnc, uiresume
- Fenster schließen: delete
- GUI-Grafikobjekt: Axes, Achsenbeschriftung
- Pop-up-Menü: Auswahl-Liste als Eigenschaft „String"
- Weitere Elemente: Toggle Button, Check Box, Radio Button, List Box, ...

3.2.9 Aufgaben

Aufgabe 3.2.1:

Erstellen Sie Layouts mit unterschiedlichen Elementen. Untersuchen Sie im Property Inspector die Eigenschaften der erzeugten Elemente. Ändern Sie dort die Eigenschaften und betrachten Sie das Resultat beim Aufruf des GUI-Fensters. Versuchen Sie, genau diese Eigenschaften auch in der OpeningFcn des M-Files über die set-Funktion zu definieren.

Aufgabe 3.2.2:

Erstellen Sie ein Layout mit mehreren Push-Buttons, denen jeweils ein anderer Rückgabewert zugeordnet ist. Durch das Drücken eines Push-Buttons wird der zugeordnete Wert als Rückgabewert gesetzt und das GUI-Fenster geschlossen.

Aufgabe 3.2.3:

Erstellen Sie ein Layout mit einem Pop-up-Menü und definieren Sie die Menü-Einträge mit Hilfe der set-Funktion in der OpeningFcn.

3.3 GUI-Menüs

Bisher haben wir im Layout-Bereich von GUIDE unterschiedliche GUI-Objekte per Drag-and-Drop platziert, wie Push-Buttons, Static Text, Edit Text, Axes und Pop-up-Menüs. In diesem Abschnitt wird gezeigt, wie man Menüs zu einem GUI-Fenster hinzufügt.

Es gibt zwei Typen von Menüs:

- *Menu Bars*, die sich als Drop-down-Menüs am oberen Ende eines GUI-Fensters befinden, und

- *Context-Menüs*, die man (an einem selektierten Objekt) mit einem Klick der rechten Maustaste aktiviert.

3.3.1 Menu Bar

Wir wollen unserem Layout nun ein *Drop-down-Menü* (Menu Bar) hinzufügen. Rufen Sie GUIDE auf und öffnen Sie die im letzten Abschnitt erzeugte Datei gui3.fig. Starten Sie dann im Layout-Editor unter dem Drop-down-Menü-Eintrag „Tools" den „*Menu Editor*":

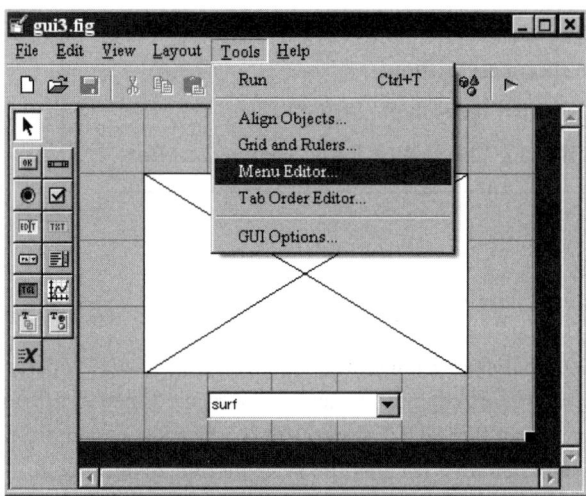

Abbildung 3.24 Aufruf des Menü-Editors

Im Menü-Editor klicken Sie unter dem Tab „Menu Bar" auf das Icon „*New Menu*", wodurch sich der Dialog zur Konfiguration des neuen Drop-down-Menüs öffnet.

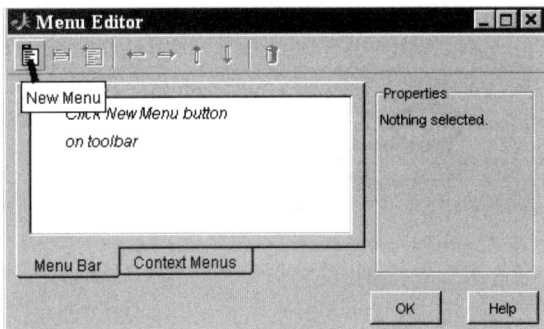

Abbildung 3.25 Neues Menü erzeugen

In der Menü-Liste unter dem Icon erscheint der Eintrag „Untitled 1". Wenn Sie mit der Maus diesen Eintrag auswählen, werden im Fenster rechts daneben die Eigenschaften des Menü-Eintrags dargestellt. Ändern Sie hier den Eintrag *„Label"* in *„Datei"* und den Eintrag *„Tag"* in *„datei_menu"*, wie in Abbildung 3.26 dargestellt. Hierdurch wird auch automatisch der Eintrag in der Liste links angepasst, und zwar von „Untitled 1" in „Datei":

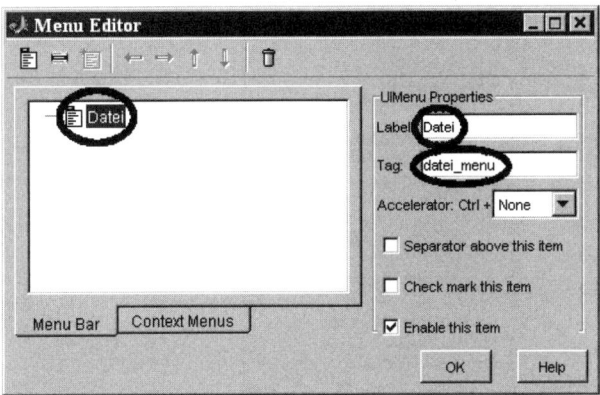

Abbildung 3.26 Menü-Eigenschaften

Der New-Menu-Befehl erzeugt eine neue Menü-Spalte. Die eigentlichen Menü-Befehle sind in der Regel aber als Untereinträge (Menü-Items) in den Spalten realisiert. Deshalb fügen wir als Nächstes zum Eintrag „Datei" einen Untereintrag hinzu, indem wir auf das Icon *„New Menu Item"* rechts neben dem Icon „New Menu" klicken.

Ändern Sie hier in der rechten Spalte die Eigenschaft „Label" in *„Beenden"* und die Eigenschaft „Tag" in *„datei_menu_ende"*:

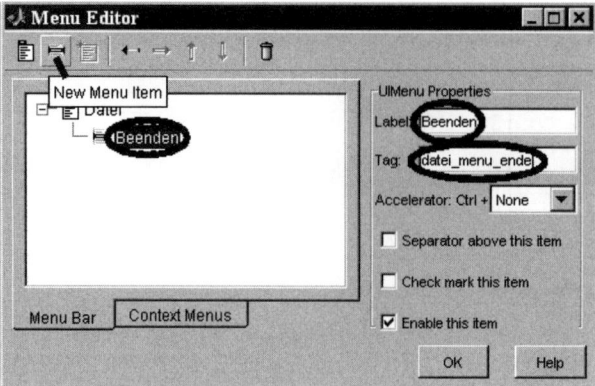

Abbildung 3.27 Neues Menü-Item

Legen Sie jetzt über „New Menu" noch den weiteren Eintrag „*Ansicht*" zum Tag „ansicht_menu" an mit den beiden Items „*surf*" und „*mesh*" sowie den Eintrag „*Hilfe*" zum Tag „hilfe_menu" mit dem Item „*Info*". Wählen Sie die Tags zu den Items entsprechend:

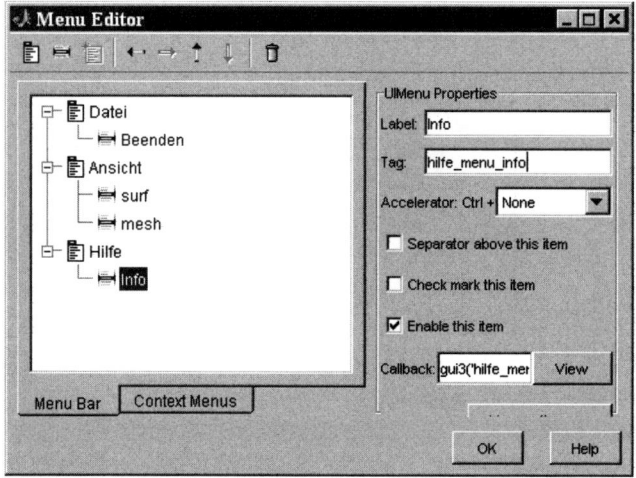

Abbildung 3.28 Vollständiges Drop-down-Menü

Wenn Sie abspeichern und gui3 aufrufen, werden Sie am GUI-Fenster ein Drop-down-Menü entdecken, das allerdings noch keinerlei Aktionen bewirkt – es fehlen ja noch die zugehörigen Callbacks. Der Menü-Editor hat im M-File gui3.m jedoch bereits leere *Callback-Funktionen* zu den Menü-Einträgen angelegt. Hier müssen wir noch die gewünschten Aktionen definieren, zum Beispiel für die Items „*surf*" und „*mesh*" das Umschalten der Darstellung der 3D-Grafik über einen surf- bzw. mesh-Aufruf. Zusätzlich wurde im M-File eingebaut, dass auch im Pop-up-Menü „*popupmenu1*" auf den aktuell ausgewählten Wert „*Value*" umgeschaltet wird – und zwar auf 1 für „surf" und 2 für „mesh".

Listing 3.7 Callback-Funktionen zu den Ansicht-Menü-Einträgen

```
function ansicht_menu_surf_Callback(hObject, eventdata, handles)
    surf(handles.Z);
    % Wert ebenfalls im Pop-up-Menü ändern
    set( handles.popupmenu1, 'Value', 1 );


function ansicht_menu_mesh_Callback(hObject, eventdata, handles)
    mesh(handles.Z);
    % Wert ebenfalls im Pop-up-Menü ändern
    set( handles.popupmenu1, 'Value', 2 );
```

Zur Callback-Funktion eines Menüeintrags kommen Sie auch direkt, wenn Sie im Menu Editor auf den Button *View* rechts unten klicken. Damit können Sie sogar einen Callback-Eintrag im M-File neu erzeugen, wenn Sie diesen aus Versehen gelöscht haben.

Nach dem Aufruf von gui3 können Sie jetzt über das Drop-down-Menü die Ansicht zwischen „surf" und „mesh" umschalten. Der Eintrag im Pop-up-Menü wird nach dem Menü-Aufruf ebenfalls aktualisiert.

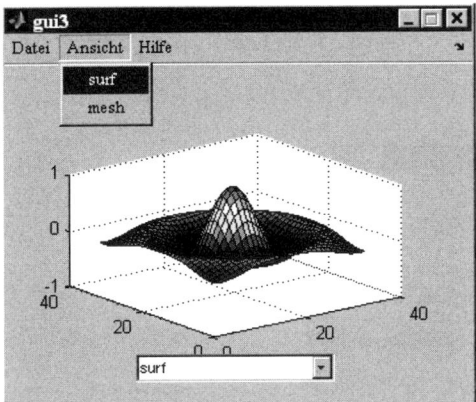

Abbildung 3.29 GUI mit Menü

Im Menü-Item „*Beenden*" wurde der Aufruf *delete* zum Schließen des GUI-Fensters eingebaut, den wir bereits aus dem letzten Projekt kennen:

```
function datei_menu_ende_Callback(hObject, eventdata, handles)
    delete(handles.figure1);
```

Das Menü-Item „*Info*" öffnet normalerweise ein separates GUI-Fenster, in dem Informationen über das aktuelle Programm stehen. Versuchen Sie sich selbst einmal an einem weiteren GUI-Fenster. Erstellen Sie dazu mit GUIDE einen neuen FIG- und M-File, dessen Hauptfunktion im Callback zu „Info" aufgerufen wird.

3.3.2 Context Menu

Die zweite Menü-Art ist das „*Context Menu*". Wir wollen den Axes-Bereich der 3D-Grafik
mit solch einem Menü ausstatten, das man dort mit einem Klick der rechten Maustaste aktivieren kann. Starten Sie hierzu unter GUIDE den Menü-Editor. Klicken Sie diesmal im
Tab „Context Menus" auf das Icon „*New Context Menu*":

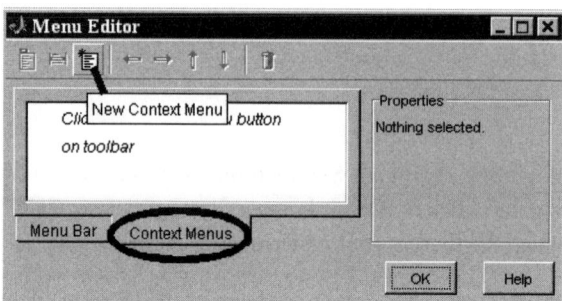

Abbildung 3.30 Neues Context-Menü

Selektieren Sie das neu erzeugte Context-Menü in der Liste unter dem Icon und weisen Sie
ihm in den rechts erscheinenden Eigenschaften den Tag „*axes_context_menu*" zu. Anschließend erhält das Context-Menü noch die beiden Menü-Items „*surf*" und „*mesh*" mit
den entsprechenden Tags:

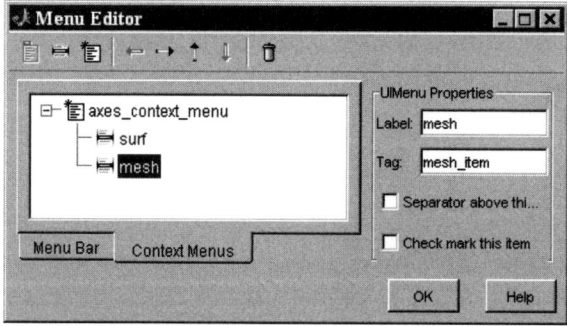

Abbildung 3.31 Context-Menü-Items

 Achten Sie darauf, dass Sie einen Tag nicht doppelt vergeben, beispielsweise für ein Context-
Menü-Item nicht den gleichen Tag wie für das entsprechende Drop-down-Menü-Item. Aus
den Tag-Namen werden nämlich die Namen der zugehörigen Callback-Funktionen generiert.
Wird ein Tag doppelt vergeben, so überschreibt der zuletzt vergebene Tag alle anderen, vorher
vergebenen Referenzen.

Schließen Sie jetzt den Menü-Editor. Wir müssen noch definieren, zu welchem *GUI-Objekt* das Context-Menü gehört. Selektieren Sie dazu im Layout-Editor von GUIDE das Grafikobjekt *axes1* und rufen Sie den Property Inspector auf, entweder über das Context-Menü durch einen Klick mit der rechten Maustaste oder über das Drop-down-Menü von GUIDE am oberen Ende des Layout-Editors.

Suchen Sie im Property Inspector den Eintrag *UIContextMenu* und klicken Sie dann auf das Icon rechts daneben, mit dem Sie unser neues Context-Menü „axes_context_menu" auswählen können. Jetzt ist das Context-Menü mit dem Axes-Bereich verknüpft.

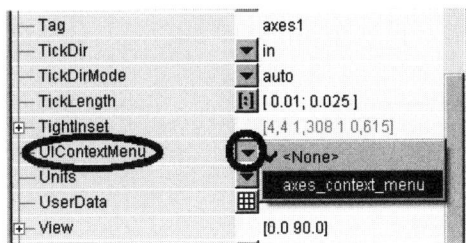

Abbildung 3.32 Context-Menü einem GUI-Element zuordnen

Wenn Sie nach dem Start von gui3 neben der 3D-Grafik einen Klick mit der rechten Maustaste machen, erscheint unser Context-Menü mit den surf- und mesh-Einträgen:

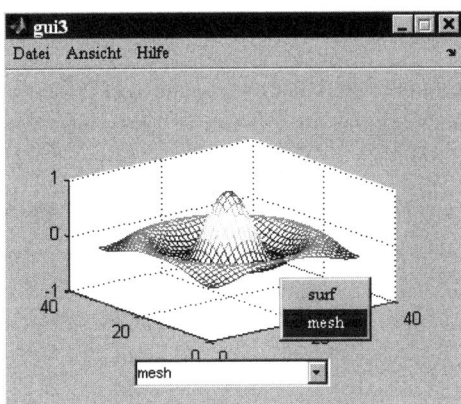

Abbildung 3.33 GUI mit Context-Menü

Falls nach dem Rechts-Klick das Menü nicht erscheint, haben Sie eventuell direkt auf die Grafik getippt. Versuchen Sie Ihr Glück in diesem Fall etwas weiter am Rand der Axes.

Was noch fehlt, sind die *Callbacks* zum Context-Menü, die wir im M-File gui3.m eintragen müssen:

```
function surf_item_Callback(hObject, eventdata, handles)
    surf(handles.Z);
    % Wert ebenfalls im Pop-up-Menü ändern
    set( handles.popupmenu1, 'Value', 1 );


function mesh_item_Callback(hObject, eventdata, handles)
    mesh(handles.Z);
    % Wert ebenfalls im Pop-up-Menü ändern
    set( handles.popupmenu1, 'Value', 2 );
```

3.3.3 Zusammenfassung

> - Menu Bar: Drop-down-Menü
> - Menu Editor: New Menu, New Menu Item, Callbacks
> - Context Menu: Menü auf rechter Maustaste
> - Menu Editor: New Context Menu, Callbacks
> - Property Inspector: zugehöriges Element, UIContextMenu

3.3.4 Aufgaben

Aufgabe 3.3.1:

Erstellen Sie ein Layout mit einem Axes-Grafikbereich. Über ein zugehöriges Drop-down-bzw. Context-Menü wird bestimmt, welche Funktion als 2D-Grafik gezeichnet wird – mögliche Auswahl: sin, cos, exp, im Intervall 0 bis 2π.

Erweiterung: Erzeugen Sie zusätzlich zwei Edit-Text-Felder, mit denen man das Definitions-Intervall einstellen kann.

3.4 Standarddialoge

3.4.1 Standarddialog-Typen

MATLAB stellt eine ganze Reihe von Standarddialogen zur Verfügung – solche, wie Sie sie sicher auch bereits von anderen Windows-Anwendungen her kennen, in denen diese Dialoge ein nahezu identisches Aussehen haben.

Eine unvollständige Liste der in MATLAB vordefinierten Standarddialoge:

- msgbox   erzeugt die Ausgabe einer einfachen Meldung.

- warndlg   erzeugt die Ausgabe einer Warnungsmeldung.
- errordlg   erzeugt die Ausgabe einer Fehlermeldung.
- helpdlg   erzeugt die Ausgabe eines Hilfetextes.
- questdlg   erzeugt einen „Ja-Nein-Abbruch"-Abfragedialog.
- inputdlg   erzeugt einen Dialog zur Eingabe eines Textes.
- uiputfile   startet einen Dialog zur Auswahl einer Datei zum Speichern.
- uigetfile   startet einen Dialog zur Auswahl einer Datei zum Lesen.
- uigetdir   startet einen Dialog zur Auswahl eines Verzeichnisses (mit Pfad).
- printdlg   startet den Drucker-Auswahldialog für die aktuelle Grafik.
- uisetcolor   startet den Farbdialog zur Auswahl einer RGB-Farbe.

Das Aussehen dieser Dialoge kann über Parameter verändert werden. Näheres hierzu entnehmen Sie bitte der MATLAB-Hilfe. Hier einige Beispiele für Dialogaufrufe:

```
>> msgbox( 'Das Ergebnis ist 42.' );
>> errordlg( 'Alles im Eimer !!!');
```

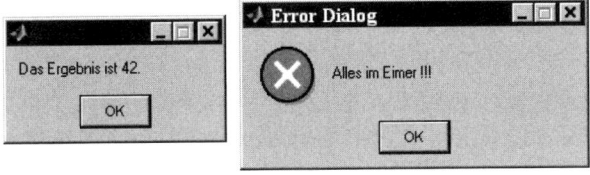

Abbildung 3.34 msgbox und errordlg

```
>> a = questdlg( 'Schluss jetzt?', 'Frage', 'Ja','Nein','Ja' )
a = Ja
```

Abbildung 3.35 questdlg mit Ja-Nein-Alternative

An den Aufruf questdlg werden folgende Daten übergeben: der Dialogtext, die Überschrift, die Beschriftung der zwei (oder drei) Buttons und der Name des Buttons, der vorselektiert ist. Zurückgegeben wird als Text der Name des Buttons, der als Antwort gedrückt wurde, hier der (vorselektierte) Button „Ja".

```
>> n = inputdlg( 'Name: ')
n = 'Willy'
```

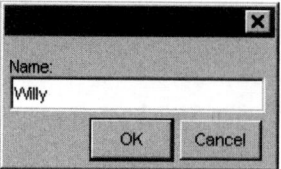

Abbildung 3.36 inputdlg-Aufruf

Der Aufruf inputdlg gibt den Text zurück, der in das Feld eingetragen wurde, hier „Willy".

Zur Auswahl einer Datei zum Abspeichern dient der Dialog **uiputfile**:

```
>> f = uiputfile
f = gui3.m
```

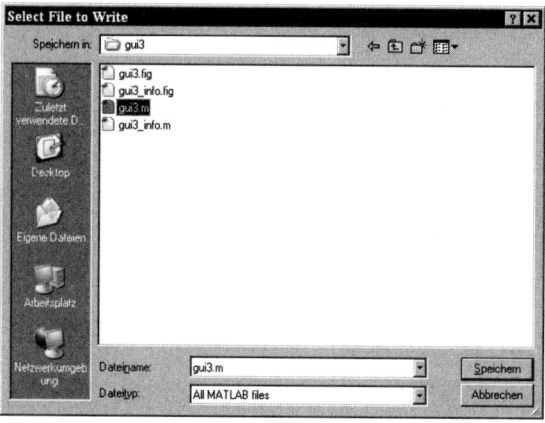

Abbildung 3.37 uiputfile-Aufruf

Dieser Dialog dient nur dazu, einen Dateinamen einzugeben bzw. eine bestehende Datei auszuwählen. Es wird außerdem kontrolliert, ob die Datei, die Sie angegeben haben, bereits besteht und deshalb eventuell überschrieben wird. Der Dialog löst selbst aber nicht die eigentliche Speicher-Operation aus. Diese müssen Sie anschließend noch programmieren, indem Sie
den in der Variablen *f* gemerkten Dateinamen im fopen-Aufruf verwenden, beispielsweise in
der Art:

```
fid = fopen( f, 'w' );
...
fprintf( fid, '...' );
...
fclose( fid );
```

uisetcolor startet den Farbdialog zur Auswahl einer *RGB-Farbe*:

```
>> uisetcolor
ans = 0     1.0000    0.5020
```

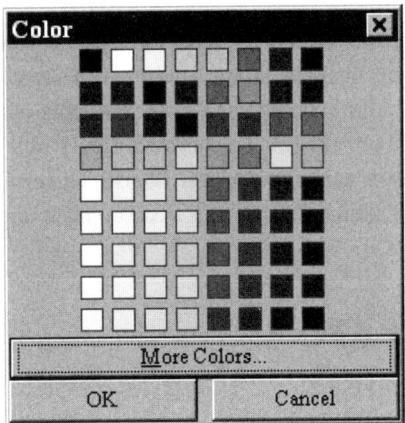

Abbildung 3.38 uisetcolor-Aufruf

Zurückgegeben werden die relativen RGB-Anteile (Rot-, Grün-, Blau-Anteil) der ausgewählten Farbe, und zwar als Vektor-Tripel jeweils zwischen 0 und 1. Oft verwendet man
für RGB-Werte den Datentyp *uint8*, der Werte zwischen 0 und 255 annehmen kann. Um
damit konsistent zu werden, muss man die Rückgabewerte von uisetcolor mit dem Faktor
255 multiplizieren. Auf das Thema RGB-Farben werden wir im Abschnitt 4.2 „Bildverarbeitung" näher eingehen.

3.4.2 Aufgaben

Aufgabe 3.4.1:

Erstellen Sie einen questdlg mit den drei Optionen „Ja", „Nein", „Abbrechen". Voreinge-
stellt sei der Wert „Abbrechen".

Aufgabe 3.4.2:

Schreiben Sie eine Funktion, die mit Hilfe des uiputfile-Dialogs einen Dateinamen bestimmt und in diese Datei den String „hello, world" schreibt.

Aufgabe 3.4.3:

Schreiben Sie eine Funktion, die den uisetcolor-Dialog aufruft, dessen Rückgabewerte in
das uint8-Intervall umrechnet und diese drei RGB-Werte zurückgibt.

3.5 Callback-Interaktionen

3.5.1 Maus-Interaktion

Bereits in der Einführung zu den GUI-Objekten wurde erwähnt, dass bei grafischen Benutzeroberflächen ein Großteil der Benutzersteuerung über die Maus abläuft. Eine typische Maus-Interaktion haben wir beim Context-Menü – die Art des angebotenen Rechte-Maus-Menüs hängt hier davon ab, über welchem GUI-Objekt (in welchem Kontext) sich der Maus-Zeiger gerade befindet. In diesem Abschnitt gehen wir einen Schritt weiter. Wir wollen durch ein MATLAB-Programm selbst bestimmen, welche Aktion nach einem Maus-Klick auf ein Grafikobjekt erfolgen soll.

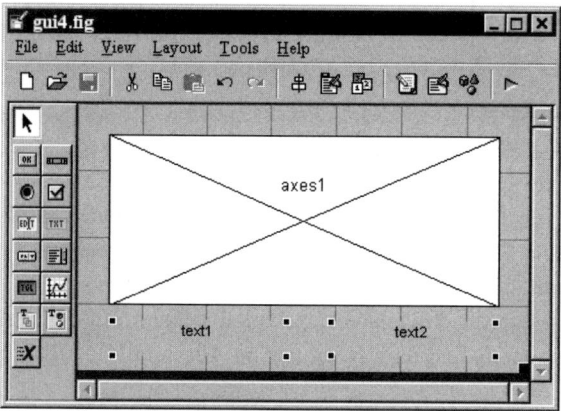

Abbildung 3.39 Layout für Maus-Interaktion

Hierzu erzeugen wir ein neues GUI-Projekt *gui4* mit einem Axes-Objekt axes1 für die Grafikausgabe und die Maus-Klick-Aktion und zwei Static-Text-Feldern text1 und text2 darunter.

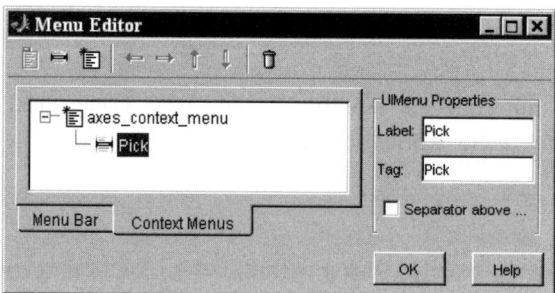

Abbildung 3.40 Context-Menü mit Pick-Item

Die Maus-Aktion soll durch ein Context-Menü über dem Axes-Objekt gestartet werden. Deshalb erstellen wir als Nächstes über den Menü-Editor unter dem Tab „Context Menus" ein Context-Menü mit dem Tag „*axes_context_menu*" und dem Item „*Pick*".

Um das Context-Menü mit dem Axes-Bereich zu verbinden, rufen wir im Layout-Editor zu dem Objekt axes1 den Property Inspector auf und wählen zum Eintrag *UIContextMenu* wie gehabt unser „axes_context_menu" aus.

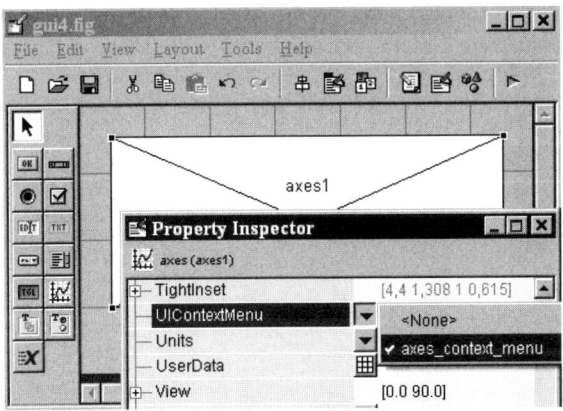

Abbildung 3.41 UIContextMenu zu axes1

Jetzt ist der M-File gui4.m so weit vorbereitet, dass wir Aktionen über das Context-Menü als Programm-Code in der Funktion *Pick_Callback* starten können:

```
function Pick_Callback(hObject, eventdata, handles)
% hObject    handle to Pick (see GCBO)
% handles    structure with handles and user data (see GUIDATA)
```

Fügen Sie folgende Zeilen hinter dem Funktionskopf von Pick_Callback ein:

```
% Einen Punkt mit der Maus auswählen und
% die x-Koordinate des Punktes an x1,
% die y-Koordinate an y1 zurückgeben
[x1,y1] = ginput(1);

% Koordinaten (x1,y1) des Punktes in die
% Static-Text-Felder text1 und text2 schreiben
set( handles.text1, 'String', x1 );
set( handles.text2, 'String', y1 );
```

Wenn man nach dem Aufruf von gui4 mit der rechten Maustaste den Eintrag „Pick" des Context-Menüs auswählt, wird die Callback-Funktion Pick_Callback gestartet. Die MAT-LAB-Funktion *ginput* aktiviert dann das Picken mit der Maus. Der Eingangsparameter von ginput, hier der Wert 1, legt fest, wie viele Punkte gepickt werden sollen (bei uns also nur einer). Die Funktion ginput gibt nach dem Picken einen 2D-Vektor zurück, in dem die x- und die y-Koordinate des gepickten Punktes stehen. In unserem Beispiel wurden zum Speichern die Variablen $x1$ und $y1$ verwendet. Die letzten beiden Zeilen des Programm-Codes sollten Ihnen bekannt sein – durch den *set*-Aufruf werden die Werte von $x1$ bzw. $y1$ in die Static-Text-Felder text1 bzw. text2 eingetragen.

Speichern Sie Ihr GUI-Projekt ab und rufen Sie gui4 im Command-Window von MAT-LAB auf. Zu Beginn erscheint das Startfenster von gui4. Die Static-Text-Felder sind noch mit den im Layout eingetragenen Anfangstexten „text1" bzw. „text2" belegt. Positionieren Sie nun die Maus über dem Grafikausgabe-Objekt und drücken Sie die rechte Maustaste. Das Context-Menü erscheint mit dem Eintrag „*Pick*":

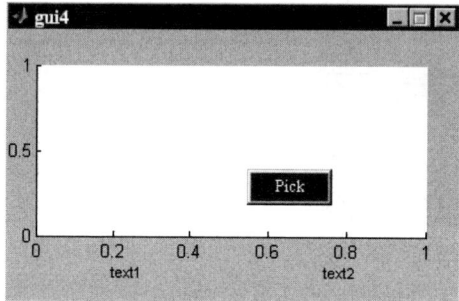

Abbildung 3.42 GUI mit Pick-Context-Menü

Wenn Sie jetzt mit der linken Maustaste den Menüpunkt auswählen, wird die Callback-Funktion Pick_Callback aufgerufen, die als Erstes ginput startet. Sie werden aufgefordert, einen Punkt im Grafikobjekt zu picken. Zur Orientierung erscheint ein *Fadenkreuz*:

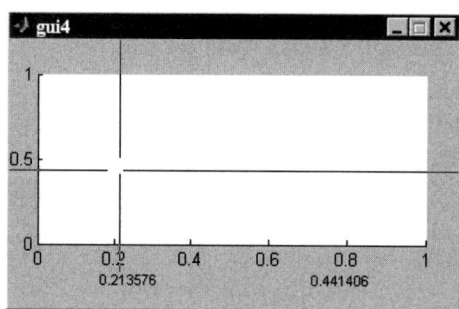

Abbildung 3.43 Pick-Aktion

Nachdem Sie mit der linken Maustaste einen Punkt gewählt haben, erscheinen seine Koordinaten in den beiden Static-Text-Feldern unterhalb der Grafik – in unserem Beispiel ist es der Punkt mit $x1 = 0.21...$ und $y1 = 0.44...$

Schön und gut – jetzt haben wir einen Punkt gepickt und dessen Koordinaten angezeigt. Aber was kann man mit diesen Daten tun? Wir könnten damit zum Beispiel die Basis für ein einfaches *2D-CAD-System* legen, indem wir nach dem Picken von zwei Punkten zwischen diesen Punkten eine gerade Linie zeichnen. Erweitern Sie dazu Pick_Callback:

Listing 3.8 Mini-2D-CAD-System

```
function Pick_Callback(hObject, eventdata, handles)
    % x-y-Ausschnitt fest definieren
    axis( [0 10 0 10] );

    % Einen Punkt mit der Maus auswählen und
    % die x-Koordinate des Punktes an x1,
    % die y-Koordinate an y1 zurückgeben
    [x1,y1] = ginput(1);

    % Koordinaten (x1,y1) des Punktes in die
    % Static-Text-Felder text1 und text2 schreiben
    set( handles.text1, 'String', x1 );
    set( handles.text2, 'String', y1 );

    % Zweiten Punkt mit der Maus auswählen und
    % die x-Koordinate an x2, y-Koordinate an y2
    [x2,y2] = ginput(1);

    % Arrays zum Plotten belegen
    x = [x1, x2];
    y = [y1, y2];

    % Plot-Ausgabe der Linie
    plot(x,y);
    % x-y-Ausschnitt fest definieren
    axis( [0 10 0 10] );
```

Außer den bekannten Aufrufen von ginput und plot wurde auch noch ein *axis*-Aufruf eingebaut, der einen festen Ausschnitt für den Grafikbereich definiert (jeweils *x*- und *y*-Achse im Intervall 0 bis 10). Ohne diesen Aufruf würde plot den Zoombereich automatisch so festlegen, dass die Linie gerade in das Fenster passt.

Der Pick-Callback startet nun nacheinander zwei Pick-Aktionen. Anschließend wird zwischen den beiden gewählten Punkten eine gerade Linie gezeichnet.

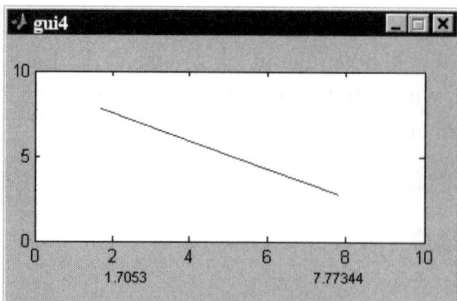

Abbildung 3.44 Mini-2D-CAD-System

Wenn Sie hier noch den struct aus dem Beispiel *CAD-Drahtmodell* einbauen, haben Sie bereits eine Datenbasis für ein einfaches 2D-CAD-Modell.

3.5.2 Tastatur-Interaktion

Außer der Maus kann man aber auch die Tastatur dazu verwenden, um in einem GUI-Fenster eine Aktion auszulösen. Hierfür gibt es die Callback-Funktion *KeyPressFcn*, die durch das Drücken einer Taste ausgelöst wird. Um diese Callback einzubauen, starten Sie GUIDE und öffnen unser Projekt gui4.

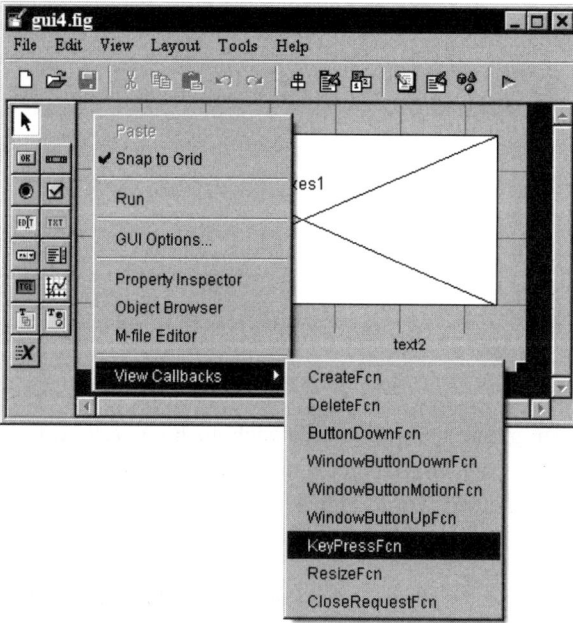

Abbildung 3.45 Callback KeyPressFcn

Positionieren Sie die Maus im Layout, wobei Sie aber keines der drei GUI-Objekte (axes1, text1, text2) im Fokus haben dürfen, und rufen Sie über die rechte Maustaste das Context-Menü zum gesamten GUI-Fenster auf.

Wählen Sie unter „View Callbacks" den Eintrag „*KeyPressFcn*". Im M-File gui4.m wird dadurch die Callback-Funktion „figure1_KeyPressFcn" erzeugt. Jetzt bekommen wir über einen Callback mitgeteilt, wenn eine Taste gedrückt wird.

Zusätzlich wird gespeichert, welche Taste gedrückt wurde. Das zur Taste gehörende Zeichen kann über die Abfrage der figure-Eigenschaft '*CurrentCharacter*' ausgelesen werden, beispielsweise durch folgendes Vorgehen:

```
% --- Executes on key press over figure1 with no controls selected.
function figure1_KeyPressFcn(hObject, eventdata, handles)
% hObject handle to figure1 (see GCBO)
    % Zeichen zur gedrückten Taste in Variable c speichern
    c = get( hObject, 'CurrentCharacter' );
```

Diese Information können wir jetzt verwenden, um in Abhängigkeit der gedrückten Taste weitere Aktionen zu starten, zum Beispiel eine Aufforderung zum Picken, falls die Taste mit dem Zeichen „p" gedrückt wurde:

Listing 3.9 Callback zur KeyPressFcn

```
function figure1_KeyPressFcn(hObject, eventdata, handles)
    % Zeichen zur Taste in Variable c speichern
    c = get( hObject, 'CurrentCharacter' );

    % Starte das Picken, falls Zeichen p gedrückt wurde
    if( c == 'p' )
        axis( [0 10 0 10] );

        [x1,y1] = ginput(1);
        [x2,y2] = ginput(1);

        x = [x1, x2];
        y = [y1, y2];

        plot(x,y);
        axis( [0 10 0 10] );
    end
```

Zur Steuerung mittels Tastatur werden jedoch häufig nicht die Buchstaben-Tasten, sondern die Tasten des Cursor-Blocks verwendet. Ob die gedrückte Taste eine Sondertaste ist, zum

Beispiel eine Taste des Cursor-Blocks, erfährt man, indem man den ASCII-Wert der Variablen *c* abfragt.

Die *Cursor-Tasten* haben folgende ASCII-Werte:

- Cursor links: 28
- Cursor rechts: 29
- Cursor oben: 30
- Cursor unten: 31

Eine Abfrage der Cursor-Tasten im M-File könnte wie folgt aussehen:

```
switch( c )
    case 28
        ...
    case 29
        ...
    case 30
        ...
    case 31
        ...
    otherwise
        ...
end
```

3.5.3 Zusammenfassung

- Picken: ginput, 2D-CAD-Beispiel
- Tastatur-Eingabe: KeyPressFcn, CurrentCharacter
- Cursor-Tasten: ASCII-Werte

3.5.4 Aufgaben

Aufgabe 3.5.1:

Erstellen Sie eine Funktion, die drei Punkte mit der Maus picken lässt und daraus im GUI-Grafikbereich ein Dreieck zeichnet.

Aufgabe 3.5.2:

Erstellen Sie eine Funktion, die in einem Static-Text-Feld den ASCII-Wert einer Tastatur-Eingabe anzeigt.

4

Anwendungen

4 Anwendungen

Die Grundlagen der Programmierung, also Funktionen, Schleifen, Verzweigungen, Arrays und grafische Oberflächen, haben wir inzwischen kennen gelernt. In den folgenden Abschnitten soll gezeigt werden, wie man mit diesem Rüstzeug praktische Probleme bearbeitet und welche zusätzlichen Hilfsmittel MATLAB hierfür im Einzelnen zur Verfügung stellt.

4.1 Akustik: Signalverarbeitung

Unseren Anwendungs-Rundgang starten wir mit dem Bereich Akustik – es geht jetzt also um den Bereich der Töne und der Musik. Die hier vorgestellten Methoden bilden aber auch die Grundlage für die Analyse und die Verarbeitung von jeder Form von Signalen.

4.1.1 Schwingungen

Betrachten wir das Ganze von der physikalischen Seite:

- Ausgangspunkt für Töne und Musik ist eine Schallquelle – die menschliche Stimme, ein Musikinstrument oder ein Lautsprecher.

- Von dort aus breitet sich der Schall in Form einer Welle aus, und zwar als raumzeitliche Schwankungen des Luftdrucks oder durch analoge Effekte in anderen Materialien wie beispielsweise in Stahl.

- Am Ende der Kette steht ein Empfänger, der die Schallinformation aufnimmt, zum Beispiel unser Ohr, ein Mikrofon oder jedes Objekt, das in Resonanz mit der Schallwelle treten kann.

Über den Transportvorgang, also wie die Welle ihren Weg zum Ohr findet, wollen wir hier nicht weiter reden, wenngleich das Thema Raumakustik interessante Fragestellungen aufwirft. In diesem Kapitel interessiert uns vielmehr, was für ein Signal man an den *Lautsprecher* schicken muss, um einen Ton zu erzeugen, bzw. wie man das Signal, das man von einem *Mikrofon* erhalten hat, analysieren kann.

Dieses Signal ist im Allgemeinen eine beliebige *Funktion der Zeit* $y(t)$, die beschreibt, wie stark die Membran des Lautsprechers oder des Mikrofons aus der Ruhelage ausgelenkt wird. Musikinstrumente und die menschliche Singstimme können jedoch auch Töne und Klänge erzeugen, die (zumindest über einen gewissen Zeitraum) nahezu *periodisch* sind. Der Graph der Funktion zu diesen Tönen wiederholt sich nach der Zeit T, der *Schwingungsdauer*, gemessen in Sekunden s oder Millisekunden ms. Den Kehrwert der Schwingungsdauer nennt man *Frequenz* $f = 1/T$, gemessen in der Einheit Hertz: 1 Hz = 1/s.

Das *menschliche Ohr* registriert nur einen begrenzten Bereich von Frequenzen, bei tiefen Tönen ab ca. 20 Hz bis zu 20.000 Hz = 20 kHz bei hohen Tönen. Im Laufe des Alters nimmt die Empfindlichkeit ab, besonders für die Höhen. Die menschliche Singstimme erzeugt Töne im Bereich zwischen 100 Hz (Bass) bis 1000 Hz (Sopran). Der so genannte Kammerton a, der zum Stimmen von Instrumenten verwendet wird, liegt bei 440 Hz.

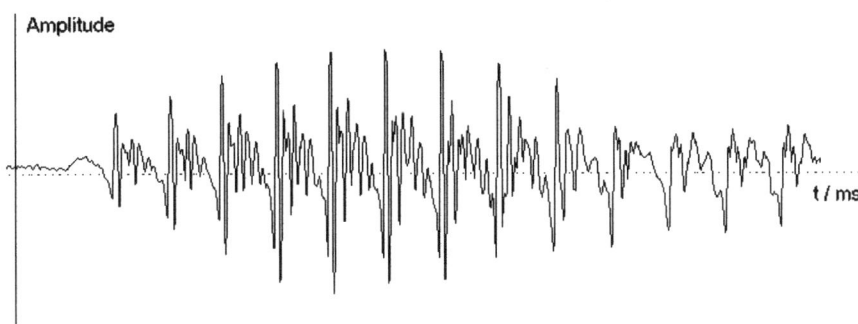

Abbildung 4.1 Signal als beliebige Funktion der Zeit

Als Basis für periodische Schwingungen mit einer festen Frequenz verwendet man meist Funktionen mit Sinus-(oder Kosinus-)förmigem Verlauf. Die zeitliche Entwicklung der Schallamplitude *y* wird dann beispielsweise wie folgt angesetzt:

```
y(t) = A * sin( 2 * pi * f * t + phi )
```

Neben der *Frequenz f* bestimmen zwei weitere Parameter die Funktion:

- *A* die *Amplitude*, also die Maximalauslenkung der Schwingung
- *phi* die *Phase*, d.h. der Vorlauf der sin-Funktion zur Zeit $t = 0$

In MATLAB können wir diese Schwingung durch folgende Funktion erzeugen:

Listing 4.1 function sinusTon

```
function sinusTon()
    % t-Array: Zeitintervall von 0 bis 1/100 s
    t = 0 : 1/10000 : 1/100;  % Stützpunkte im Abstand 1/10000 s
    f   = 440;     % Frequenz 440 Hz
    A   = 10;      % 10 als Maximalwert
    phi = pi / 2;  % Phase pi/2, sin -> cos

    % Array y mit Funktionswerten an den t-Stützpunkten
    y = A * sin( 2 * pi * f * t + phi );
    plot( t, y );                % Ausgabe der Funktion als 2D-Plot
    axis( [0 1/100 -11 11] )  % fester Ausgabebereich für t und y
```

Betrachten wir die erste Programmzeile der Funktion *sinusTon*:

```
t = 0 : 1/10000 : 1/100;
```

Hier wird das Array *t* erzeugt für Zeiten von 0 bis 1/100 Sekunden, wobei der Abstand zwischen zwei Zeitpunkten 1/10.000 Sekunden = 0.1 ms beträgt. Dies entspricht einer Abtastung des Signals durch 10.000 Stützpunkte pro Sekunde, also 10.000 Hz als *Sample-Rate* (Abtastfrequenz) – für das Ohr keine besonders gute zeitliche Auflösung.

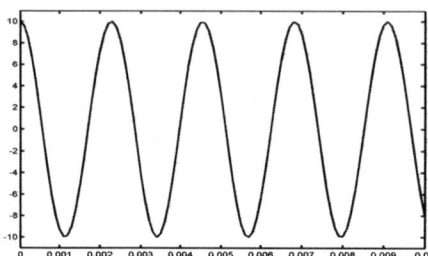

Abbildung 4.2 Sinus-Ton

Aber ein reiner Sinus-Ton wird von unserem Ohr sowieso als recht unangenehm wahrgenommen. Er ist schrill und taucht typischerweise bei akustischen Rückkopplungs-Phänomenen auf.

Töne von Musikinstrumenten sind nie reine Sinus-Töne. Sie enthalten immer einen gewissen Anteil an *Obertönen*. Hierbei werden zur *Grundschwingung* mit der Frequenz *f* noch weitere Sinus-Schwingungen addiert, deren Frequenzen *ganzzahlige Vielfache* der Grundfrequenz sind. Die einzelnen Musikinstrumente unterscheiden sich in ihrem Klang hauptsächlich in der Zusammensetzung des Obertonspektrums – neben den Unterschieden, die sich durch die Art ergeben, wie sich die Instrumente in der Anfangsphase (anharmonisch) auf den Ton einschwingen. Flöten haben beispielsweise relativ schwach besetzte Obertöne, während sich der Ton einer *Klarinette* hauptsächlich aus ungeradzahligen Vielfachen der Grundfrequenz *f* zusammensetzt, wobei die relativen Amplituden im Verhältnis 1, 1/3, 1/5, 1/7, ... zueinander stehen.

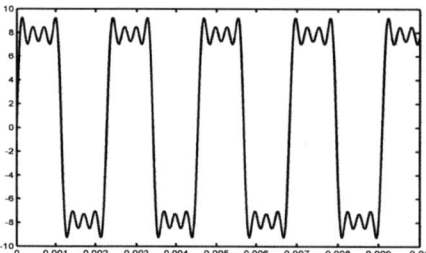

Abbildung 4.3 Klarinetten-Ton

In MATLAB kann man dies für die ersten drei Obertöne folgendermaßen darstellen:

```
y = A * ( sin(2*pi*f*t)   + 1/3 * sin(2*pi*3*f*t) + ...
      1/5 * sin(2*pi*5*f*t) + 1/7 * sin(2*pi*7*f*t) );
```

Wenn man noch mehr Obertöne hinzunimmt, nähert sich diese spezielle Summe immer stärker der *Rechteck-Funktion* an.

Aufgabenstellung: Gegeben sei ein Array A mit den relativen Amplituden der Obertöne eines Signals, also $A(1)$ die Amplitude des 1. Obertons zur Frequenz $2*f$, etc. Der zweite Übergabeparameter f ist die Frequenz des Grundtons, der die Amplitude 1 besitzt. Erzeugen Sie mit diesen Angaben ein Klangsample aus Sinus-Tönen mit einer Dauer von 2 Sekunden und der Samplerate 40.000 Hz und speichern Sie es ab.

Listing 4.2 Signal-Array

```
function anz = SignalArray( A, f )
  SR = 40000;              % feste Samplerate
  tm = 2;                  % Zeitdauer
  t = 0:1/SR:tm;           % Zeitpunkte

  anz = length( A );       % Anzahl der Obertöne in A
  y = sin( 2*pi*f*t );     % Grundton
  for( n=1:anz )           % Addition der anz Obertöne zum Grundton
    % zum n. Oberton gehört die Frequenz (n+1)*f
    y = y + A(n)*sin(2*pi*(n+1)*f*t);
  end

  % die ersten 10 Schwingungen des Samples zeichnen
  plot( t, y )
  axis( [0,10/f, -3,3] )

  % Dateiauswahl zum Abspeichern mit Test auf Abbrechen
  f = uiputfile( '*.wav', 'Sample speichern' );
  if( f == 0 )
    return;
  end
  wavwrite( y, f );        % Abspeichern, siehe Abschnitt 4.1.3
```

Testen wir die Funktion mit den Obertönen $A = [\ 0, 0.5, 0.8, 0.2\ ]$ und mit 440 Hz

```
>> anz = SignalArray( [0,0.5,0.8,0.2], 440 )
anz = 4
```

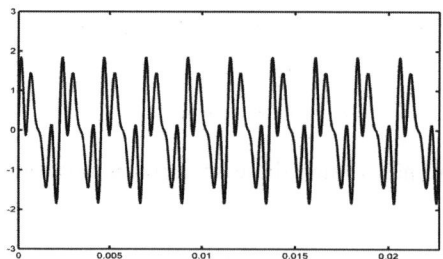

Abbildung 4.4 Signal aus Oberton-Array

4.1.2 Fourier-Transformation

Im vorherigen Abschnitt haben wir Töne als Summe von Sinus-Funktionen mit unterschiedlichen Frequenzen dargestellt. Allgemein gilt sogar der Satz, dass sich jede periodische Funktion $y(t)$ als Reihe aus Sinus- und Kosinus-Funktionen darstellen lässt beziehungsweise alternativ als Reihe von komplexen Exponential-Funktionen (*Fourier-Reihe*). Wie stark die einzelnen Summanden (mit den Frequenzen $n*f$, $n=0,+/-1,+/-2,+/-3,...$) an der Summe beteiligt sind, definieren die Amplituden c_n.

$$y(t) = \sum_{n=-\infty}^{+\infty} c_n \exp(i\, 2\pi\, n\, f\, t)$$

Die Amplituden c_n sind im Allgemeinen komplexe Zahlen, die man in Betrag A_n und Phase φ_n zerlegen kann:

$$c_n = A_n \exp(i\, \varphi_n)$$

Für nicht periodische (normierbare) Funktionen gilt eine Verallgemeinerung. Hier geht die Summe der e-Funktions-Terme in ein Integral (Fourier-Integral) über.

Hat man eine periodische Funktion $y(t)$ vorliegen, erhält man die Amplituden c_n der beteiligten Frequenzen $f_n = n*f$ mit Hilfe der *Fourier-Transformation*.

$$c_n = \frac{1}{T} \int_0^T y(t) \exp(-i\, 2\pi\, n\, f\, t)\, \mathrm{d}t$$

Das Integral mit seinen komplexen Komponenten sieht auf den ersten Blick sicher recht erschreckend aus. Doch keine Angst! MATLAB hat Ihnen den Hauptteil der Arbeit bereits abgenommen und stellt standardmäßig einen schnellen Algorithmus zur Berechnung der Fourier-Transformation (FFT = Fast Fourier Transform) zur Verfügung, mit dem Sie das Frequenzspektrum eines Tons relativ einfach bestimmen können.

Die MATLAB-Funktion *fft* berechnet zu einer Funktion (deren Werte als diskreter, zeit-gesampelter Vektor *y* vorliegen) die Fourier-Transformation, also die Amplituden c_n der beteiligten Frequenzen. Hierbei sind zwei Phänomene zu beachten:

- Dadurch, dass die gegebene Funktion durch die Länge des Vektors *y* zeitlich begrenzt ist, sind die beteiligten Frequenzen „verschmiert". Die Fourier-Transformation enthält deshalb außer dem Grundton und den Obertönen auch noch weitere Frequenzanteile in der Umgebung der Frequenzen $n*f$.

- Durch die begrenzte Sample-Rate, mit der die Funktion nur zu bestimmten Zeitpunkten abgetastet (ausgewertet) wird, liefert die Fourier-Transformation nur Aussagen über Frequenzen, die kleiner sind als die Hälfte der Sample-Rate (*Abtasttheorem*).

Wir wollen die Fourier-Transformation auf unseren Klarinetten-Ton anwenden. Als Sample-Rate nehmen wir diesmal 40.000 Hz, was in der Nähe der Sample-Rate für Musik-CDs liegt. Die Zeitdauer des Samples sei 1/20 Sekunde. Die Grundfrequenz ist 440 Hz, und wir addieren dazu noch drei weitere Obertöne. Sowohl die Zeitfunktion als auch die durch die Fourier-Transformation berechneten Frequenzen (bis maximal 4000 Hz) stellen wir als 2D-Plot dar.

Listing 4.3 function spektrum

```
function spektrum()
    % Zeitintervall von 0 bis 1/20 s
    % Array mit Stützpunkten im Abstand 1/40000 s
    t = 0 : 1/40000 : 1/20;
    f = 440;        % Grundfrequenz 440 Hz
    A = 10;         % 10 als Maximalamplitude

    % Array y mit Funktionswerten an den t-Stützpunkten
    y = A * ( sin(2*pi*f*t)   + 1/3 * sin(2*pi*3*f*t) + ...
        1/5 * sin(2*pi*5*f*t) + 1/7 * sin(2*pi*7*f*t) );

    % Ausgabe der Funktion als 2D-Plot
    subplot(2,1,1)
    plot( t, y );
    axis( [0 1/20 -11 11] ) % fester Ausgabebereich

    % Fourier-Transformation
    c = fft( y );

    % Betrag der Frequenzamplituden
    A = abs( c );
    % Array der Frequenzen, normiert auf 40000 Hz
    f = (0:length(c)-1).*40000/length(c);
```

```
% 2D-Plot der Frequenzamplituden über den Frequenzen
subplot(2,1,2)
plot( f, A )
axis( [0 4000 -1 15000] )  % Frequenzbereich: 0 bis 4000 Hz
```

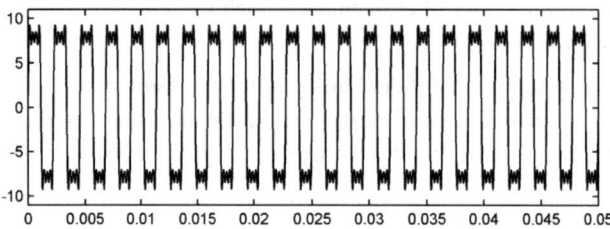

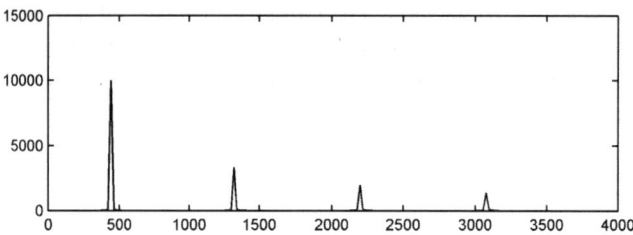

Abbildung 4.5 Spektrum des Klarinetten-Tons

Im Frequenzspektrum erkennt man deutlich den Grundton bei 440 Hz und die drei Obertöne bei 3 * 440 Hz = 1320 Hz, 5 * 440 Hz = 2200 Hz und 7 * 440 Hz = 3080 Hz. Durch die zeitliche Begrenzung auf 1/20 Sekunde erscheinen diese Frequenzen jedoch nicht als scharfe Peaks, sondern haben eine gewisse Breite.

Etwas realistischer klingt der Ton, wenn wir seine Amplitude zeitlich variieren.

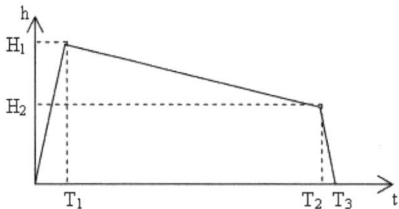

Abbildung 4.6 Hüllkurve

Ein typischer Instrumentenklang steigt zu Beginn innerhalb der so genannten *Attack-Zeit* von null zu seiner vollen Lautstärke. Dann bleibt er während der Zeit, in der der Ton voll klingt (der *Sustain-Zeit*), nahezu bei dieser Lautstärke, mit einer gewissen Abschwächung.

Am Ende kommt noch ein kleiner Nachhall in der *Release-Zeit*, in der die Lautstärke schnell wieder auf den Wert null abfällt.

Die Funktion *huellkurve* fügt unserem Klarinetten-Ton diesen *Hüllkurveneffekt* hinzu:

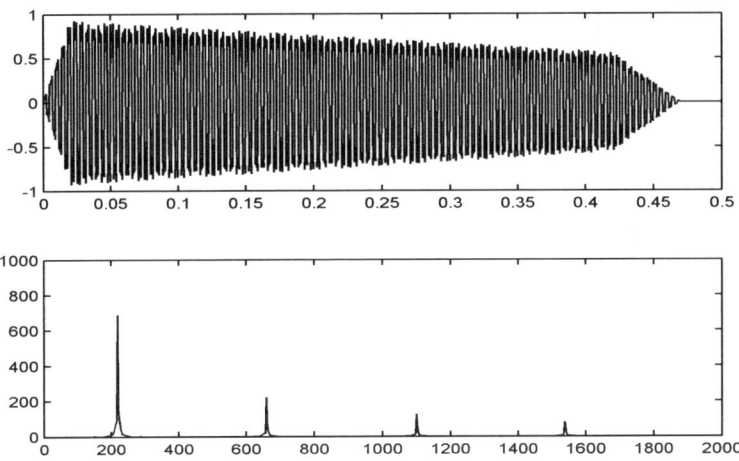

Abbildung 4.7 Klarinetten-Ton mit Hüllkurve

Listing 4.4 function huellkurve

```
function  huellkurve()
    SR = 4000;        % Sample-Rate
    dauer = 1/2;      % Dauer des Tons, diesmal 1/2 sec
    t = 0 : 1/SR : dauer;  % Zeit-Array:
    f = 220;          % Grundfrequenz 220 Hz
    A = 1;            % Amplitude 1 als Maximalwert


    % Array y mit Funktionswerten an den Stützpunkten
    y = A * ( sin(2*pi*f*t)   + 1/3 * sin(2*pi*3*f*t) + ...
        1/5 * sin(2*pi*5*f*t) + 1/7 * sin(2*pi*7*f*t) );


    % Hüllkurvenparameter:
    tattack  = 0.02;  % Attack-Zeit in s
    hattack  = 1.0;   % Attack-Höhe, relativ
    tsustain = 0.40;  % Sustain-Zeit in s
    trelease = 0.05;  % Release-Zeit in s
    hrelease = 0.6;   % Release-Höhe, relativ


    % einige typische Zeitwerte im Sample:
    attLength  = tattack * SR;
```

```
susLength  = tsustain * SR;
relLength  = trelease * SR;
endSustain = attLength + susLength;
endRelease = endSustain + relLength;


% Hüllkurveneffekt mit 0 vorbelegen
effekt( 1:length(y) ) = 0;
% Effekt in der Attack-Phase
for( s = 1:attLength )
   effekt(s) = s * hattack/attLength;
end
% Effekt in der Sustain-Phase
for( s = attLength:endSustain )
   effekt(s) = hattack - (s-attLength)* ...
                    (hattack - hrelease)/susLength;
end
% Effekt in der Release-Phase
for( s = endSustain:endRelease )
   effekt(s) = hrelease - (s-endSustain)*hrelease/relLength;
end


% Original y mit dem Effekt multiplizieren
schwingung = y .* effekt;


% Ausgabe von schwingung als 2D-Plot
subplot(2,1,1),
plot( t, schwingung );
axis( [0 dauer -1 1] )


% Fourier-Transformation
c = fft( schwingung );


% Betrag der Frequenzamplituden
A = abs( c );
% Array der Frequenzen, normiert auf die Sample-Rate
f = (0:length(c)-1).*SR/length(c);


% 2D-Plot der Frequenzamplituden über den Frequenzen
subplot(2,1,2)
plot( f, A )
% Frequenzbereich bis zur Hälfte der Sample-Rate
axis( [0 SR/2 -1 1000] )
```

Der *effekt* baut sich in den drei Phasen aus Geradenstücken zusammen. Anschließend wird die Ausgangsschwingung *y* mit dem *effekt* multipliziert, woraus die *schwingung* mit der Hüllkurve entsteht. Im obigen Plot ist der Hüllkurveneffekt gut zu erkennen.

Über den Lautsprecher klingt unsere Klarinette schon recht realistisch – aber das ist bereits das Thema des nächsten Abschnitts.

4.1.3 wav-Format

Eines der Standardformate zum Abspeichern von Audiosignalen (auf Microsoft-Betriebssystemen) ist das wav-Format. wav-Dateien sind binäre Dateien. Im Gegensatz zu mp3-Dateien wird hierbei das Signal unkomprimiert abgespeichert, was schnell zu großen Dateien führen kann. MATLAB stellt für das wav-Format verschiedene Funktionen zur Verfügung:

wavplay(y, Fs) schickt die Informationen im Vektor *y* an den Audio-Output-Kanal Ihres Rechners. Der Parameter *Fs* gibt die *Sample-Rate* an. Wenn Sie den Parameter *Fs* weglassen, wird zum Abspielen der voreingestellte Wert von 11025 Hz verwendet.

Listing 4.5 function sinusPlay

```
function sinusPlay()
    % Zeitintervall von 0 bis 1/2 s
    % Array mit Stützpunkten im Abstand 1/11025 s
    t = 0 : 1/11025  : 1/2;
    f  = 440;       % Frequenz 440 Hz
    % Array y mit Sinus-Werten an den Stützpunkten
    y = 0.5 * sin( 2*pi * f * t );

    % Ausgabe des Sinus-Tons auf dem Lautsprecher
    wavplay( y, 11025 );
```

Bauen Sie am Ende des M-Files huellkurve.m aus dem vorherigen Abschnitt die folgende Zeile ein:

```
wavplay( schwingung, SR );
```

Jetzt können Sie den von uns erstellten Klarinetten-Ton auch hören, wenngleich er recht kurz ist, da wir die Variable *dauer* auf 1/2 Sekunde begrenzt haben.

Die weiteren wav-Funktionen von MATLAB sollen hier kurz erwähnt werden. Nähere Hinweise finden Sie in der MATLAB-Online-Hilfe:

wavwrite(y, Fs, 'filename.wav') schreibt die Information im Vektor *y* als wav-File in die Datei filename.wav mit der Auflösung von 16 Bit. Der Parameter *Fs* gibt die Sample-Rate an. Wenn Sie den Parameter *Fs* weglassen, wird zum Speichern der voreingestellte Wert von 8000 Hz verwendet. Falls die Maximalamplitude des Audiosignals außerhalb des Bereichs [−1,+1] liegt, wird das Signal vor dem Schreiben in der Höhe beschnitten.

Erweitern Sie die Funktion *sinusPlay* um die folgende Zeile, um den Sinus-Ton mit der Sample-Rate von 11025 Hz in der Datei sinusPlay.wav abzuspeichern:

```
wavwrite( y, 11025, 'sinusPlay.wav' );
```

[m d] = wavfinfo('filename.wav') liefert Informationen über eine bestehende wav-Datei. Der Rückgabeparameter *m* enthält den Text „Sound (WAV) file", falls die angegebene Datei wirklich eine wav-Datei ist. Anderenfalls wird in *m* ein Leerstring („") zurückgegeben. *d* ist ein Text, der angibt, wie viele Samples und wie viele Kanäle in der Audiodatei vorhanden sind.

Für unsere Datei sinusPlay.wav erhalten wir folgende Informationen:

```
>> [m d] = wavfinfo( 'sinusPlay.wav' );
>> m
m = Sound (WAV) file
>> d
d = Sound (WAV) file containing: 5513 samples in 1 channel(s)
```

[y,Fs,bits] = wavread('filename.wav') liest den Inhalt einer wav-Datei in MATLAB ein. Die Audiodaten müssen dazu jedoch im nicht komprimierten Pulse-Code-Modulation-(PCM)-Format abgespeichert sein. wavread unterstützt Multichannel-Daten bis zu einer Auflösung von 32 Bit pro Sample. Die Audiodaten werden in das Array *y* geladen. Die Amplituden liegen im Bereich [−1,+1] und der Parameter *Fs* enthält die Sample-Rate in Sekunden. Der Parameter *bits* gibt an, wie viele Bit pro Sample verwendet wurden.

Nach dem Einlesen unserer Datei sinusPlay.wav in das Array *z* erhalten wir folgende Informationen:

```
>> [z,Fs,bits] = wavread( 'sinusPlay.wav' );
>> Fs
Fs =   11025
>> bits
bits =   16
```

siz = wavread('filename.wav' ,'size') liefert Angaben über die Größe der Audiodaten, ohne die Daten selbst in MATLAB zu laden. Der Vektor *siz* enthält die beiden Informationen [*samples, channels*].

Für die Datei sinusPlay.wav sind das folgende Daten:

```
>> siz = wavread('sinusPlay.wav','size');
>> siz
siz =   5513    1
```

y = wavrecord(n, Fs) speichert *n* Samples des Signals, das am Audio-Eingang des Rechners anliegt, im Vektor *y*. Der Parameter *Fs* gibt die Sample-Rate an.

4.1.4 Zusammenfassung

- Schwingungen: Frequenz, Amplitude, Phase
- Sample-Rate: zeitliche Auflösung des Signals
- Grundton, Obertöne
- Fourier-Transformation: FFT, Frequenzamplituden
- Hüllkurve: Attack-Zeit, Sustain-Zeit, Release-Zeit
- wav-Format: wavplay, wavwrite, wavinfo, wavread

4.1.5 Aufgaben

Aufgabe 4.1.1:

Schreiben Sie eine MATLAB-Funktion, die folgende periodische Funktion für die Grundfrequenz *f* = 220 Hz im Intervall *t*=[0,2 s] grafisch darstellt und das zugehörige Frequenzspektrum berechnet und anzeigt:

```
y =          sin(2*pi*f*t)  - 1/9 * sin(2*pi*3*f*t) + ...
      1/25 * sin(2*pi*5*f*t) - 1/49 * sin(2*pi*7*f*t);
```

Spielen Sie den Ton mit der Funktion wavplay ab.

Aufgabe 4.1.2:

Schreiben Sie eine MATLAB-Funktion, die die folgenden vier Funktionen zur Grundfrequenz *f* = 440 Hz im Intervall *t*=[0,2 s] grafisch darstellt und jeweils das zugehörige Frequenzspektrum berechnet und anzeigt:

```
y1 = sin( 2*pi*f*t );
y2 = cos( 2*pi*f*t );
y3 = sin( 2*pi*f*t + pi/6 );
y4 = ( sin( 2*pi*f*t ) + cos( 2*pi*f*t ) ) / sqrt(2);
```

Zusätzlich zum Betrag der Frequenzamplituden soll zu jeder Funktion auch noch der Phasenwinkel der Frequenzen berechnet und dargestellt werden.

Wodurch unterscheiden sich die Frequenzspektren?

 Den Phasenwinkel *w* zu einer komplexen Zahl erhalten Sie mit Hilfe der MATLAB-Funktion *angle*, also beispielsweise *w* = angle(*c*) für den Frequenzvektor *c*.

Aufgabe 4.1.3:

Schreiben Sie eine MATLAB-Funktion, die folgende periodische Funktion für die Grundfrequenz f = 220 Hz im Intervall t=[0,2 s] grafisch darstellt und das zugehörige Frequenzspektrum berechnet und anzeigt:

```
y = sign( sin(2*pi*f*t) );
```

 Die MATLAB-Funktion *sign* berechnet das Vorzeichen der übergebenen Zahl, also beispielsweise: sign(2) = +1, sign(–7) = –1.

Spielen Sie den Ton mit der Funktion wavplay ab.

Aufgabe 4.1.4:

Schreiben Sie eine MATLAB-Funktion, die folgende periodische Funktion für die Grundfrequenz f = 220 Hz im Intervall t=[0,2 s] grafisch darstellt und das zugehörige Frequenzspektrum berechnet und anzeigt:

```
y = sign( sin(2*pi*f*t) ) - sin(2*pi*f*t);
```

Spielen Sie den Ton mit der Funktion wavplay ab.

4.2 Bildverarbeitung

Bevor wir zum Bereich Bildverarbeitung kommen, müssen wir uns noch über das unterhalten, woraus Bilder in der Hauptsache bestehen – die Farben. Auf der physikalischen Ebene gibt es die Farben eigentlich gar nicht. Farben entstehen erst im Auge als physiologische Reaktion auf Lichtwellen, die auf die Netzhaut treffen und dort die lichtempfindlichen Nervenzellen anregen. Diese Nervenzellen sind spezialisiert auf gewisse Frequenzbereiche des Lichts (für Wellenlängen im Bereich von 400 bis 800 Nanometern). Erst die Mischung der Signale verschiedener Nervenzellen erzeugt im Gehirn den Farbeindruck.

In der Informatik verwendet man zur Beschreibung von Farben eine ähnliche Vorgehensweise. Am meisten verbreitet ist dabei das RGB-Farbmodell.

4.2.1 RGB-Farbmodell

RGB = Rot-Grün-Blau bezeichnet die Farben, die dem additiven RGB-Farbmodell zugrunde liegen. Durch ein Addieren (Mischen) dieser drei Farben erhält man jede andere Farbe. Die *Intensität* der einzelnen Grundfarben kann dabei zwischen 0 und 255 liegen.

So ergibt:

- RGB(0,   0,   0) die Farbe Schwarz, da keine Farbe zugeschaltet ist.

- RGB(255, 255, 255) die Farbe Weiß, alle drei Komponenten sind maximal.
- RGB(255,   0,   0) die Farbe Rot, da nur die Farbe Rot vorhanden ist.
- RGB(0, 255,   0) die Farbe Grün.
- RGB(0,   0, 255) die Farbe Blau.

Mischfarben ergeben sich beispielsweise durch folgende Verteilungen:
- RGB(255, 255,   0) die Farbe Gelb = Rot + Grün, Komplement zu Blau.
- RGB(255,   0, 255) die Farbe Magenta = Rot + Blau.
- RGB(0, 255, 255) die Farbe Cyan = Grün + Blau.
- RGB(128, 64,   0) die Farbe Braun.
- RGB(127, 127, 127) die Farbe Grau bei gleich starken Farb-Intensitäten.

4.2.2 Grafikformate

Zum Speichern von Zeichnungen existiert eine ganze Reihe von Grafikformaten – was zum Teil historische und lizenzrechtliche Gründe hat. Die Betriebssystem-Typen (Unix, Microsoft-Windows, MAC, ...) hatten oft eigene Lieblingsformate. In der Microsoft-Welt ist beispielsweise das *bmp-Format* weit verbreitet. Das Microsoft-Zeichenprogramm Paint unterstützte lange Zeit hauptsächlich dieses Format. Zeichnungen im bmp-Format können schnell zu großen Bilddateien führen, da hierbei keine Komprimierung der Bilddaten vorgenommen wird. Formate, die durch einen Komprimierungs-Algorithmus kleinere Dateien erzeugen, sind zum Beispiel das *gif-* und das *jpg-Format*. Die Datenkomprimierung ist normalerweise mit einem Qualitätsverlust verbunden, der jedoch für Bilder im Internet in Kauf genommen wird.

MATLAB kommt mit recht vielen Grafikformaten zurecht, beispielsweise mit bmp, gif, jpg, tif, png. Eine Liste der Formate finden Sie in der MATLAB-Online-Hilfe zu *imread*. Wir wollen uns im Folgenden jedoch nur mit bmp-Dateien beschäftigen.

Informationen zu einer Bilddatei können Sie mit der MATLAB-Funktion *imfinfo* abrufen:

```
>> inf = imfinfo( 'Farben.bmp' )
inf =           Filename: 'Farben.bmp'
             FileModDate: '23-Mar-2006 21:50:11'
                FileSize: 114
                  Format: 'bmp'
           FormatVersion: 'Version 3 (Microsoft Windows 3.x)'
                   Width: 3
                  Height: 5
                BitDepth: 24
               ColorType: 'truecolor'
         CompressionType: 'none'

                   . . .
```

Im Eintrag *CompressionType* für diese Datei steht '*none*', da unsere Datei im bmp-Format ohne Datenkomprimierung abgespeichert wurde.

4.2.3 Bilder einlesen

Unsere kleine Bilddatei *Farben.bmp* besteht nur aus 3 Spalten (Width: 3) und 5 Zeilen (Height: 5), hat also exakt 15 Pixel:

Abbildung 4.8 Bilddatei Farben.bmp

Die erste Zeile enthält 3 schwarze Pixel. Darunter kommt jeweils ein rotes, ein grünes und ein blaues Pixel (RGB). Dann folgt eine Reihe mit 3 weißen Pixeln, gefolgt von einer Reihe mit drei unterschiedlichen Grautönen. Die letzte Reihe enthält die Mischfarben Gelb, Magenta und Cyan.

Wir werden diese Datei in MATLAB einlesen und untersuchen, wie MATLAB mit den Farbinformationen umgeht. Zum Einlesen verwenden wir die Funktion *imread*:

```
>> A = imread( 'Farben.bmp' )
A(:,:,1) =    0    0    0
            255    0    0
            255  255  255
             64  128  192
            255  255    0
A(:,:,2) =    0    0    0
              0  255    0
            255  255  255
             64  128  192
            255    0  255
A(:,:,3) =    0    0    0
              0    0  255
            255  255  255
             64  128  192
              0  255  255
```

imread liefert die Daten der eingelesenen Bilddatei Farben.bmp als Rückgabewert. Durch unseren Aufruf wurden die Daten in der Variablen A gespeichert. A ist ein dreidimensionales Feld. Die Größe des Feldes lässt sich mit Hilfe der Funktion *size* bestimmen:

```
>> s = size( A )
s = 5   3   3
```

Die ersten beiden Parameter von s geben die Bildgröße an. Hier haben wir ein Bild mit fünf Zeilen und drei Spalten: $s(1) = 5$ und $s(2) = 3$. Der dritte Parameter $s(3)$ ist ein dreidimensionaler Vektor mit der RGB-Farbinformation zu dem Punkt, der durch die beiden ersten Parameter definiert ist.

Testen wir einige Pixel des Bildes:

Für den ersten Bildpunkt, $s(1)=1$, $s(2)=1$, sind alle drei Komponenten von $s(3)$ auf 0 gesetzt, also haben die drei Farbanteile Rot: $s(3)=1$, Grün: $s(3)=2$ und Blau: $s(3)=3$ die Intensität 0:

$A(1,1,1) = 0$, $A(1,1,2) = 0$ und $A(1,1,3) = 0$,

was der Farbe Schwarz entspricht.

Für den letzten Bildpunkt der zweiten Zeile, $s(1)=2$, $s(2)=3$, haben wir folgende Farben:

$A(2,3,1) = 0$, $A(2,3,2) = 0$ und $A(2,3,3) = 255$.

Rot und Grün haben die Intensität 0, Blau ist auf dem Maximalwert 255, was der Farbe Blau entspricht.

Für den mittleren Bildpunkt der dritten Zeile, $s(1)=3$, $s(2)=2$, haben wir folgende Farben:

$A(3,2,1) = 255$, $A(3,2,2) = 255$ und $A(3,2,3) = 255$.

Alle drei Farben Rot, Grün und Blau haben den Maximalwert 255, was der Farbe Weiß entspricht.

Für den mittleren Bildpunkt der vierten Zeile, $s(1)=4$, $s(2)=2$, haben wir folgende Farben:

$A(4,2,1) = 128$, $A(4,2,2) = 128$ und $A(4,2,3) = 128$.

Alle drei Farben Rot, Grün und Blau haben den gleichen Wert 128, was einem Grauton entspricht.

Für den ersten Bildpunkt der letzten Zeile, $s(1)=1$, $s(2)=5$, haben wir folgende Farben:

$A(5,1,1) = 255$, $A(5,1,2) = 255$ und $A(5,1,3) = 0$.

Rot und Grün haben den Maximalwert 255, Blau hat die Intensität 0, was der Farbe Gelb entspricht, also der additiven Komplementärfarbe zu Blau.

Nachdem wir den Inhalt der Bilddatei mit Hilfe der Funktion imread in den Speicher eingelesen haben, können wir jetzt mit den Bilddaten arbeiten. Sicher möchten Sie Ihre Bilddaten auch als Bild dargestellt sehen. Dies erledigt die Funktion *image*:

```
>> image( A )
```

Abbildung 4.9 Darstellung der Bilddaten

Bei dieser Art der Darstellung sind die *Seitenverhältnisse* (*Aspect Ratio*) jedoch nicht so wie in der ursprünglichen Datei. Dies kann man durch den Befehl „*axis image*" korrigieren, durch den das Verhältnis von Höhe zu Breite an das ursprüngliche Bildformat angepasst wird:

```
>> image( A )
>> axis image
```

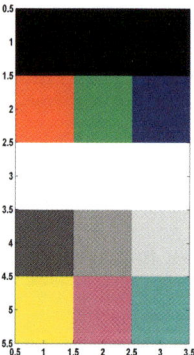

Abbildung 4.10 Darstellung mit korrektem Seitenverhältnis

Mit dem Befehl *imwrite* können wir die Bilddaten in *A* als bmp-Bilddatei auf der Festplatte abspeichern. Der zweite Parameter von imwrite legt hierfür den Namen der Datei fest:

```
>> imwrite( A, 'F.bmp' )
```

Die *Achsenbeschriftung* können Sie ausblenden, indem Sie der Axes-Eigenschaft 'XTick', 'YTick', etc. die leere Menge [ ] zuweisen, z.B.

```
>> set( gca, 'XTick', [] );
```

4.2.4 Bilder bearbeiten

Für die nächsten Bildoperationen nehmen wir die etwas größere Bilddatei *Katze.bmp*.

```
>> B = imread( 'Katze.bmp' );
>> image( B );
>> axis image;
```

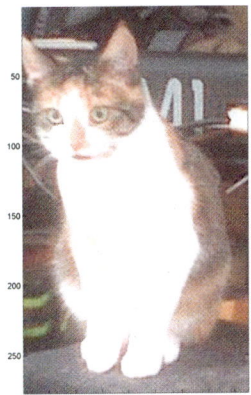

Abbildung 4.11 Katzenbild

Dieses Bild wollen wir in seine drei *RGB-Farbkomponenten* zerlegen. Dazu erzeugen wir die drei Bild-Arrays *Br*, *Bg* und *Bb*, in denen jeweils nur die Farben Rot, Grün und Blau eine Intensität ungleich 0 haben:

```
>> Br = B;
>> Br(:,:,2) = 0;
>> Br(:,:,3) = 0;


>> Bg = B;
>> Bg(:,:,1) = 0;
>> Bg(:,:,3) = 0;


>> Bb = B;
>> Bb(:,:,1) = 0;
>> Bb(:,:,2) = 0;
```

Zur Erinnerung:

Der Befehl „Br(:,:,2) = 0" bewirkt, dass die Matrixelemente $Br(z,s,2)$ für alle Zeilen z und Spalten s auf den Wert 0 gesetzt werden. Man schaltet damit für das gesamte Bild die zweite Farbkomponente (Grün) aus. Das Abschalten der anderen Farben erfolgt analog.

Die so erzeugten Bilddaten lassen wir uns mit dem Befehl „*image*" anzeigen:

```
>> figure
>> subplot(1,3,1), image( Br ), axis image
>> subplot(1,3,2), image( Bg ), axis image
>> subplot(1,3,3), image( Bb ), axis image
```

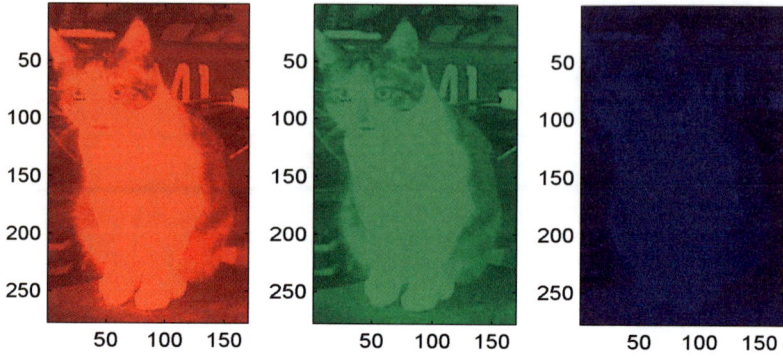

Abbildung 4.12 R-, G- und B-Anteil des Katzenbildes

Die Farbanteile kann man auch wieder zusammenmischen, um beispielsweise den Gelb-Anteil als Addition der Rot- und Grün-Anteile zu erhalten:

```
>> By = Br + Bg;
>> image( By );
>> axis image
```

Oder man erzeugt das Ursprungsbild als Addition aller drei Farben:

```
>> Ba = Br + Bg + Bb;
>> image( Ba );
>> axis image
```

Auch eine beliebige Kombination der Farben ist möglich (wobei Sie darauf achten sollten, dass Sie bei keinem Pixel den RGB-Maximalwert von 255 überschreiten):

```
>> Bm = 0.9 * Br + 0.7 * Bg + 0.4 * Bb;
>> image( Bm );
>> axis image
```

 Hinweis:
Die farbigen Bild-Dateien hierzu finden Sie im Internet unter www.Stein-Ulrich.de/Matlab/.

Sie können die Bildfarben auch *invertieren* (Negativ-Bild), indem Sie für alle drei RGB-Komponenten das Komplement zu 255 berechnen:

```
>> Bi = Br + Bg + Bb;
>> Bi(:,:,1) = 255 - Bi(:,:,1);
>> Bi(:,:,2) = 255 - Bi(:,:,2);
>> Bi(:,:,3) = 255 - Bi(:,:,3);
>> image( Bi );
>> axis image
```

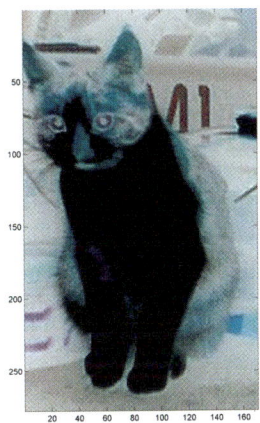

Abbildung 4.13 Farbinvertiertes Katzenbild

Zu einem Farbbild können wir folgendermaßen das zugehörige *Schwarz-Weiß-Bild* bzw. die Grauwerte berechnen:

Den Grauwert zu einem Bildpunkt erhält man, indem man alle RGB-Komponenten des Pixels addiert, diesen Wert durch 3 teilt und den so erzeugten Grauwert allen drei RGB-Komponenten dieses Pixels gleichermaßen zuweist.

Die Funktion grauFilter berechnet die Grauwerte für beliebige RGB-Bilddaten:

Listing 4.6 function grauFilter

```
function grauFilter( B )
    % Zeilen- und Spaltenzahl bestimmen
    sz = size(B);
    z = sz(1);   % Zahl der Zeilen
    s = sz(2);   % Zahl der Spalten

    % von uint8 in double wandeln,
    % denn bei der Addition können Werte > 255 auftreten
    D = double( B );
```

```
% Doppelschleife durch das quadratische Bild-Array
for( m = 1:z )        % Zeile  1 bis z
    for( n = 1:s )    % Spalte 1 bis s
        % aus den RGB-Farben den Grauwert berechnen
        GrauWert = uint8( ( D(m,n,1)+D(m,n,2)+D(m,n,3) ) / 3.0 );
        % allen 3 Farben denselben Wert zuweisen
        Grau( m,n,1 ) = GrauWert;
        Grau( m,n,2 ) = GrauWert;
        Grau( m,n,3 ) = GrauWert;
    end
end

% Ausgabe des Bildes mit und ohne Graufilter
subplot( 1,2,1 );
image( B )
axis image
subplot( 1,2,2 );
image( Grau )
axis image
```

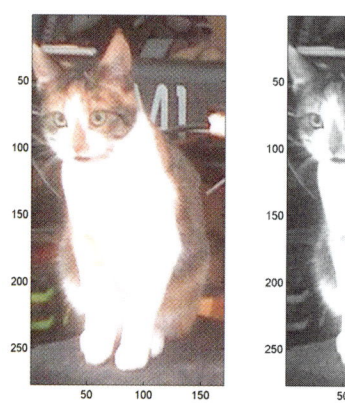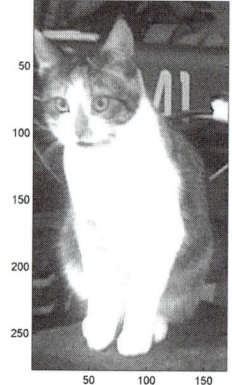

Abbildung 4.14 Farb- und Schwarz-Weiß-Bild

 Die RGB-Werte verwenden den Datentyp „unsigned integer 8 bit" (*uint8*), der Zahlen von 0 bis 255 aufnehmen kann. Da bei der Addition der Farbwerte größere Werte auftreten können, müssen wir für die Zwischenrechnungen die Daten in einen anderen Typ wandeln – hier nach double. Für das endgültige Schwarz-Weiß-Bild werden die Daten wieder nach uint8 zurückgewandelt.

Die image-Funktion erkennt anhand des Datentyps, welcher Bildtyp zu den Daten gehört. Wenn Sie image mit einem nicht zu den Daten passenden Datentyp beschicken, wird dies zu einer Fehlermeldung führen.

4.2.5 Hoch- und Tiefpass

Bisher hatten wir uns bei der Bildbearbeitung auf Manipulationen der RGB-Farben beschränkt. Eine weitere interessante Gruppe von Effekten erhält man, wenn man die Bilder mittels der zweidimensionalen Fourier-Transformation *fft2* analysiert und bearbeitet. Die zweidimensionale Fourier-Transformation von Bilddaten liefert Informationen über Strukturen innerhalb eines Bildes. Abrupte Änderungen in einem Bild, zum Beispiel Kanten, äußern sich durch hochfrequente Anteile. Gleichmäßige Strukturen, zum Beispiel große, einfarbige Flächen, tragen eher zu den tiefen Frequenzen bei.

 Der gerade verwendete Begriff „Frequenz" hat nichts mit der Lichtfrequenz der RGB-Farbe eines Pixel-Punktes zu tun, sondern beschreibt Strukturen im räumlichen Aufbau des Bildes.

In den folgenden Beispielen wollen wir ein Bild so bearbeiten, dass wir zuerst mit Hilfe eines *Hochpasses* seine hohen „Frequenzen" hervorheben. Dies dient einer Verstärkung von Kanten und wird beispielsweise bei der automatischen Erkennung von Bildstrukturen verwendet. In unserem einfachen Hochpass schneiden wir alle Frequenzen ab, die unterhalb einer (relativen) Frequenz min_f liegen (*Filter*). Als Ausgangsbild verwenden wir ein Rechteck mit einer kleinen Einkerbung an der Unterseite, dessen Bilddaten im Array *A* stehen:

Listing 4.7 function hochpass

```
function hochpass( A, min_f )
    % Ursprungsdatei plotten
    figure;
    subplot(1,2,1);  image( A );  axis image

    F = fft2( double(A) ); % zweidim. Fourier-Transformation

    % Zeilen- und Spaltenzahl der Fourier-Transf. bestimmen
    sz = size(F);
    z = sz(1);  s = sz(2);
    % min. Frequenzen im Hochpass, ab 1/2 min_f (Abtasttheorem)
    z_min = z * min_f / 2;
    s_min = s * min_f / 2;

    Fc = F;  % Kopie der Daten
```

```
% durch alle „Frequenzen", Zeilen und Spalten der FT
for( m = 1:z/2 )
    for( n = 1:s/2 )
        % alle „Frequenzen" unterhalb min_f auf 0 setzen
        if( m <= z_min && n <= s_min )
            % symmetrisch für alle Anteile wegen Abtasttheorem
            Fc(m,n,1)       = 0; Fc(m,n,2)       = 0; Fc(m,n,3)       = 0;
            Fc(z+1-m,n,1)   = 0; Fc(z+1-m,n,2)   = 0; Fc(z+1-m,n,3)   = 0;
            Fc(m,s+1-n,1)   = 0; Fc(m,s+1-n,2)   = 0; Fc(m,s+1-n,3)   = 0;
            Fc(z+1-m,s+1-n,1) = 0; Fc(z+1-m,s+1-n,2) = 0; ...
                                   Fc(z+1-m,s+1-n,3) = 0;
        end
    end
end


Fi = ifft2( Fc );          % Rücktransformation
Fr = uint8( abs( Fi ) );   % Absolutbetrag nach uint8 wandeln

% Ausgabe der Funktion nach Hochpass
subplot( 1,2,2 );  image( Fr );   axis image
```

 Das Ursprungsbild enthält eine diskrete Menge von Bildpunkten (begrenzte Sample-Rate – vgl. das Musikbeispiel). Durch diese Rasterung stehen nach der Fourier-Transformation nur Frequenzen bis zu einer Grenzfrequenz zur Verfügung, von denen auch nur die Hälfte unabhängige Informationen enthält (Abtasttheorem). Wir müssen den Filter deshalb symmetrisch anlegen (die vier Zeilen innerhalb der Schleife), damit sowohl die tiefen wie auch die gespiegelten hohen Frequenzen abgeschnitten werden.

Nach der Rücktransformation mittels der inversen Fourier-Transformation *ifft2* erhalten wir im Allgemeinen komplexe RGB-Werte. Für die Darstellung des Bildes verwenden wir deren Absolutbetrag. Außerdem müssen wir vor dem Aufruf der Funktion image die Bilddaten wieder in ihr richtiges Format (uint8) bringen.

Für den Parameter *min_f* = 0.1 erhalten wir so folgenden Effekt – links das Ursprungsbild, rechts das mittels des Hochpasses bearbeitete Bild:

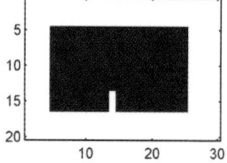 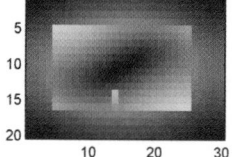

Abbildung 4.15 Original und Bild nach Hochpass-Filter

In dunklen Farben erscheinen die Bereiche, in denen sich die Bildstruktur wenig ändert. Hell sind die Bereiche, in denen die Farben stark wechseln.

Beim *Tiefpass* gehen wir den umgekehrten Weg. Hier werden die tiefen „Frequenzen" hervorgehoben, was zu einer Art Weichzeichnereffekt führt.

Listing 4.8 function tiefpass

```
function tiefpass( A, max_f )
    % Ursprungsdatei plotten
    figure;
    subplot(1,2,1);  image( A ); axis image

    F = fft2( double(A) ); % zweidim. Fourier-Transformation

    % Zeilen- und Spaltenzahl der Fourier-Transf. bestimmen
    sz = size(F);
    z = sz(1);  s = sz(2);
    % max. Frequenzen im Tiefpass, bis 1/2 max (Abtasttheorem)
    z_max = z * max_f / 2;
    s_max = s * max_f / 2;

    Fc = F;    % Kopie der Daten

    % durch alle „Frequenzen", Zeilen und Spalten der FT
    for( m = 1:z/2 )
        for( n = 1:s/2 )
            % alle „Frequenzen" oberhalb min_f auf 0 setzen
            if( m > z_max || n > s_max )
                Fc(m,n,1)       = 0; Fc(m,n,2)       = 0; Fc(m,n,3)       = 0;
                Fc(z+1-m,n,1) = 0; Fc(z+1-m,n,2) = 0; Fc(z+1-m,n,3) = 0;
                Fc(m,s+1-n,1) = 0; Fc(m,s+1-n,2) = 0; Fc(m,s+1-n,3) = 0;
                Fc(z+1-m,s+1-n,1) = 0; Fc(z+1-m,s+1-n,2) = 0; ...
                                  Fc(z+1-m,s+1-n,3) = 0;
            end
        end
    end

    Fi = ifft2( Fc );         % Rücktransformation
    Fr = uint8( abs( Fi ) );  % Absolutbetrag nach uint8 wandeln

    % Ausgabe der Funktion nach Tiefpass
    subplot(1,2,2);  image( Fr ); axis image
```

Für den Parameter *max_f* = 0.1 erhalten wir so folgenden Effekt – links das Ursprungsbild, rechts das mittels Tiefpass bearbeitete Bild:

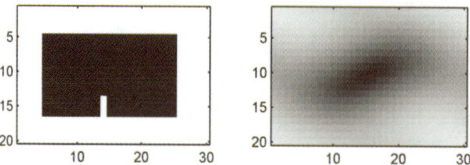

Abbildung 4.16 Original und Bild nach Tiefpass-Filter

Für das etwas größere Bild mit der Katze erhalten wir folgende Ergebnisse für den Hochpass mit *min_f* = 0.04. Man erkennt die Kantenverstärkung besonders gut im rechten Bild, bei dem zusätzlich auch noch die Farben invertiert wurden:

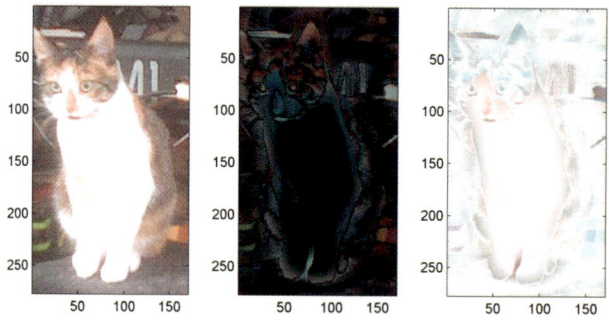

Abbildung 4.17 Katzenbild und Bilder nach Hochpass-Filter

Bei der Anwendung des Tiefpass-Filters mit *max_f* = 0.1 zeigt sich ein (übertriebener) Weichzeichnereffekt:

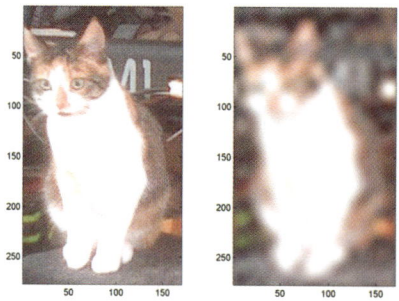

Abbildung 4.18 Katzenbild und Bild nach Tiefpass-Filter

In technischen Anwendungen beschneidet man Signale nicht mit einer so abrupten Filterfunktion, die exakt bei der Grenzfrequenz von eins auf null abfällt. Man verwendet stattdessen Filterkurven mit weicheren Übergängen, wie beispielsweise *Bessel*- oder *Butterworth*-Filter. MATLABs *Signal Processing Toolbox*™ stellt hierfür eine ganze Reihe von Filterfunktionen zur Verfügung. Zur professionellen Kantendetektion werden komplexere Algorithmen verwendet, wie beispielsweise der Sobel-Operator und der Canny-Algorithmus.

4.2.6 Zusammenfassung

- Licht: Wellenlängen von 400 bis 800 nm
- RGB-Farbmodell: Rot, Grün, Blau
- Farb-Intensitäten: 0 bis 255, Format uint8
- Grafikformate: bmp-Format, jpg, tif, ...
- Bild-Informationen: imfinfo
- Bilder einlesen: imread
- Bilder ausgeben: image, axis image
- Bilder speichern: imwrite
- Zerlegung in die RGB-Farbkomponenten
- Farben mischen
- Farben invertieren
- Schwarz-Weiß-Bild: Berechnung der Grauwerte
- Hoch- und Tiefpass: FFT-Filter, fft2
- Kantenverstärkung, Weichzeichner

4.2.7 Aufgaben

Aufgabe 4.2.1:

Erzeugen Sie ein bmp-Bild-Array, das einen waagrechten blauen Strich enthält, und geben Sie diese Daten mit der image-Funktion aus.

Versuchen Sie, andere geometrische Figuren in unterschiedlichen Farben zu erzeugen.

Aufgabe 4.2.2:

Schreiben Sie eine Funktion, mit der man die Helligkeit eines bmp-Bildes variieren kann. Ändern Sie dazu die drei Farbkanäle jeweils um exakt denselben Prozentsatz. Wie sieht das Bild aus, wenn Sie anstelle einer prozentualen Änderung die Farbkanäle um jeweils einen identischen festen Wert abwandeln?

4.3 Spiel: Projekt Labyrinth

In diesem Abschnitt wollen wir eine eher exotische Anwendung für MATLAB vorstellen –
ein Labyrinth-Spiel. Auch wenn der Spielablauf keine großen intellektuellen Leistungen
erfordert, so ist dies doch ein nettes Beispiel, um einige MATLAB-Funktionen weiter zu
vertiefen, speziell die Verwendung von globalen struct-Variablen, die Abfrage von Tastatur-Eingaben und die Analyse von Textzeilen mittels der Funktion *sscanf*.

4.3.1 Projektstruktur

Der Hauptsinn dieses Abschnitts liegt allerdings darin, im Zusammenhang ein größeres
Projekt zu planen und durchzuführen – ein Projekt, das eine eigene Datenbasis besitzt und
das vollständig über eine selbst entworfene GUI-Oberfläche angesteuert wird. Das Projekt
Labyrinth besteht aus zwölf M-Files, einer GUI-Layout-Datei und beliebig vielen Spiel-
Konfigurationsdateien mit unterschiedlichen Labyrinth-Modellen. Diese Dateien sollten
alle im selben Verzeichnis liegen, damit MATLAB die zugehörigen Funktionen findet,
ohne dass man die Suchpfade anpassen muss. Alle MATLAB-Dateien und die selbst geschriebenen Funktionen haben außerdem das einheitliche *Präfix* „l06_", um Kollisionen
mit anderen Funktionen und Projekten zu vermeiden.

 In größeren Software-Projekten und bei Kooperationen verschiedener Software-Häuser werden oft solche Präfix-Konventionen im Rahmen von Projekt-Vorbesprechungen vereinbart,
um zu verhindern, dass man sich bei der Benennung von Programmteilen in die Quere kommt.

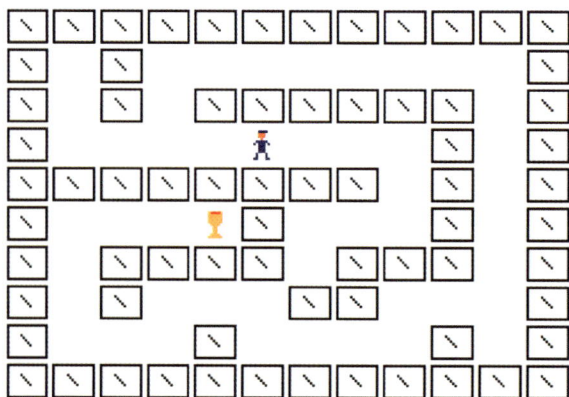

Abbildung 4.19 Labyrinth-Spielfeld

Aus der Sicht der Informatik besteht unser Labyrinth aus einer bestimmten Zahl von Zellen. In einer dieser Zellen steht zu Beginn die Spielfigur, die mit Hilfe der Cursor-Tasten
durch freie Gänge zur Zielzelle (Pokal) gesteuert werden soll. Einige Zellen sind jedoch

durch Steine versperrt, die sich nicht verschieben lassen, sodass man sich einen geeigneten freien Weg suchen muss.

Das Labyrinth-Spiel startet man durch den Aufruf der Funktion *l06*, definiert im M-File l06.m. Als Erstes wird die globale Variable *l06_data* für die *Datenbasis* angelegt und initialisiert. Danach erzeugt der Aufruf *l06_gui* die zum Labyrinth gehörende grafische Oberfläche, mit deren Hilfe man das Spiel steuert. Wie das im Einzelnen geschieht, werden wir in den Abschnitten 4.3.3 „*Spiel laden*", 4.3.4 „*Spielfeld zeichnen*" und 4.3.5 „*Spielablauf*" genauer betrachten.

Listing 4.9 Startfunktion l06

```
% Startfunktion für das Labyrinth
function l06()

    % globale Variable l06_data anlegen:
    % muss in jeder function, die l06_data verwendet,
    % ebenfalls so deklariert werden
    global l06_data;

    % Initialisierung des globalen structs
    l06_data = l06_data_clear( l06_data );

    % GUI des Labyrinths starten
    l06_gui;
```

4.3.2 Datenbasis

Als Datenbasis für das Labyrinth-Spiel dient eine einzige, globale struct-Variable namens *l06_data*, die alle Daten zur Beschreibung des ausgewählten Spielfeldes und zum aktuellen Stand des Spiels enthält. *l06_data* wurde als *globale Variable* angelegt. Für diese wird der Speicherplatz nur ein einziges Mal zentral reserviert. Alle Funktionen im gesamten Projekt (und auch das Command-Window) können auf diese Daten direkt zugreifen. Das Durchreichen einer Datenkopie über den Funktions-Stack ist nicht notwendig. Durch die Anweisung „*global* <var_name>" wird in MATLAB die Variable <var_name> als globale Variable deklariert. In jeder Funktion, die diese globale Variable verwenden will, muss vor dem ersten Aufruf dieser Variablen ebenfalls die Anweisung „global <var_name>" stehen.

Im Einzelnen enthält die globale struct-Variable *l06_data* für unser Labyrinth-Spiel folgende Komponenten:

- *geladen*   gibt an, ob bereits ein Spiel aus einer Datei geladen wurde
- *zeilen*   Zahl der Zeilen des Labyrinths
- *spalten*   Zahl der Spalten des Labyrinths

- *p*   aktuelle Position der Spielfigur: Zelle [*y,x*]
- *ziel*   Position der Zielzelle [*y,x*]
- *feld*   Array mit Belegung der Zellen: 0=Stein, 1=frei
- *imag*   Bild mit der aktuellen Spielsituation
- *fig*   Figurengröße einer Zelle, fest auf [16,20] eingestellt

Sofort nach dem Start des Labyrinth-Spiels wird in der Funktion *l06* der globale struct *l06_data* erzeugt und in der Unterfunktion *l06_data_clear* des M-Files l06_data_clear.m initialisiert:

Listing 4.10 function l06_dataclear

```
% Daten-struct löschen und neu initialisieren
function l06_data = l06_data_clear( l06_data )
    % Variable löschen
    clear l06_data;

    % Variable neu anlegen und zurückgeben
    l06_data = struct( 'geladen', 0, ...
                       'zeilen', 0, 'spalten', 0, ...
                       'p', [], 'ziel', [], ...
                       'feld', [], 'imag', [], 'fig', [] );

    l06_data.fig = [16,20]; % Größe der Figuren
```

In der Funktion l06_data_clear wird zu Beginn die als Argument übergebene struct-Variable vollständig aus dem MATLAB-Speicher gelöscht, um alle alten Daten zu entfernen. Danach wird die Variable neu angelegt. Einige Daten werden explizit vorbelegt. Unter anderem wird die Größe der Figuren-Zellen in *l06_data.fig* mit einer Höhe von 16 und einer Breite von 20 Pixeln fest eingestellt. Die neu erzeugte struct-Variable wird von der Funktion l06_data_clear zurückgegeben und muss in der übergeordneten Funktion, hier die Funktion l06, wieder der globalen Variablen *l06_data* zugewiesen werden.

4.3.3 Spiel laden

Zu Beginn unseres Spiels ist die Datenbasis zwar bereits als globale Variable *l06_data* angelegt. Es sind aber noch keinerlei Informationen zum Spielfeld geladen. Informationen zu Labyrinth-Spielfeldern wurden in externe ASCII-Dateien ausgelagert, um das Spiel variabel halten zu können. Bevor wir also mit einem Spiel beginnen können, muss eine Spiel-Konfigurationsdatei ausgewählt und in die Datenbasis eingeladen werden. Über den Menü-Eintrag „*Datei + Neues Spiel*" des Labyrinth-Spiels wird die Funktion *l06_lade_spiel* im M-File l06_lade_spiel.m gestartet.

Der Aufruf dieser Ladefunktion ist ebenfalls bereits am Anfang des Programms in der Funktion l06_gui_OpeningFcn des GUI-M-Files l06_gui.m eingebaut.

Listing 4.11 function l06_lade_spiel

```
% Spieldaten aus Datei laden
function l06_lade_spiel()
   global l06_data;  % Deklaration der globalen Datenbasis

   % Abfrage, ob ein Spiel bereits geladen ist
   if( l06_data.geladen == 1 )
      button = questdlg( 'Aktuelles Spiel beenden ?', ...
                         'Neues Spiel','Ja','Nein','Ja');
      if( strcmp( button, 'Nein' ) == 1 )
         return;
      end
   end


   cla;  % Spielfeld loeschen

   % globales Datenfeld löschen
   l06_data = l06_data_clear(l06_data );

   % Namen der Spieledatei holen
   [FileName,PathName] = uigetfile( '*.l06', 'Labyrinth wählen' );
   if( isequal( FileName, 0 ) )
      msgbox( 'Kein Labyrinth ausgewählt' );
      return;
   end


   % Spieldaten aus Datei einlesen
   l06_lese_spiel( FileName, PathName );
```

Wir möchten mit unserem globalen Daten-struct arbeiten, deshalb muss zu Beginn der Funktion die Deklaration „global l06_data;" stehen. Bevor wir dann mit einem neuen Spiel anfangen, wird noch überprüft, ob nicht bereits ein Spiel gestartet ist. Das Flag *l06_data.geladen* führt darüber Buch. Ist ein Spiel am Laufen, wird der Benutzer über den *questdlg* gefragt, ob er dieses Spiel beenden möchte. Wählt der Benutzer die Option „Nein" (beachten Sie den Vergleich mit *strcmp*), dann verlassen wir mit einem „return" diese Funktion und brechen damit den Ladevorgang ab.

Im anderen Fall löschen wir als Nächstes mit dem folgenden Befehl „*cla*" die Zeichnung in der aktuellen Axes (clear axes). Danach wird unser globales Datenfeld mit der Datenbasis gelöscht, und zwar durch die bereits vorgestellte Funktion l06_data_clear. Zu Beginn des

Spiels sind im Datenfeld zwar noch keine Daten gespeichert, aber wir wollen die Funktion l06_lade_spiel später auch dazu verwenden, ein neues Spiel zu laden.

Nach der Initialisierung können wir uns endlich um die Spiel-Konfigurationsdatei kümmern. Als Extension für diese Dateien wurde „.l06" gewählt, um den Spieler bereits durch den Dateinamen auf eine zulässige Labyrinth-Datei hinzuweisen. Mit der Befehlszeile

```
[FileName,PathName] = uigetfile( '*.l06', 'Labyrinth wählen' );
```

starten wir die MATLAB-Funktion zur Auswahl einer Datei vom Typ „*.l06":

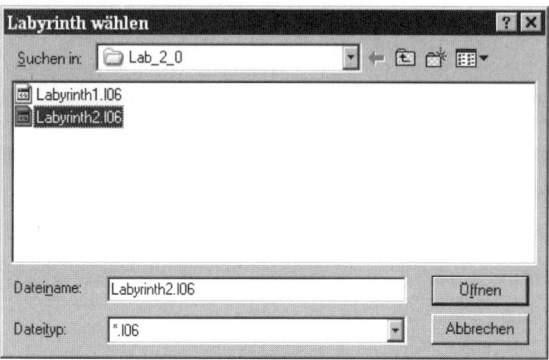

Abbildung 4.20 Spieldatei-Auswahl

Nachdem der Spieler eine Datei ausgewählt und durch Drücken des Öffnen-Buttons bestätigt hat, gibt die Funktion *uigetfile* den Namen und den Pfad dieser Datei zurück. In unserer Ladefunktion folgt als Nächstes ein Check, ob der Spieler auch wirklich einen Dateinamen ausgewählt hat. Wählt der Spieler anstelle des Öffnen-Buttons die Option „Abbrechen", liefert uigetfile in der Variablen *Filename* den Wert 0 zurück. In diesem Fall geben wir über eine Messagebox die Meldung „Kein Labyrinth ausgewählt" aus und brechen mit einem „return" die Ladefunktion ab.

 In seriösen Projekten sollten Sie mit Konsistenz-Checks nicht geizen. Sie glauben gar nicht, wie kreativ Anwender darin sind, unsinnige Daten zu erzeugen. Wenn Sie dies nicht selbst beheben, dann führt es zu unschönen und meist unverständlichen System-Fehlermeldungen, wenn nicht gar Ihr gesamtes Programm abstürzt. Andererseits sollten Sie den Anwender aber auch nicht mit überflüssigen Meldungen nerven. Unsere Meldung „Kein Labyrinth ausgewählt" ist gerade im Grenzbereich des Sinnhaften, denn wenn der Anwender bewusst „Abbrechen" gewählt hat, dann sollte ihm eigentlich klar sein, dass er kein Labyrinth ausgewählt hat.

Wir haben jetzt also den Namen einer Labyrinth-Konfigurationsdatei bestimmt. Das Einlesen der Spieldaten aus der Datei mit diesem Namen erfolgt in der Funktion *l06_lese_spiel* im M-File l06_lese_spiel.m. Bevor wir jedoch zur eigentlichen Lese-Operation kommen, müssen wir uns darüber unterhalten, welche Art von Daten wir eigentlich einlesen wollen.

Eine Konfigurationsdatei soll alle Informationen darüber enthalten, wie ein Labyrinth-Feld aussieht und wo zu Beginn die Spielfigur steht. Diese Informationen werden in einer Text-datei abgespeichert. Wie die Konfigurationsdatei aufgebaut ist, darf in unserem Fall der Programmierer selbst definieren. Am Beispiel der Datei *Labyrinth2.l06* soll die hier ver-wendete *Syntax* erklärt werden. Jede Zeile der Datei enthält eine bestimmte Information zum Labyrinth. Welche Information das ist, wird durch das *erste Zeichen* einer Zeile defi-niert.

Konfigurationsdatei „Labyrinth2.l06":

```
l06
% Labyrinth für MATLAB-Spiel
z 10
s 12
p 4 6
e 6 5
n 1 000000000000
n 2 010111111110
n 3 010100000010
n 4 011111111010
n 5 000000001010
n 6 011110111010
n 7 010000100010
n 8 010111001110
n 9 011101111010
n 10 000000000000
```

In der ersten Zeile steht der Kenner „l06". Dieser Kenner dient als Sicherheit beim Laden der Datei. Nur Dateien mit diesem Kenner werden als zulässige Labyrinth-Dateien akzep-tiert. An beliebigen Stellen in der Datei können danach Zeilen stehen, die mit dem Zeichen „%" beginnen. Diese Zeilen sind Kommentarzeilen und werden beim Einlesen nicht be-rücksichtigt.

Die erste Zeile, die etwas über die Spiel-Konfiguration aussagt, beginnt mit dem Zeichen „z" – in unserem Beispiel lautet diese Zeile: „z 10". Die Zahl, die nach einem Leerzeichen hinter „z" folgt, definiert die Anzahl der *Zeilen* des Spielfeldes, hier also 10 Zeilen. Dann folgt eine Zeile, die mit „s" beginnt und die Zahl der *Spalten* des Spielfeldes bestimmt, hier 12 Spalten. Mit dem Zeichen „p" fängt die Zeile an, die die Startposition der *Spielfi-gur* festlegt. In unserem Beispiel definiert „p 4 6" als Startposition die 4. Zeile und die 6. Spalte. Mit dem Zeichen „e" beginnt die Zeile, die das *Ziel* nennt, also die Position, an der das Spiel endet. Hier handelt es sich um Zeile 6 und Spalte 5.

Anschließend werden nacheinander die Zellen des *Spielfeldes* definiert. Diese Zeilen be-ginnen mit dem Zeichen „n". Darauf folgt die Nummer der Zeile des Spielfeldes und dann wird als Serie von 0 und 1 definiert, ob sich in einer Zelle ein Stein befindet („0") oder nicht („1"). Nehmen wir beispielsweise die zweite n-Zeile: „n 2 010111111110". „n" heißt, dass hiermit das Spielfeld definiert wird. „2" bedeutet, dass es sich um die zweite Zeile des Spielfeldes handelt. Die nach dem Leerzeichen folgende „0" sagt, dass sich in der ersten Zelle der zweiten Zeile ein Stein befindet. Dann folgen ein freies Feld „1", dann wieder ein Stein, dann acht freie Felder und am Ende wieder ein Stein. Vergleichen Sie dies mit der Abbildung 4.19!

Dies ist die (hier definierte) Syntax für eine Spiel-Konfigurationsdatei, die durch den Aufruf der Funktion l06_lese_spiel nach MATLAB geladen und als Spielfeld dargestellt werden soll. Die Datei l06_lese_spiel.m enthält die Hauptfunktion *l06_lese_spiel* und außerdem noch die privaten Unterfunktionen *l06_check_zeile1* und *l06_next_line*:

Listing 4.12 Datei l06_lese_spiel.m

```
% Spieldaten einlesen
function l06_lese_spiel( FileName, PathName )

    % Versuch, die Datei zu FileName zu öffnen
    fid = fopen( FileName, 'r' );
    if( fid == -1 )
        beep;
        errordlg(['Datei ',FileName,' kann nicht geöffnet werden!']);
        return;
    end


    % Erste Zeile der Datei einlesen und checken
    tline = fgetl(fid);
    if( l06_check_zeile1( tline ) == 1 )
        beep;
        errordlg([FileName,' ist keine gültige Labyrinth-Datei!']);
        fclose( fid );
        return;
    end


    % alle Zeilen der Datei nacheinander lesen (Totschleife)
    while( 1 )
        tline = fgetl(fid);
        % Check, ob Datei-Ende erreicht ist
        if( ~ischar(tline) )
            % Datei-Ende ist erreicht:
            % die Totschleife mittels break verlassen
            break;
        end
```

```matlab
      % Analyse der gerade eingelesenen Zeile
      if( l06_next_line(tline) == 1 )
         beep;
         errordlg([FileName,' ist keine gültige Labyrinth-Datei!']);
         fclose( fid );
         return;
      end
   end

   fclose( fid );

   % Flag, dass jetzt die Daten vorhanden sind
   global l06_data;
   l06_data.geladen = 1;

   % Spielfeld zeichnen
   l06_draw;
return;
%--- Ende der Funktion l06_lese_spiel ---


% Unterfunktion: l06_check_zeile1
function r = l06_check_zeile1( tline )
   % Check 1. Zeile tline:
   % in 1. Zeile muss der Kenner 'l06' stehen
   if( strcmp( tline, 'l06' ) == 1 )
      r = 0;
   else
      r = 1;   % falscher Kenner, Rückgabewert 1
   end
return;
%--- Ende der Funktion l06_check_zeile1 ---


% Unterfunktion: l06_next_line
%    zur Analyse der eingelesenen Zeile tline
function r = l06_next_line( tline )
   global l06_data;
   r = 0; % Rückgabewert vorbelegen

   % 1. Zeichen der Zeile in c1 speichern
   c1 = tline(1);
```

```
% Auswahl nach Art des 1. Zeichens der Zeile
switch( c1 )
    % Kommentar- und Leerzeilen überspringen
    case '%'
        return;
    case ' '
        return;

    % Zeilenzahl bestimmen: Kenner 'z'
    case 'z'
        % Daten der Zeile in Vektor ln schreiben
        ln = sscanf( tline, '%c %lg' );
        % 2. Eintrag ln(2) enthält die Zeilenzahl
        l06_data.zeilen  = ln(2);

    % Spaltenzahl bestimmen, analog für Kenner 's'
    case 's'
        ln = sscanf( tline, '%c %lg' );
        l06_data.spalten  = ln(2);

        % jetzt die Datenfeld-Arrays initialisieren
        if( l06_data.zeilen > 0 )
            l06_data_init;
        end

    % Startposition bestimmen: Kenner 'p'
    case 'p'
        ln = sscanf( tline, '%c %lg %lg' );
        % 2. Eintrag ln(2) enthält die Startzeile
        l06_data.p(1) = ln(2);
        % 3. Eintrag ln(3) enthält die Startspalte
        l06_data.p(2) = ln(3);

    % Endposition (Ziel) bestimmen, analog für Kenner 'e'
    case 'e'
        ln = sscanf( tline, '%c %lg %lg' );
        l06_data.ziel(1) = ln(2);
        l06_data.ziel(2) = ln(3);

    % Labyrinth-Zeile mit den Steinen einlesen
    case 'n'
        % Checks auf Konsistenz
        if( l06_data.zeilen == 0 )
```

```
                beep;
                errordlg( 'Keine Zeilenzahl definiert!');
                r = 1;   % Fehler, deshalb r = 1 und raus
                return;
            end
            if( l06_data.spalten == 0 )
                beep;
                errordlg( 'Keine Spaltenzahl definiert!');
                r = 1;   % Fehler, deshalb r = 1 und raus
                return;
            end


            % Zeile einlesen, Steine stehen ab ln(3)
            ln = sscanf( tline, '%c %lg %s' );
            % 2. Eintrag enthält Nummer der Spielzeile
            akt_zeile = ln(2);


            % nacheinander den String mit den Steinen analysieren
            for( n= 1:l06_data.spalten )
                % Feldtyp stein: 1=frei, 0=Stein gesetzt
                stein = str2double( char(ln(n+2)) );
                % in Spalte n eintragen, ob Stein gesetzt ist
                l06_data.feld( akt_zeile, n ) = stein;
            end

        otherwise
            errordlg( ['Ungültiger Kenner ',c1] );
            r = 1;   % Fehler, deshalb r = 1 und raus
            return;
    end
return
```

Diese Datei ist recht lang, aber anhand der Kommentare sollte Ihnen der Ablauf klar werden. Zu Beginn wird die Konfigurationsdatei mit der MATLAB-Funktion fopen zum Lesen geöffnet, mit einem nachfolgenden Konsistenz-Check. Anschließend wird die erste Zeile der Datei eingelesen und in der Unterfunktion l06_check_zeile1 geprüft, ob diese Zeile den Kenner „l06" enthält. Danach werden in einer Schleife sämtliche Zeilen der Datei nacheinander eingelesen und mit Hilfe der Unterfunktion l06_next_line analysiert. Nachdem die Spiel-Konfigurationsdatei eingelesen ist, erfolgt das Schließen der Datei mit fclose. Die letzte Aktion vor Beginn des Spiels ist das Zeichnen des Spielfeldes. Hierzu dient die Funktion l06_draw, die im nächsten Abschnitt besprochen wird.

Betrachten wir jetzt im Einzelnen die Art und Weise, wie die Daten einer eingelesenen Textzeile analysiert und in ihre Bestandteile zerlegt werden. Hierzu dient die Unterfunktion *l06_next_line*, die den gesamten Text einer Zeile als Argument *tline* übergeben bekommt. Bei der Beschreibung der Syntax der Spieldatei haben wir darauf hingewiesen, dass das erste Zeichen einer Zeile definiert, was in dieser Zeile festgelegt wird. Wir müssen uns also um das *erste Zeichen* im Text *tline* kümmern:

```
% 1. Zeichen der Zeile in c1 speichern
c1 = tline(1);
```

Als Nächstes verzweigen wir mit Hilfe einer switch-Anweisung in die unterschiedlichen Fälle, die für das Zeichen *c*1 erlaubt sind:

```
% Auswahl nach Art des 1. Zeichens der Zeile
switch( c1 )
```

In den folgenden Zeilen finden Sie alle weiter oben beschriebenen Fälle in den einzelnen case-Bereichen. Nehmen wir als Beispiel den Fall, dass das erste Zeichen ein „z" ist – die darauf folgende Zahl also die Zahl der Zeilen des Spielfelds definiert:

```
% Zeilenzahl bestimmen: Kenner 'z'
case 'z'
    % Daten der Zeile in Vektor ln schreiben
    ln = sscanf( tline, '%c %lg' );
    % 2. Eintrag ln(2) enthält die Zeilenzahl
    l06_data.zeilen = ln(2);
```

Beim Zerlegen der Zeile kommt die MATLAB-Funktion *sscanf* ins Spiel. sscanf zerlegt den im ersten Argument übergebenen String, hier *tline*, nach dem Format, das als zweites Argument folgt – hier „%c %lg"–, und gibt diese Zerlegung als Vektor zurück, hier in *ln*. Schauen wir uns an, was an der entsprechenden Stelle in der Datei Labyrinth2.l06 steht:

```
z 10
```

Diese Zeile enthält also den Buchstaben „z", gefolgt von einem Leerzeichen und der Zahl 10, und hat damit exakt die Form „%c %lg". Zur Erinnerung: „%c" ist der Platzhalter für einen Buchstaben, „%lg" für eine (double-)Zahl. Im Vektor *ln* steht damit nach dem Einlesen folgende Information:

```
ln(1) = 'z'
ln(2) = 10
```

Wir sind an der zweiten Komponente von *ln* interessiert und merken uns die Zahl der Zeilen des Spielfelds in der globalen Variablen *l06_data.zeilen* :

```
l06_data.zeilen = ln(2);
```

Auf die anderen Zeichen wird in den entsprechenden case-Fällen analog reagiert. Nach dem Einlesen der Spaltenzahl wird außerdem noch durch den Aufruf der Funktion *l06_data_init* aus dem M-File l06_data_init.m das Spielfeld-Array *l06_data.feld* mit Nullen vorbelegt und im Bild *l06_data.imag* jede einzelne Spielfeld-Zelle über die Funktion *l06_leeres_feld* mit einem weißen Hintergrund versehen.

Beachten Sie auch den case-Fall „n", bei dem in einer Schleife die Information für eine gesamte Spielfeld-Zeile in das globale Feld *l06_data.feld* zum Zeilenindex *akt_zeile* eingetragen wird. Die Informationen 1=frei bzw. 0=Stein liegen im Vektor *ln* als Zeichen (char) vor und müssen deshalb mit Hilfe der Funktion *str2double* (sprich: string-to-double) in Zahlen umgewandelt werden:

```
% Zeile einlesen, Steine stehen ab ln(3)
ln = sscanf( tline, '%c %lg %s' );
% 2. Eintrag enthält Nummer der Spiel-Zeile
akt_zeile = ln(2);


% nacheinander den String mit den Steinen analysieren
for( n= 1:l06_data.spalten )
    % Feldtyp stein: 1=frei, 0=Stein gesetzt
    stein = str2double( char(ln(n+2)) );
    % in Spalte n eintragen, ob Stein gesetzt ist
    l06_data.feld( akt_zeile, n ) = stein;
end
```

4.3.4 Spielfeld zeichnen

Zur Darstellung des Spielfeldes dient ein Axes-Bereich, der den größten Teil des GUI-Layouts der Labyrinth-Oberfläche ausmacht.

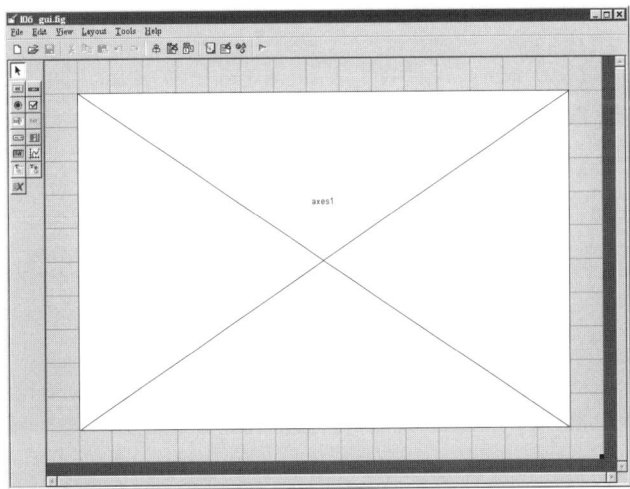

Abbildung 4.21 GUI-Layout für das Labyrinth

Im zugehörigen Menü befinden sich Einträge zum Laden eines neuen Spiels, zum Beenden und für den Aufruf eines Info-Fensters:

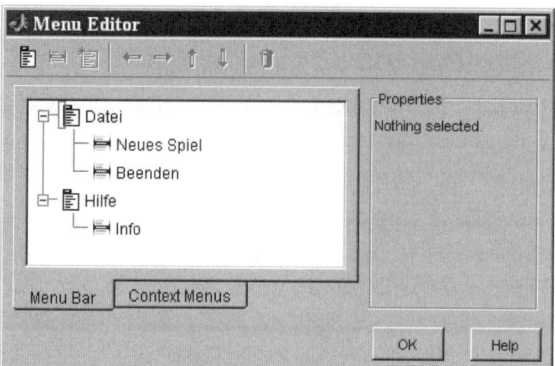

Abbildung 4.22 Menü zum Labyrinth

Die Informationen zum Layout sind in der Datei l06_gui.fig gespeichert.

Nachdem die Spiel-Konfigurationsdatei eingelesen ist, wird vor Beginn des Spiels mit Hilfe der Funktion *l06_draw* das Spielfeld in den Axes-Bereich gezeichnet.

Listing 4.13 function l06_draw

```
% Funktion zum Zeichnen des Spielfelds
function 106_draw
    global 106_data;
    % in Doppelschleife alle Felder zeichnen
    for( m = 1 : 106_data.zeilen )
        for( n = 1 : 106_data.spalten )
            % 0: Stein zeichnen
            if( 106_data.feld(m,n) == 0 )
                106_zeichne_stein( m, n );
            % 1: freies Feld zeichnen
            else
                106_leeres_feld( m, n );
            end
        end
    end


    % Ziel zeichnen
    106_zeichne_ziel( 106_data.ziel(1), 106_data.ziel(2) );
    % Figur zeichnen
    106_zeichne_figur( 106_data.p(1), 106_data.p(2) );
```

```
% vor dem image-Aufruf nach uint8 wandeln
l06_data.imag = uint8( l06_data.imag );
image( l06_data.imag )   % und das Image anzeigen
axis image;
```

Die Funktion l06_draw erzeugt das *bmp-Bild-Array l06_data.imag*, das am Ende der Funktion mit dem Befehl „*image*" angezeigt wird. In dieses Bild-Array werden mit Hilfe von Unterfunktionen die Spielelemente in die zugehörigen Zellen des Spielfeldes eingetragen. Eine Zelle, die einen Stein nach dem Muster „*l06_data.feld(m,n)* == 0" enthält, wird mit Hilfe der Funktion *l06_zeichne_stein* mit den Bilddaten eines Steines belegt, ein freies Feld erhält durch die Funktion *l06_leeres_feld* durchgehend eine weiße Farbe. Das Ziel in der Zelle mit den Koordinaten [*l06_data.ziel*(1), *l06_data.ziel*(2)] wird mit der Funktion *l06_zeichne_ziel* erzeugt. Die Funktion *l06_zeichne_figur* zeichnet die Spielfigur an der Position [*l06_data.p*(1), *l06_data.p*(2)].

Wie diese Funktionen im Einzelnen aussehen, hängt davon ab, wie Sie die Steine, das Ziel und die Spielfigur zeichnen wollen. Sie müssen dazu nur wissen, wie hoch und wie breit eine Zelle ist. Dies wurde global in der Variablen *l06_data.fig* als Höhe 16 und Breite 20 festgelegt.

Für diese 16x20 Pixel pro Zelle müssen Sie die drei RGB-Farbwerte definieren, z. B.:

```
l06_data.imag(z, s, 1) = ...;   % Rotwert für Pixel (z,s)
```

Um an einem einfachen Beispiel zu zeigen, wie man die Bilddaten für eine Spielfeld-Zelle belegt, sei als Abschluss noch explizit die Funktion *l06_leeres_feld* angegeben, die eine Zelle mit den Koordinaten *m* und *n* mit weißen Pixeln (Farbwert 255) ausstattet:

Listing 4.14 function l06_leeres_feld

```
% Zeichnet ein leeres Feld in Spielfeld-Zelle (m,n)
function l06_leeres_feld( m, n )
   global l06_data;
   % Zahl der Pixel des Felds holen
   z_w = l06_data.fig(1);
   s_w = l06_data.fig(2);

   for( r=1 : z_w )     % für alle 16 Pixel-Zeilen der Zelle
      for( s =1 : s_w ) % für alle 20 Pixel-Spalten
         l06_data.imag( (m-1)*z_w+r ,(n-1)*s_w+s, 1) = uint8(255);
         l06_data.imag( (m-1)*z_w+r ,(n-1)*s_w+s, 2) = uint8(255);
         l06_data.imag( (m-1)*z_w+r ,(n-1)*s_w+s, 3) = uint8(255);
      end
   end
```

Für die Figurenfelder wurden in den zugehörenden Funktionen die Farb-Arrays explizit mit Werten belegt, die dann in einer Doppelschleife an *l06_data.imag* übergeben werden.

4.3.5 Spielablauf

Jetzt ist unser Labyrinth-Spiel endlich geladen, und wir können mit dem Spiel beginnen. Es soll mit Hilfe der Cursor-Tasten gesteuert werden, deshalb müssen wir in unserem GUI-Projekt den Callback *KeyPressFcn* über der Axes aktivieren, wie wir das im GUI-Abschnitt 3.5.2 Tastatur-Interaktion beschrieben haben. Die Eigenschaft „*CurrentCharacter*" liefert uns den ASCII-Wert der gedrückten Taste:

Listing 4.15 function figure1_KeyPressFcn

```
% --- Executes on key press over figure1 with no controls selected.
function figure1_KeyPressFcn(hObject, eventdata, handles)
% hObject handle to figure1 (see GCBO)
    % Zeichen der gedrückten Taste in Variable c speichern
    c = get( hObject, 'CurrentCharacter' );
    % nur Cursor-Tasten: < : 28, > : 29, ^ : 30, v : 31
    switch( c )
        case {28,29,30,31}
            l06_ziehe( c );  % hier wird gezogen
        otherwise
            beep;
            errordlg( ['Unzulässige Eingabe: ',c] );
            return;
    end
```

Falls eine der zulässigen Cursor-Tasten gedrückt wurde, wird die Funktion *l06_ziehe* im M-File l06_ziehe.m aufgerufen, die versucht, die Spielfigur zu bewegen:

Listing 4.16 function l06_ziehe

```
% Reaktion auf Cursor-Taste - Stein ziehen
function l06_ziehe( c )
    global l06_data;
    % Konsistenz-Check
    if( l06_data.geladen == 0 )
        beep;
        msgbox( 'Kein Spiel geladen!' );
        return;
    end
```

```
akt_x = l06_data.p(2);  % aktuelles Feld auslesen
akt_y = l06_data.p(1);
next_x = akt_x;  % nächstes Feld mit akt. Feld vorbelegen
next_y = akt_y;

% aus Cursor-Taste das nächste Feld bestimmen
%   < : 28, > : 29, ^ : 30, v : 31
switch( c )
   case 28  % ein Feld nach links
      next_x = next_x - 1;
   case 29  % ein Feld nach rechts
      next_x = next_x + 1;
   case 30  % ein Feld nach oben
      next_y = next_y - 1;
   case 31  % ein Feld nach unten
      next_y = next_y + 1;
   otherwise  % nicht erlaubte Taste
      return;
end

% Check, ob Nachbarfeld (next_y,next_x) frei ist (Wert nicht 0)
if( l06_data.feld(next_y,next_x) == 0 )
   beep;   % Feld ist mit Stein versperrt
   return;
end

% neue Figurdaten merken, damit wird dann gezeichnet
l06_data.p = [next_y,next_x];
l06_draw;  % neu zeichnen

% Check, ob Ziel erreicht ist: Figur ist auf Ziel
if( l06_data.ziel(1) == l06_data.p(1) && ...
    l06_data.ziel(2) == l06_data.p(2) )
   % Spiel ist zu Ende
   l06_data.geladen = 0;
   % Anfrage, ob neues Spiel
   button = questdlg( 'Bravo!  Neues Spiel ?', ...
                      'Neues Spiel','Ja','Nein','Ja');
   if( strcmp( button, 'Ja' ) == 1 )
      l06_lade_spiel;
   end
end
```

Die Hauptaufgabe dieser Funktion ist es, die neue Position der Spielfigur nach dem Verschieben zu berechnen:

```
% neue Figurdaten merken, damit wird dann gezeichnet
l06_data.p = [next_y,next_x];
```

Die Informationen darüber, wo die neue Position [next_y,next_x] liegt, erhält man aus der aktuellen Position der Figur

```
akt_x = l06_data.p(2); % aktuelles Feld auslesen
akt_y = l06_data.p(1);
```

und dem ASCII-Code der gedrückten Cursor-Taste. Beispielsweise hat die Cursor-Taste „links" den ASCII-Code 28. In diesem Fall soll die Figur einen Schritt nach links machen, der x-Wert der Position muss also um den Wert 1 verringert werden:

```
case 28  % ein Feld nach links
   next_x = next_x - 1;
```

Ist die neue Position berechnet, muss noch sichergestellt werden, dass sich dort kein Stein befindet, der den Weg versperrt:

```
if( l06_data.feld(next_y,next_x) == 0 )
   beep;   % Feld ist mit Stein versperrt
```

Am Ende der Funktion wird überprüft, ob die Figur nach dem Zug am Ziel angelangt ist, ob also x- und y-Wert von Figur und Ziel übereinstimmen. Bis auf ein paar Kleinigkeiten, wie die Menü-Einträge für „Neues Spiel", „Beenden" und „Info", war das der gesamte Code für unser Projekt Labyrinth.

Alle Dateien des Labyrinth-Projekts finden Sie im Internet unter:

www.Stein-Ulrich.de/Matlab/

4.3.6 Zusammenfassung

- Projektstruktur: Datenbasis, GUI, Ansteuerung
- Datenbasis: globale struct-Variable, Initialisierung
- Spiel laden: Konsistenz-Checks, uigetfile-Aufruf
- Konfigurationsdatei: Syntax-Vereinbarung, Kenner
- String-Zerlegung: sscanf
- Tastatur-Steuerung: KeyPressFcn, 'CurrentCharacter'
- Cursor-Tasten: ASCII-Code, < : 28, > : 29, ^ : 30, v : 31
- Zieh-Logik

4.3.7 Aufgaben

Aufgabe 4.3.1:

Erzeugen Sie selbst mittels eines Text-Editors weitere Konfigurationsdateien für das Labyrinth-Spiel und testen Sie sie im Spiel.

Aufgabe 4.3.2:

Erweitern Sie die Labyrinth-Datenstruktur und die Dateistruktur dahingehend, dass in der Konfigurationsdatei eine erlaubte Maximalzahl von Zügen festgelegt wird, beispielsweise über den Kenner „m". Zählen Sie während des Spiels die bereits erfolgten Züge und stoppen Sie das Spiel, wenn die erlaubte Maximalzahl überschritten wurde.

Aufgabe 4.3.3:

Erweitern Sie das Labyrinth-Spiel, indem Sie die Sichtbarkeit des Spielfelds auf die Nachbarfelder der Spielfigur einschränken (Nebeleffekt). Alle Nicht-Nachbarfelder werden ohne Struktur gleichmäßig grau gezeichnet. Wird die Figur bewegt, wandert natürlich auch die Sichtbarkeit zur neuen Position.

4.4 Mathematik: Funktionen

Das MAT im Namen MATLAB steht zwar nicht für Mathematik, sondern ist die Abkürzung für MATrix LABoratory. Trotzdem zählt der Bereich der Mathematik zu den Stärken von MATLAB. In diesem Abschnitt soll eine mathematische Anwendung für MATLAB vorgestellt werden – die Kurvendiskussion für Polynomfunktionen. Dies ist der Bereich mit Ableitungen, Nullstellen und vielen verschiedenen Vorzeichen und Fällen. Wir werden sehen, dass all dies mit MATLAB elegant bei wenig Programmieraufwand zu lösen ist.

4.4.1 Polynome

Beginnen wir mit der Definition von Polynomfunktionen. Polynome vom Grade n haben folgende Form:

$$y(x) = a_n * x^n + a_{n-1} * x^{n-1} + \ldots a_2 * x^2 + a_1 * x + a_0$$

Beispielsweise ist „$y(x) = x^3 - 4 * x^2 + 7$" ein Polynom vom Grad 3 mit den Koeffizienten: $a_3 = 1$, $a_2 = -4$, $a_1 = 0$, $a_0 = 7$.

In MATLAB kann solch ein Polynom durch die Angabe seiner Koeffizienten definiert werden. So beschreibt der *Vektor*

```
>> pol = [1,-4,0,7];
```

das obige Polynom. Zur Definition gehören noch das x-Intervall (Definitionsbereich) und die x-Schrittweite, mit der man die Polynomfunktion auswerten möchte, beispielsweise:

```
>> x = [-2:0.1:5];
```

Mit diesen Angaben erzeugt die MATLAB-Funktion *polyval* die y-Werte des Polynoms, das man damit sofort an die Funktion plot übergeben kann:

```
>> y = polyval( pol, x );
>> plot(x,y);
```

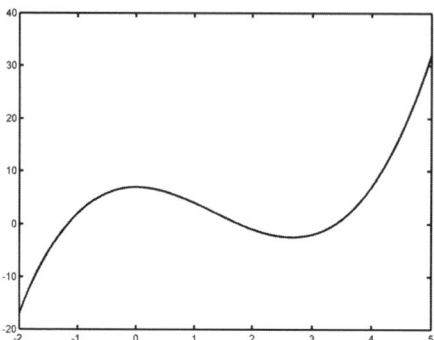

Abbildung 4.23 Polynom $y(x) = x^3 - 4 * x^2 + 7$

4.4.2 Kurvendiskussion

MATLAB stellt für die im vorigen Abschnitt definierten Polynome weitere Funktionen zur Verfügung, die die Kurvendiskussion recht einfach gestalten. Suchen wir als Erstes mittels der Funktion *roots* nach den *Nullstellen* unseres Polynoms:

```
>> nullst = roots( pol )
nullst =   3.3914
           1.7729
          -1.1642
```

roots liefert als Vektor die x-Werte, an denen das Polynom die x-Achse erreicht – die Nullstellen. Beachten Sie, dass der Funktion roots nur der Vektor *pol* mit den Koeffizienten übergeben wird und nicht etwa der Vektor y, der die von der Funktion polyval erzeugten Polynomwerte enthält.

Eine Anwendung der roots-Funktion ist die *Lösung quadratischer Gleichungen*, also zum Beispiel die Suche nach der Lösung von „$y^2 - 1 = 0$".

Die Koeffizienten für dieses Polynom sind: $k = [1,0,-1]$.

```
>> k = [1,0,-1];
>> nullst = roots( k )
```

```
nullst = -1
             1
```

Die Lösungen dieser quadratischen Gleichung lauten also: $y_1 = -1$, $y_2 = +1$.

Und wie ist es mit der Gleichung „$y^2 + 1 = 0$" ?

```
>> k = [1,0,1];
>> nullst = roots( k )
nullst = 0 + 1.0000i
             0 - 1.0000i
```

Die Lösungen sind diesmal rein imaginär: $y_1 = +i$, $y_2 = -i$. MATLAB kommt also auch mit _komplexen Nullstellen_ zurecht.

Bei der Kurvendiskussion reeller Funktionen interessieren natürlich nur die reellen Nullstellen. Mit Hilfe der Funktion _isreal_ können Sie dies testen, beispielsweise für die erste Nullstelle im Vektor _nullst_

```
if( isreal( nullst(1) )
  plot( ... )  % markiere die reelle Nullstelle mit einem Kreuz.
end
```

Nebenbei bemerkt – ein Polynom _n_-ten Grades hat immer _n_ Nullstellen, wovon aber nicht alle auf der reellen Achse liegen müssen. Im Plot $y = f(x)$ mit rein reellen _x_-Werten kann es deshalb weniger als _n_ Nullstellen geben (neben dem Fall mehrfacher Nullstellen). Aber damit sind wir schon im Bereich der Funktionentheorie.

Zurück zur Kurvendiskussion: Nach den Nullstellen sucht man die Extremwerte der Kurve. Wo liegen die lokalen Maxima, wo die Minima? Gibt es Sattelpunkte? Dazu muss die Funktion abgeleitet werden, und man berechnet die Nullstellen der Ableitungsfunktion. Die Ableitung von Polynomen bewerkstelligt die MATLAB-Funktion _polyder_:

```
>> d1 = polyder( pol )
d1 = 3     -8     0


>> extr = roots( d1 )
extr =       0
         2.6667
```

Die erste Ableitung unseres Polynoms „$y(x) = x^3 - 4 * x^2 + 7$" ist ein Polynom $y'(x)$ mit den Koeffizienten $d1 = [3,-8,0]$ und hat deshalb die Form:

$$y'(x) = 3 * x^2 - 8 * x + 0$$

Die Nullstellen von $y'(x)$, $x_1 = 0$, $x_2 = 2.667$, sind die Extrema des Ausgangspolynoms $y(x)$. Vergleichen Sie dies mit der obigen Abbildung. Auch die Ableitungsfunktion $y'(x)$ kann natürlich geplottet werden:

```
>> y1=polyval( d1, x );
>> plot( x, y1 );
```

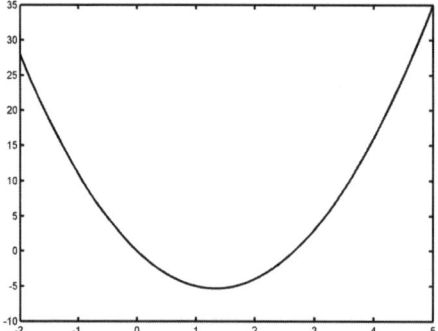

Abbildung 4.24 Ableitungsfunktion $y1 = y'(x) = 3 * x^2 - 8 * x + 0$

Analog lässt sich das Polynom weiter ableiten:

```
>> d2 = polyder( d1 )
d2 =   6    -8
```

also: $y''(x) = 6 * x - 8$

Die Nullstellen von $y''(x)$ legen die Wendepunkte fest:

```
>> wendep = roots( d2 )
wendep = 1.3333
```

Ob bei den Extrema ein Minimum, ein Maximum oder ein Sattelpunkt vorliegt, erfahren wir über das Vorzeichen der Krümmung an den vorher berechneten Extremalwerten, also über die zweite Ableitung an den Werten von *extr*:

```
>> kr1 = polyval( d2, extr(1) )
kr1 = -8
>> kr2 = polyval( d2, extr(2) )
kr2 =   8
```

Am ersten Extremalpunkt ist die Krümmung negativ. Er ist deshalb ein lokales Maximum. Analog ist der zweite Extremalpunkt ein lokales Minimum, was man unschwer an der obigen Abbildung überprüfen kann.

Weitere Funktionen für Polynome sind

- *polyint*   Integration eines Polynoms
- *conv*   Multiplikation zweier Polynome (Konvolution)

4.4.3 Polynom-Fit

Nehmen wir einmal an: Sie haben eine Reihe von Messwerten aufgenommen – zum Beispiel Ihre Klausurnoten, die sich von Semester zu Semester in eine bestimmte Richtung verändern. Sie vermuten, dass sich dahinter eine mathematische Gesetzmäßigkeit verbirgt. Deshalb legen Sie einen Vektor *werte* mit Ihren Noten zu den verschiedenen Zeiten *t* an:

```
>> werte = [2.3, 2.7, 2.3, 2.0, 2.0, 1.7];
>> t = [1, 2, 3, 4, 5, 6];
```

Zur weiteren Analyse bietet MATLAB die Funktion *polyfit*, die zu den Messwerten eine Ausgleichskurve in Form eines Polynoms vom vorgegebenen Grad *n* berechnet.

Beginnen wir mit einer *Ausgleichsgeraden*, einem *Polynom vom Grad 1*:

```
>> grad = 1;
>> p = polyfit( t, werte, grad )
p =  -0.1543    2.7067
```

Unsere Noten folgen also ungefähr der Geraden $w(t) = -0.1543 * t + 2.7067$. Beruhigend ist schon mal, dass die Steigung der Geraden negativ ist, die Notenwerte also immer kleiner werden. Um einen besseren Eindruck zu bekommen, berechnen wir die Funktionswerte *w* des Näherungs-Polynoms *p* zu den vorgegebenen Zeiten *t* und plotten diese Kurve zusammen mit den wirklichen Notenwerten *werte*:

```
>> w = polyval( p, t );
>> hold on
>> plot(t,w);
>> plot(t,werte,'s');
>> axis([0 7 1 3])
>> hold off
```

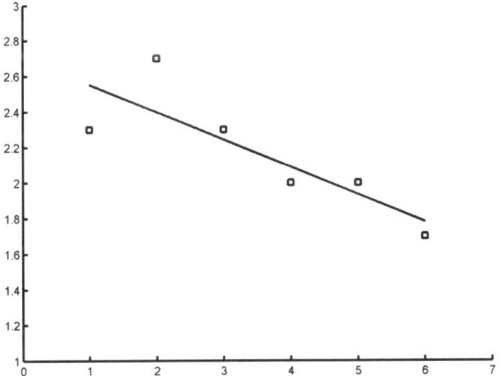

Abbildung 4.25 Polynom-Fit, Ausgleichsgerade (Grad 1)

Spielen wir noch etwas mit unseren Daten herum und fitten die Messwerte durch ein *Polynom 2. Grades*:

```
>> grad = 2;
>> p2 = polyfit( t, werte, grad )
p2 = -0.0339    0.0832    2.3900
>> w2 = polyval( p2, t );
>> hold on
>> plot(t,werte,'s');
>> plot(t,w2);
>> axis([0 7 1 3])
>> hold off
```

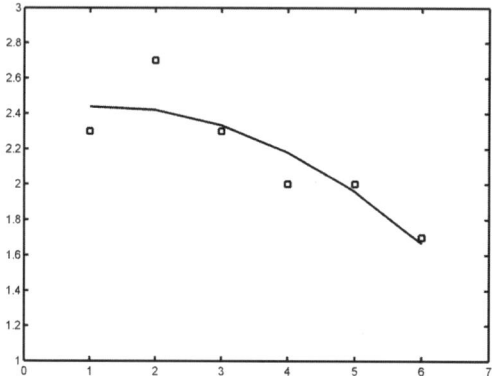

Abbildung 4.26 Polynom-Fit, Grad 2

Und hier zeigt sich die erfreuliche Tatsache, dass unsere Noten nicht nur besser geworden sind, sondern dass sich diese Tendenz auch noch beschleunigt, wie aus der Krümmung der Kurve zu sehen ist.

 Mathematisch betrachtet bedeutet ein Polynom-Fit die „Lösung" eines überbestimmten Gleichungssystems. Ein Polynom vom Grade n ist bereits durch $(n+1)$ Stützpunkte festgelegt, die Ausgleichsgerade (Grad $n=1$) also durch zwei Messpunkte. Hat man mehr Punkte, dann werden diese im Allgemeinen nicht mehr auf einer Geraden liegen. Wie man die Gerade dann wählt, hängt von der Problemstellung ab. Eine mögliche Anforderung wäre, dass die Gerade eine Sicherheitsabschätzung als untere Schranke für die auftretenden Messpunkte liefern soll – dass also alle Punkte oberhalb dieser Geraden liegen müssen.

In unserem Beispiel wünschten wir aber eine andere Aussage – wir möchten die zeitliche Entwicklung eines funktionalen Zusammenhangs sehen. Wir wollen wissen, wie sich unsere Noten im Laufe der Zeit entwickelt haben. Die Gerade sollte deshalb möglichst nahe an den Messpunkten vorbeiführen. Als Maß für „möglichst nahe" verwendet die MATLAB-Funktion *polyfit* den quadratischen Abstand der Messpunkte zur Geradenfunktion. Die Ausgleichsgerade wird so gewählt, dass die (Quadrat-)Summe dieser Abstände minimal wird.

Aufgabenstellung: Die Arrays *t* und *x* enthalten Datenpunkte, die eine Kurve $x = f(t)$ beschreiben. Fitten Sie diese Kurve durch ein Polynom 2. Grades. Für die Kurve wird folgende Abhängigkeit erwartet: $x = -g/2 \, t^2 + v_0 \, t + x_0$ (Freier Fall). Bestimmen Sie die Werte g, v_0 und x_0 aus den Daten des Polynom-Fits.

Listing 4.17 Freier Fall

```
function [x0,v0,g] = FallParameter( t, x )
  p = polyfit( t, x, 2 );
  x0 = p(3);
  v0 = p(2);
  g  = -2*p(1);
  if( g < 9 || g > 11 )      % Check der Erdbeschleunigung g
    txt = sprintf( 'g = %g, ungenau!', g );
    warndlg( txt )
  end
  % zum Plotten 10 Zwischenpunkte bestimmen
  len = length( t );
  tt = linspace( t(1), t(len), 10 );
  xx = polyval( p, tt );     % Punkte auf Parabel
  plot( t, x, 'sk', tt, xx, '-b' )
```

Testen wir die Funktion mit folgenden Daten:

```
>> [x0,v0,g] = FallParameter( [0,1,2], [2,-2,-16] )
x0 =   2.0000
v0 =   1
g  = 10.0000
```

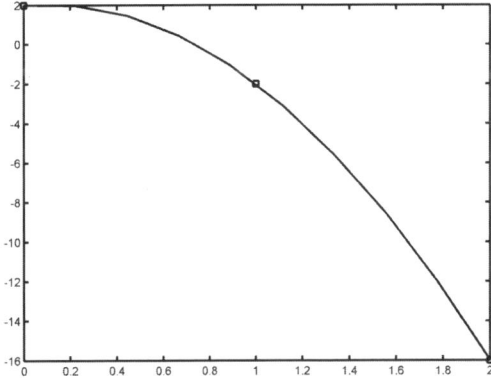

Abbildung 4.27 Freier Fall

4.4.4 Datenauswertung

Im vorherigen Abschnitt haben wir durch unsere Noten eine Ausgleichsgerade gelegt und gesehen, dass wir im Laufe der Zeit immer besser wurden. Bei der Ausgabe des Zeugnisses holt uns aber doch die Vergangenheit ein, da hierfür nicht der letzte Notenwert, sondern der Mittelwert über all unsere Leistungen vermerkt ist. In MATLAB erhält man den *Mittelwert* einer Datenmenge mit Hilfe der Funktion *mean*. Nehmen wir unsere Noten, die im Vektor *werte* stehen:

```
>> werte = [2.3, 2.7, 2.3, 2.0, 2.0, 1.7];
>> M = mean( werte )
M = 2.1667
```

Na ja, der Mittelwert $M = 2.1667$ reicht immerhin noch für eine 2, auch wenn wir am Ende sogar eine 1.7 erreicht hatten. Was war denn unser bestes, was unser schlechtestes Ergebnis? Darüber geben die Funktionen *min* und *max* Auskunft:

```
>> b = min( werte )
b = 1.7000
>> s = max( werte )
s = 2.7000
```

Die beste Note war also eine 1.7, die schlechteste eine 2.7.

Bei einer Auswertung von Daten interessieren aber nicht nur Mittelwert, maximaler und minimaler Wert, sondern meist auch, wie weit die Messwerte um den Mittelwert streuen. Ein Maß für die Breite einer Verteilung ist die *Standardabweichung*, für die es leider (mindestens) zwei unterschiedliche Definitionen gibt. Die MATLAB-Funktion *std* berechnet die häufig verwendete Variante σ_{n-1} (falls Sie die Variante σ_n benötigen, können Sie dies über ein zusätzliches Flag beim Aufruf von std einstellen).

```
>> sigma = std( werte )
sigma = 0.3445
```

Ändern wir unsere Noten einmal so ab, dass wir die beiden schlechtesten Noten noch weiter verschlechtern, aber die beiden besten Noten um den gleichen Betrag verbessern:

```
>> w2 = [2.7, 3.0, 2.3, 2.0, 1.7, 1.3];
>> M2 = mean( w2 )
M2 = 2.1667
>> s2 = std( w2 )
s2 = 0.6314
```

Durch das symmetrische Verändern der Noten erhalten wir den gleichen Mittelwert *M2* wie für die erste Verteilung. Aber unsere Verteilung streut stärker. Wir haben größere Unterschiede zwischen den einzelnen Noten, was sich in einer größeren Standardabweichung *s2* bemerkbar macht.

Für die Datenauswertung stellt MATLAB noch weitere Funktionen zur Verfügung, beispielsweise die Funktion *sort* zum *Sortieren* der Datenmenge in aufsteigender Ordnung:

```
>> so = sort( werte )
so = 1.7000   2.0000   2.0000   2.3000   2.3000   2.7000
```

Durch das Flag *'descend'* erreichen Sie, dass die Werte absteigend sortiert werden:

```
>> sd = sort( werte, 'descend' )
sd = 2.7000   2.3000   2.3000   2.0000   2.0000   1.7000
```

Weitere MATLAB-Funktionen zur Datenauswertung sind

- *round*   das übliche Runden von Zahlen
- *floor*   Runden zur nächst kleineren Zahl
- *ceil*   Runden zur nächst höheren Zahl
- *mod*   Modulus (Rest nach Integerdivision)
- *sign*   Vorzeichen einer Zahl

Für den Vergleich mehrerer Datensätze bietet das MATLAB-Basismodul die Funktion *corrcoef* zur Berechnung von Korrelations-Koeffizienten. Zusätzlich liefern Toolboxen wie die *Signal Processing Toolbox*™ und die *Optimization Toolbox*™ eine Vielzahl weiterer Funktionen zu Datenauswertung, Optimierung und Statistik.

4.4.5 Nullstellen

Die MATLAB-Funktion *roots* berechnet die Nullstellen einer *Polynomfunktion*, also alle Werte x, für die gilt:

$$y(x) = a_n * x^n + a_{n-1} * x^{n-1} + \dots a_2 * x^2 + a_1 * x + a_0 = 0$$

Für $n = 2$ bedeutet dies das Lösen der quadratischen Gleichung:

$$a * x^2 + b * x + c = 0, \quad \text{für } a_2 = a; \ a_1 = b; \ a_0 = c;$$

mit den bekannten beiden Lösungen:

$$x_{1/2} = \frac{-b \pm \sqrt{b^2 - 4ac}}{2a}$$

Bis zu $n = 4$ gibt es ebenfalls noch allgemeine Lösungsmethoden, die aber bereits recht kompliziert sind. Ab $n = 5$ kann man die Lösung nur noch für einige Spezialfälle durch einen geschlossenen Ausdruck angeben. Das Gleiche gilt für allgemeine Funktionen $y = f(x)$, bei denen schon für relativ einfache Formeln wie zum Beispiel „$y = \sin(x) - x/2$" die Nullstellen nicht mehr explizit darstellbar sind.

Hier schlägt die Stunde der *numerischen Verfahren*: Um die Nullstellen einer Polynomfunktion zu bestimmen, nehmen Sie am besten die MATLAB-Funktion *roots*, wie wir es bereits in den vorherigen Abschnitten getan haben. MATLAB verwendet hierbei ein Verfahren, das das Problem auf die Berechnung der Eigenwerte einer zugehörigen Matrix zurückführt. Näheres können Sie in der MATLAB-Hilfe unter dem Stichwort „roots" nachlesen. Für *beliebige Funktionen* stellt MATLAB eine weitere Funktion zur Nullstellensuche zur Verfügung: *fzero*.

```
>> x = fzero( fun, x0 );
```

Das erste Argument *fun* bestimmt, welche Funktion auf Nullstellen untersucht werden soll. *fun* ist ein *Function-Handle* auf diese Funktion. Wenn die Funktion über einen M-File definiert ist, erhält man den Function-Handle durch das Voranstellen des @-Zeichens vor den Funktionsnamen:

fun = @functionname

Für die Funktion *xsin* im M-File xsin.m

```
function y = xsin( x )
    y = sin(x) - x/2;
```

lautet der Function-Handle beispielsweise „*@xsin*".

Die Funktion *fzero* versucht, eine Nullstelle in der Umgebung des Punktes *x0* zu finden. Der Rückgabewert *x* liegt in dem Bereich, in dem die Funktion ihr Vorzeichen wechselt, bzw. es wird *NaN* zurückgegeben, falls die *Nullstellensuche fehlschlägt*. Etwas genauere Angaben, warum die Nullstellensuche nicht erfolgreich war, erhält man, indem man außer *x* noch weitere Werte abfragt:

```
>> [x,fval,exitflag] = fzero( fun, x0 );
```

Das *exitflag* kann folgende Werte annehmen und liefert damit weitere Informationen:

- 1   Die Lösung *x* wurde gefunden. Es ist also alles O.K.

- −1   Der Algorithmus verwendete eine Output-Funktion
    zur Darstellung des Ergebnisses (siehe MATLAB-Hilfe).

- −3   *NaN* oder der Wert *Inf* wurden zurückgegeben. Im untersuchten Intervall
    gab es keinen Vorzeichenwechsel der Funktion.

- −4   Im untersuchten Intervall wurde ein komplexer Funktionswert
    an der Stelle gefunden, an der der Vorzeichenwechsel stattfand.

- −5   fzero kann bei der Suche einen singulären Punkt erreicht haben.

Numerische Verfahren haben oft die Eigenschaft, dass sie nicht in allen Fällen eine *brauchbare Lösung* liefern. Eine Betrachtung des Such-Algorithmus und die Diskussion der Fälle, bei denen die Nullstellensuche fehlschlägt, liefern Hinweise auf die *Beschränkungen*, denen fzero unterliegt: Die Funktion fzero sucht als Nullstelle nach einem Punkt in der Umgebung von *x0*, an dem das Vorzeichen der Funktion wechselt. Wenn die Funktion stetig ist, ist dies sicher eine Nullstelle der Funktion. Ist die Funktion jedoch *nicht stetig,* dann kann fzero statt einer Nullstelle eine Unstetigkeitsstelle zurückliefern.

Beispielsweise gibt MATLAB bei der Suche nach einer (nicht existenten) Nullstelle für die Einheits-Hyperbel „$y(x) = 1/x$" den Wert $x = 0$ zurück:

```
function y = hyperbel( x )
    y = 1/x;


>> x = fzero(@hyperbel, 1)
x = 2.6773e-016
```

Der zurückgegebene Wert $x = 2.6773\mathrm{e}{-}016$ ist null im Rahmen der Genauigkeit eps, mit der MATLAB intern rechnet. Mehr Informationen bekommen wir, wenn auch das *exitflag* abgefragt wird:

```
>> [x,fval,exitflag] = fzero(@hyperbel, 1)
x =   2.6773e-016
fval = 3.7351e+015
exitflag = -5
```

Der Rückgabewert -5 bedeutet, dass die Suche möglicherweise einen singulären Punkt erreicht hat. Der Funktionswert *fval* = 3.7351e+015 am angegebenen x-Wert ist ja auch recht weit von null entfernt. Plotten wir die Hyperbel, dann zeigt sich die Unstetigkeit der Funktion (und der Vorzeichenwechsel) bei $x = 0$:

```
>> xi = [-1:0.01:1];
>> yi = 1./xi;
Warning: Divide by zero.
>> plot( xi, yi );
```

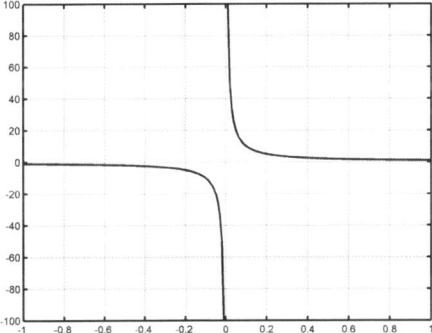

Abbildung 4.28 Hyperbel

Außerdem meldet fzero nur Nullstellen, an denen die Funktion die x-Achse wirklich schneidet. *Berührungspunkte* mit der x-Achse werden nicht erkannt.

Nehmen wir die Funktion „$y(x) = x*x$", die die x-Achse bei $x = 0$ berührt:

```
function y = xquadrat( x )
    y = x*x;
```

```
>> [x,fval,exitflag] = fzero(@xquadrat, -0.001)
Exiting fzero:
    aborting search for an interval containing a sign change
    because NaN or Inf function value encountered during search.
    (Function value at 1.75739e+154 is Inf.)
    Check function or try again with a different starting value.
x = NaN
fval = NaN
exitflag = -3
```

Obwohl wir in der Nähe der Nullstelle bei $x_0 = -0.001$ mit der Suche begonnen haben, wird keine Nullstelle gefunden und die Suche bei $x = 1.75739 * 10^{154}$ abgebrochen. Zurückgegeben wird als *exitflag* der Wert −3, der besagt, dass es im untersuchten Intervall keinen Vorzeichenwechsel der Funktion gibt – was als Aussage richtig ist.

```
>> xi = [-1:0.01:1];
>> yi = xi.*xi;
>> plot( xi, yi );
```

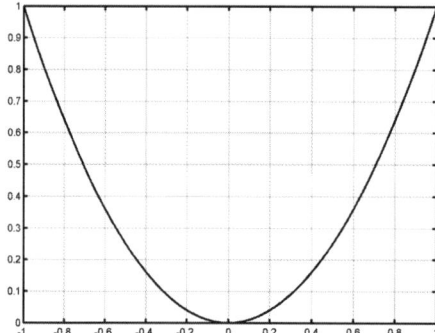

Abbildung 4.29 Parabel $y(x) = x*x$

Andererseits ist „$y(x) = x*x$" auch ein Polynom:

```
>> p = [1,0,0];
>> roots( p )
ans =   0
        0
```

Die Funktion *roots* erkennt im Gegensatz zu *fzero* die (doppelte) Nullstelle bei $x = 0$.

Und wie ist es mit unserem Eingangsbeispiel „$y(x) = \sin(x) - x/2$"?

Das Nullstellenproblem „$y(x) = \sin(x) - x/2 = 0$" ist äquivalent zur Gleichung: „$\sin(x) = x/2$". Dies ist die Suche nach dem Schnittpunkt der Kurve „$y1 = x/2$" mit der Kurve „$y2 = \sin(x)$".

Grafisch erhält man dafür Folgendes:

```
>> xi = [-1:0.01:2];
>> y1 = xi/2;
>> y2 = sin(xi);
>> plot( xi,y1, xi,y2 );
```

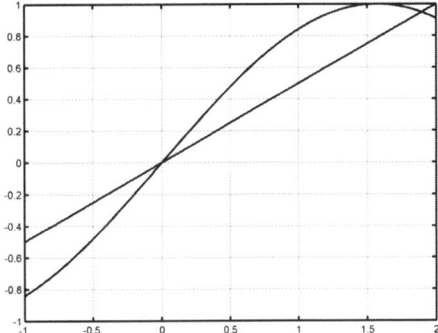

Abbildung 4.30 Schnittpunkt von $y1$ mit $y2$

Ein Schnittpunkt liegt also bei $x=0$ und ein weiterer knapp vor $x=2$. Was sagt die MATLAB-Funktion fzero zu dieser Aufgabe?

```
>> [x,fval,exitflag] = fzero(@xsin, 0.001)
x = -7.5514e-018
fval = -3.7757e-018
exitflag = 1

>> [x,fval,exitflag] = fzero(@xsin, 2)
x = 1.8955
fval = 2.2204e-016
exitflag = 1
```

Beginnen wir mit unserer Suche in der Nähe von $x=0$, dann liefert fzero für die Nullstelle einen Wert bei $x=0$ zurück. Beginnen wir bei $x=2$, so wird die zweite Nullstelle bei $x=1.9$ zurückgegeben.

Sie sollten *numerischen Verfahren* niemals blindlings vertrauen, sondern sich im Vorfeld bereits ein paar Gedanken über die Lage der Lösungen machen. Sonst geschieht es leicht, dass Sie nur einen Teil der möglichen Lösungen geliefert bekommen – oder gar nichts.

4.4.6 Newton-Verfahren

In den vorhergegangenen Abschnitten haben wir verschiedene numerische Verfahren angewendet. Jetzt wollen wir selbst einmal ein solches Verfahren programmieren – das Newton-Verfahren zur Suche von Nullstellen einer Funktion.

Beim Newton-Verfahren wird die Funktion in der Umgebung eines Punktes x_n lokal durch ihre *Tangente* approximiert.

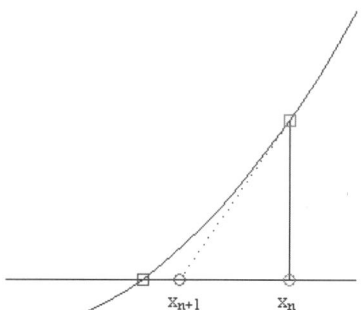

Abbildung 4.31 Newton-Verfahren

Die Tangente schneidet die x-Achse bei x_{n+1}:

$$x_{n+1} = x_n - f(x_n) / f'(x_n) \quad (*)$$

Falls die Steigung der Kurve in der Umgebung der Nullstelle nicht zu klein wird, liegt der Punkt x_{n+1} näher an der Nullstelle als der Ausgangspunkt x_n. Die Gleichung (*) definiert ein *Iterationsverfahren*, bei dem man ausgehend von einem Startwert x_0 (also für $n = 0$) eine Folge von Näherungswerten ($x_1, x_2, x_3 \dots$) berechnet, die hoffentlich gegen die gesuchte *Nullstelle konvergiert* – und das auch bitte noch möglichst schnell. In der Mathematik gibt es recht allgemeine Sätze, die Aussagen darüber machen, unter welchen Bedingungen eine Folge konvergiert. Eine hinreichende Bedingung für das Newton-Verfahren lautet:

$$\left| \frac{f''(x)}{f'^2(x)} \right| \leq c < 1, \quad c = \text{const.}, \quad \forall \, x \text{ in der Umgebung der Nullstelle}$$

Insbesondere sollte die Ableitung der Funktion $f'(x)$ im Intervall nicht null werden.

Implementieren wir jetzt das Newton-Verfahren in MATLAB für die Funktion „$f(x)=$ $\sin(x) - x/2$". Die Definition der Funktion und ihre Ableitung „$f'(x) = \cos(x) - 1/2$" packen wir in separate M-Files:

```
function y = f0( x )
    y = sin(x) - x/2;
```

```
function y = f1( x )
    y = cos(x) - 1/2;
```

Unsere Funktion *newton* für das Newton-Verfahren hat den Startwert *x0* als Übergabeparameter und versucht immer bessere Approximationen *x_next* (= x_{n+1}) für die Nullstelle zu finden, bis der zugehörige Funktionswert *y_next* näher als die MATLAB-Genauigkeit *eps* an null liegt. Um im Fall der Nicht-Konvergenz eine Endlosschleife zu vermeiden, wird die Zahl der Iterationen auf *n* = 1000 begrenzt.

Listing 4.18 function newton

```
function newton( x0 )
    x_n = x0;
    n = 0;    % Start bei n = 0, mit x_n = x0
    gefunden = 0;

    % bis Nullstelle gefunden oder Zahl der Iterationen zu groß
    while( gefunden == 0 && n < 1000 )
        n = n + 1; % Zahl der Iterationen
        y_n = f0( x_n );    % = y(xn)  Wert der Funktion bei x_n
        y_1 = f1( x_n );    % = y'(xn) Wert der Ableitung

        x_next = x_n - y_n / y_1; % Iterationsformel: n -> n+1

        y_next = f0( x_next );       % y-Wert zu x_next
        fprintf( 'x_n = %g, \t y_n = %g \n', x_next, y_next );

        % Check, ob y_next nahe an 0 liegt:
        if( abs( y_next ) < eps )
            fprintf( '\nNullstelle bei x = %g \n', x_next );
            fprintf( 'f(x) = %g, nach %d Iterationen \n', y_next, n );
            gefunden = 1;
        end

        x_n = x_next;  % neuer Wert für x_n: n -> n+1
    end

    if( gefunden == 0 )  % Iteration war nicht erfolgreich
        fprintf( 'Keine Lösung nach %d Iterationen \n', n );
    end
```

Für den Startwert *x0* = 3 erhalten wir nachstehende Iterationsfolge, die nach 5 Schritten gegen die Nullstelle *x* = 1.89549 konvergiert:

```
>> newton( 3 )
x_n = 2.088,        y_n = -0.17479
x_n = 1.91223,      y_n = -0.0138388
x_n = 1.89565,      y_n = -0.000129713
x_n = 1.89549,      y_n = -1.18812e-008
x_n = 1.89549,      y_n = 0


Nullstelle bei x = 1.89549
f(x) = 0, nach 5 Iterationen
```

4.4.7 Numerische Integration

Bei der Berechnung von Integralen kommt man analytisch schnell an die Grenzen der Möglichkeiten. Deshalb ist dies eines der Gebiete, wo numerische Rechnungen eine wichtige Rolle spielen. Numerisch heißt in diesem Fall, dass man als Ergebnis eine Zahl erwartet. Wir sprechen also von bestimmten Integralen der Form

$$f = \int_a^b fun(x)\, dx$$

In MATLAB können Sie zur Integration die Funktion *quad* verwenden, die zur Berechnung die Simpson-Regel benutzt. Die Syntax lautet

```
f = quad( fun, a, b )
```

- *fun*   Name der zu integrierenden Funktion oder Function Handle
- *a*   untere Integrationsgrenze
- *b*   obere Integrationsgrenze

Als erstes Beispiel nehmen wir die lineare Funktion $y = x$ zum Integrieren. Bekanntermaßen erhält man als Integral $f = x^2/2$, zwischen den Grenzen 0 und 1 also den Wert 1/2 für das Integral. Die lineare Funktion packen wir in den M-File „f1.m":

```
function y = f1( x )
    y = x;
```

MATLAB berechnet damit das Integral zwischen den Grenzen 0 und 1:

```
>> f = quad( 'f1', 0, 1 )
f = 0.5000
```

Als nächstes versuchen wir es mit der quadratischen Funktion $y = x^2$ im M-File „f2.m":

```
function y = f2( x )
    y = x.^2;
```

Zwischen den Grenzen 0 und 1 ergibt dies, wie erwartet, das Ergebnis 1/3:

```
>> f = quad( 'f2', 0, 1 )
f = 0.3333
```

Als letztes Beispiel integrieren wir den Sinus zwischen 0 und $\pi/2$ und erhalten die Differenz der Werte von Minus-Kosinus an den angegebenen Grenzen:

```
>> f = quad( 'sin', 0, pi/2 )
f = 1.0000
```

Neben der Berechnung mit Hilfe der Simpson-Regel hat MATLAB noch weitere Integrationsfunktionen, die andere Methoden verwenden, z.B. trapz, quadgk, quadl, quadv etc.

 Das Basismodul von MATLAB, das primär numerische Berechnungen durchführt, ist nicht für symbolische Operationen, wie die Bestimmung *unbestimmter Integrale*, gedacht. Hierfür benötigen Sie die *Symbolic Math Toolbox*™, die das Computeralgebrasystem MuPAD® verwendet.

4.4.8 Vektorfelder

Im Grafik-Kapitel haben wir eine Funktion zweier Variabler, also beispielsweise $z = f(x,y)$, mit der Operation *surf* als Fläche über der x-y-Ebene dargestellt. Die Funktion *f* weist jedem Punkt $P = (x,y)$ in der x-y-Ebene einen Zahlenwert z zu. Die z-Werte bilden somit ein *Skalarfeld*, da z eine skalare Größe (reelle Zahl) ist. Ein Beispiel hierfür ist die Zuordnung einer Temperatur T zu einem Punkt $P = (x,y)$ in der Ebene, also $T = f(x,y)$.

Ein wenig komplizierter wird die Sache, wenn wir dem Punkt P nicht eine Zahl zuweisen wollen, sondern einen Vektor, zum Beispiel die Geschwindigkeit $v = (v_x, v_y)$ einer Flüssigkeitsströmung, für die außer dem Betrag auch die Richtung in der x-y-Ebene eine Rolle spielt. Die Zuordnungsfunktion *f* besteht nun aus zwei Funktionen (f_x, f_y). Wir erhalten damit ein Vektorfeld

$$v = f(x,y) = (f_x(x,y), f_y(x,y))$$

bzw. in die x-y-Komponenten zerlegt

$$v_x = f_x(x,y)$$
$$v_y = f_y(x,y)$$

Grafisch kann man Vektorfelder, also die Richtungen an einem Punkt, beispielsweise durch Pfeile an diesem Punkt darstellen. MATLAB bietet dafür die Funktion *quiver*.

Als Beispiel wollen wir auf einem einfachen Gitter mit einem Punkt auf der x-Achse (beim Wert x=2) und vier Punkten auf der y-Achse (bei y=1,2,3,4) ein Vektorfeld definieren, das in x-Richtung zeigt und dessen Betrag in y-Richtung von 1 nach 4 ansteigt:

Listing 4.19 Vektorfeld

```
function Vektorfeld()
  % Punkte: x=2, y=1:4
  [x,y] = meshgrid(2,1:4);

  % Vektorfeld (DX,DY) in x-Richtung
  DX(1:4,1) = [1,2,3,4];     % x-Beitrag nach oben ansteigend
  DY(1:4,1) = 0;             % y-Beitrag ist immer Null

  % Pfeile (DX,DY) am Punkt (x,y)
  quiver(x,y,DX,DY,5)

  % weitere Verschönerungen
  hold on
  plot( [0,15], [0,0], 'k-', [0,15], [5,5], 'k-' )
  plot( [2,2], [0,5], 'r-', [2,11.4], [0,5], 'r:' )
  axis( [0,15,-1,6] )
  title( 'Vektorfeld für bewegte gegen ruhende Platte' )
  hold off
```

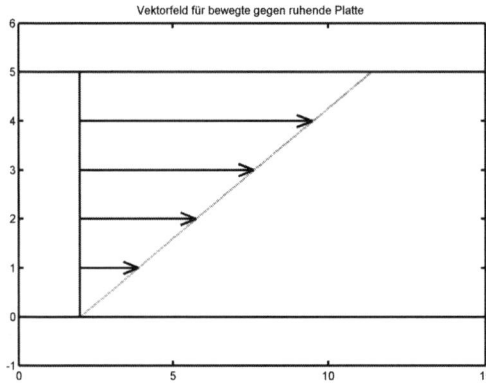

Abbildung 4.32 Vektorfeld durch Pfeile dargestellt

Die Differentialoperatoren der Vektoranalysis finden Sie in MATLAB als

- $[vx, vy, ...] = gradient(z, h)$ Gradient, h: Punktabstand im Skalarfeld z
- $d = divergence(vx, vy, ...)$ Divergenz
- $[cx, cy, cz] = curl(vx, vy, vz)$ Rotation

Die Operation *gradient* kann auch auf gewöhnliche Funktionen mit einer Variablen angewandt werden und entspricht dann der normalen Ableitung. Hierfür ist aber eigentlich die Funktion *diff* vorgesehen.

Aufgabenstellung: Ein 2-dimensionales Vektorfeld v habe die Form

$$v = (x^2/2, x\,y)$$

Stellen Sie das Vektorfeld mittels der Funktion quiver grafisch dar. Berechnen Sie mit MATLAB die Divergenz und zeichnen Sie die Höhenlinien in dieselbe Grafik.

Listing 4.20 Divergenzfeld

```
function Divergenzfeld()
  [x,y] = meshgrid( -6.5:2:6.5 );
  vx = x.^2/2;
  vy = x.*y;
  hold on
  quiver( x,y,vx,vy );        % Darstellung des Vektorfeldes
  div = divergence( vx, vx ); % Berechnung der Divergenz
  contour( x,y,div )          % Höhenliniendarstellung
  hold off
```

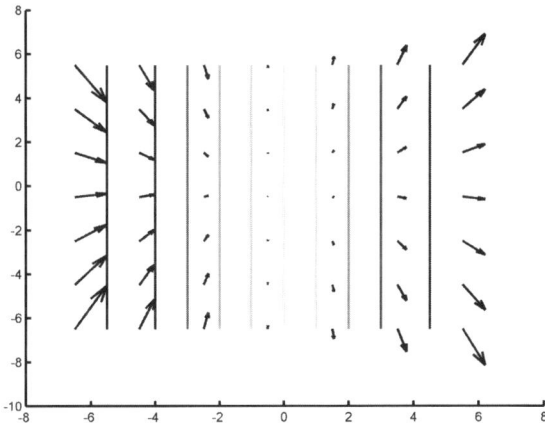

Abbildung 4.33 Divergenzfeld

Bisher haben wir in kartesischen Koordinaten (*x,y*) bzw. (*x,y,z*) gearbeitet. In MATLAB gibt es die Funktionen *cart2pol* und *pol2cart* für die Umrechnung in Polar- bzw. Zylinderkoordinaten

```
[phi,rho] = cart2pol(x,y); bzw. [phi,rho,z] = cart2pol(x,y,z);
[x,y] = pol2cart(phi,rho); bzw. [x,y,z] = pol2cart(phi,rho,z);
```

und *cart2sph* und *sph2cart* für die Umrechnung in Kugelkoordinaten

```
[phi,theta,r] = cart2sph(x,y,z);
[x,y,z] = sph2cart(phi,theta,r);
```

4.4.9 Zusammenfassung

- Polynomfunktionen: Koeffizienten-Vektor, polyval
- Polynom-Nullstellen: roots, quadratische Gleichungen
- Polynom-Ableitungen: polyder, Kurvendiskussion
- Polynom-Interpolation: polyfit, Ausgleichsgerade
- Mittelwert: mean, Standardabweichung: std
- Minima, Maxima: min, max
- Sortieren: sort
- Nullstellen: fzero
- Function-Handle
- Numerische Verfahren: Fehler, exitflag
- Newton-Verfahren: Iterationsverfahren, Konvergenz
- Numerische Integration: quad
- Vektorfelder: quiver
- Polar-, Zylinder- und Kugelkoordinaten

4.4.10 Aufgaben

Aufgabe 4.4.1:

Diskutieren Sie folgende Funktion: $y(x) = x^4 - 5 * x^3 + 2 * x - 2$

Verwenden Sie zur Ausgabe das Intervall $x=[-1,+5]$ und als x-Schrittweite den Wert 0.1.

Aufgabe 4.4.2:

Lösen Sie folgende Gleichungen:

- $-3 * x^2 + x + 7 = 0$
- $5 * x^2 - 2 * x + 3 = 0$
- $x^3 + 3 * x^2 - 10 * x = 0$
- $x^4 - 2 * x^2 + 1 = 0$

Aufgabe 4.4.3:

Legen Sie durch folgende Temperatur-Messwerte eine Ausgleichsgerade und stellen Sie die Messwerte und die Gerade grafisch dar:

16.2, 15.8, 17.6, 19.1, 19.2, 21.0, 20.9, 22.5, 23.1, 23.7

Aufgabe 4.4.4:

Erzeugen Sie mit Hilfe des MATLAB-Aufrufs *w*=rand(100,1) ein Datenfeld mit 100 gleichmäßig im Intervall [0,1] verteilten Werten. Berechnen Sie dazu den Mittelwert und die Standardabweichung.

Wiederholen Sie die Auswertung für den Aufruf *w*=randn(100,1), durch den normalverteilte Daten um den Ursprung erzeugt werden.

4.5 Physik: Differentialgleichungen

In diesem Abschnitt soll ein physikalisches Problem behandelt werden – das Schwingungsphänomen. *Schwingungen* treten bei nahezu jeder Form von Bewegungsabläufen auf und bewirken manchmal Angenehmes, wie bei der Kinderschaukel. Oft aber hat man mit den eher unerwünschten Effekten von Schwingungen zu kämpfen – den Resonanzen, denen schon so manche Brücke und Maschine zum Opfer gefallen ist. Die Dynamik von Schwingungen wird durch *Differentialgleichungen* beschrieben. Und MATLAB bietet eine Reihe von numerischen Verfahren zur Lösung von Differentialgleichungen, von denen wir einige in diesem Abschnitt vorstellen wollen.

4.5.1 Federschwingung

Die typischen Eigenschaften einer Schwingung kann man bereits an einem recht einfachen physikalischen System beobachten – der Schwingung einer Feder, an der ein Gewicht hängt.

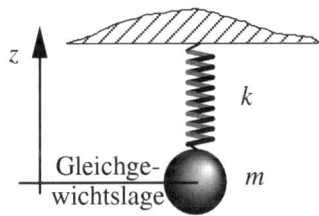

Abbildung 4.34 Federpendel, aus *B. Baumann*: „Physik für Ingenieure – Bachelor Basics"

Die Masse *m* zieht mit der *Kraft* $F_g = -m*g$ nach unten (g = 9.81 m/s^2: Erdbeschleunigung). Diese Kraft wird dadurch kompensiert, dass sich die Feder ein Stück weit auseinanderzieht, und zwar um die Strecke *z*, und dadurch die Gegenkraft $F_f = -k*z$ erzeugt, wodurch die *Gleichgewichtslage* des Systems definiert ist. Die *Federkonstante k* ist eine für diese Feder typische Kenngröße, die die Materialeigenschaften und die Geometrie der Feder beschreibt. Solange wir die Feder nicht zu weit überdehnen, ist *k* in guter Näherung unabhängig von der Größe der Ausdehnung *z* (Hooke'scher Bereich).

Wird die Feder um eine kleine Strecke s aus der Gleichgewichtslage *ausgelenkt* und dann losgelassen, wirkt eine erhöhte Federkraft in Richtung der Ruhelage. Die angehängte Masse wird in diese Richtung beschleunigt, was zu einer Schwingung um die Gleichgewichtslage führt. Die Dynamik dieser Bewegung beschreibt das *II. Newton'sche Gesetz*: $F_f = m*a$. Die Beschleunigung $a = d^2z/dt^2$ der Masse m ist damit proportional zur Federkraft, also auch proportional zur Auslenkung z der Feder. Dies führt zu folgender Gleichung:

$$m \frac{d^2 z}{d t^2} = -k\,z \quad \Rightarrow \quad \frac{d^2 z}{d t^2} + \frac{k}{m}\,z = 0$$

Zu Beginn wurde die Feder um die Strecke s ausgelenkt und in Ruhe losgelassen. Dies definiert die *Anfangsbedingungen*, das heißt den Zustand des Systems (Anfangsort z und Anfangsgeschwindigkeit $v=dz/dt$) zum Startzeitpunkt t_0, den wir der Einfachheit halber als $t_0=0$ s gewählt haben:

$z(0) = s$ und $dz/dt\,(0) = 0$

 Andere Anfangsbedingungen führen in der Regel zu einem anderen Bewegungsablauf. Es gibt jedoch auch eine ganze Reihe dynamischer Systeme, die nach einer gewissen Zeit einen Zustand erreichen, der (über einen weiten Bereich) unabhängig davon ist, welcher Zustand zu Beginn vorlag. Hierzu gehören beispielsweise gewisse chaotische Systeme mit einer nichtlinearen Dynamik und Vielteilchen-Gleichgewichtssysteme, wie sie in der Thermodynamik auftreten. Einem weiteren Beispiel werden wir im Abschnitt 4.5.5 „Erzwungene Schwingungen" begegnen.

4.5.2 Differentialgleichungen

Im Abschnitt 4.4 zur Mathematik haben wir uns über Funktionen und funktionale Zusammenhänge unterhalten und widmeten uns Aufgaben wie der Suche nach Nullstellen. Vorgegeben war hierbei eine bestimmte Funktion $z(t)$ mit einer Variablen t, und man musste alle t-Werte bestimmen, für die der Funktionswert z den Wert null annahm, also $z = z(t) = 0$, zum Beispiel:

$z(t) = t^2 - 1 = 0$, mit den beiden Lösungen: $t_1 = +1$ und $t_2 = -1$.

Bei Differentialgleichungen (oft abgekürzt mit *DGL*) haben wir eine andere Art von Aufgabenstellung. Hier ist die Form der Funktion nicht bekannt, aber man weiß etwas über das Verhältnis der *Funktion* zu ihren *Ableitungen*. Ein typischer Vertreter der Differentialgleichungen ist die Schwingungsgleichung:

$$\frac{d^2 z}{d t^2} + \frac{k}{m}\,z = 0$$

mit den Anfangbedingungen: $z(0) = s$ und $dz/dt\,(0) = 0$.

Die Schwingungsgleichung stellt also ein Verhältnis her zwischen der zweiten *Ableitung* einer Funktion $z = z(t)$ und der *Funktion* selbst. Gesucht ist eine Funktion $z(t)$, die diese

Gleichung erfüllt – und das für alle Zeiten t innerhalb eines vorgegebenen Zeitintervalls. Bei der Schwingungsgleichung haben wir Glück. Die allgemeine Form der Lösung lässt sich explizit angeben:

$$z = z(t) = A * \cos(\omega * t + phi), \quad A, phi = \text{konstant}, \quad \omega = 2 * \text{pi} * f = \sqrt{k/m}$$

Die Frequenz f, die Amplitude A und die Phase phi sind uns bereits im Abschnitt 4.1 Akustik begegnet. Durch mechanische Schwingungen können nämlich Maschinen nicht nur zu Bruch gehen. Fast immer sind Schwingungen auch noch von Lärm (akustischen Schwingungen) begleitet.

Von den Parametern der Lösung ist bisher nur die Kreisfrequenz ω durch die Federkonstante k und die Masse m festgelegt. Die noch freien beiden Parameter A und phi werden durch die beiden *Anfangsbedingungen* zur Zeit $t = 0$ bestimmt. Dazu benötigen wir die Ableitung von $z(t)$:

$$z'(t) = -\omega * A * \sin(\omega * t + phi)$$

Damit lauten die Anfangbedingungen:

$$z(0) = A * \cos(phi) = s \quad \text{und} \quad z'(0) = -\omega * A * \sin(phi) = 0$$

Wegen der zweiten Gleichung kann $phi = 0$ gesetzt werden, und damit ergibt die erste Gleichung $A = s$. Die *Lösung* der Schwingungs-Differentialgleichung zu diesen Anfangsbedingungen lautet also:

$$z = z(t) = s * \cos(\omega * t)$$

Zur Nomenklatur:

Unsere Schwingungs-Differentialgleichung ist eine *gewöhnliche Differentialgleichung* (Ordinary Differential Equation *ODE*) zweiter Ordnung. „Gewöhnlich" bedeutet, dass die gesuchte Funktion $z(t)$ nur von einer einzigen Variablen, hier der Zeit t, abhängt. Das Gegenstück wäre eine *partielle Differentialgleichung* (Partial Differential Equation *PDE*) für den Fall, dass die gesuchte Funktion von mehreren Variablen abhängt, zum Beispiel als Temperatur-Feld $T = T(x,y,z)$ im dreidimensionalen Raum, und in die Differentialgleichung deshalb die partiellen Ableitungen der Funktion eingehen. Die *Ordnung* einer Differentialgleichung gibt an, bis zu welcher „Höhe" Ableitungen in der Differentialgleichung vorkommen. In unserer Schwingungs-Differentialgleichung ist die höchste Ableitung d^2z/dt^2 – es handelt sich deshalb um eine Differentialgleichung zweiter Ordnung. Für die gesuchte Lösung sind außerdem noch Anfangswerte vorgegeben. Diese Art von Aufgaben nennt man deshalb *Anfangswertproblem* (Initial Value Problem).

Mehr über Differentialgleichungen und ihre Klassifizierungen finden Sie in der angegebenen Literatur, beispielsweise bei *L. Collatz* für gewöhnliche Differentialgleichungen und im Werk von *Courant-Hilbert* für partielle Differentialgleichungen. Wenn Sie mehr über die theoretischen Hintergründe von Differentialgleichungen wissen möchten, zum Beispiel über die Lösbarkeit oder die Art der Lösungsräume, dann landen Sie schnell im mathematischen Gebiet „Funktional-Analysis".

4.5.3 Numerische Lösung

Da Differentialgleichungen Ableitungen der Lösungsfunktion enthalten, nennt man das Lösen von Differentialgleichungen auch *Integration*, obwohl sich der Lösungsvorgang als solcher sehr von dem einer gewöhnlichen Integrationsaufgabe unterscheidet. Eine Lösungsmethode für Anfangswertaufgaben sieht jedoch zumindest formal aus wie eine gewöhnliche Integration – das Euler'sche *Polygonzugverfahren*.

Wir gehen dabei von einer gewöhnlichen Differentialgleichung *erster Ordnung* aus, die in folgender expliziter Form vorliegen soll:

$$\frac{\mathrm{d}z}{\mathrm{d}t} = D(t, z), \quad \text{Anfangsbed.:} \ z(t_0) = z_0 \quad (4.1)$$

Dabei sei $D(t,z)$ eine beliebige Funktion der beiden Variablen t und z.

Ausgehend vom Anfangszeitpunkt t_0 sollen für ausgewählte Stützstellen t_n Näherungen für die Funktionswerte zu diesen Zeiten $z(t_n)$ berechnet werden. Oft verwendet man hierfür eine äquidistante Verteilung der *Stützstellen*:

$$t_n = t_0 + n*h, \quad \text{für } n = 0, 1, 2, ..., n_{\max}$$

Den festen Abstand h zwischen zwei Zeiten nennt man *Schrittweite*.

Gleichung (4.1) kann durch Integration in folgende *Integralgleichung* überführt werden:

$$z(t) = z_0 + \int_{t_0}^{t} D(\tau, z(\tau)) \, \mathrm{d}\tau \quad (4.2)$$

Diese Gleichung ist der Ausgangspunkt für das Polygonzugverfahren. Man zerlegt das Integral in Teilintervalle der Länge h und approximiert die Funktion D in jedem (kleinen) Intervall durch den Wert der Funktion am Beginn des Intervalls:

Näherung: $D(t, z(t)) = D(t_n, z(t_n)) = $ konstant, für alle t zwischen t_n und $t_n + h$

Da der Funktionswert konstant ist, kann das Integral berechnet werden, und man erhält beispielsweise für das erste Intervall zwischen t_0 und $t_0 + h$ die Näherungslösung:

$$z(t_0 + h) = z_0 + h * D(t_0, z_0) = z_1$$

Analog führt man das Verfahren nacheinander für die restlichen Intervalle durch, jeweils mit der Vorschrift:

$$z_{n+1} = z_n + h * D(t_n, z_n), \quad n = 0, 1, 2, ...$$

Das Euler'sche Polygonzugverfahren für Anfangswertprobleme von gewöhnlichen Differentialgleichungen erster Ordnung kann noch *verbessert* werden, indem man in den einzelnen Teilintervallen geeignetere Approximationen der Funktion D berechnet – Approximationen, die nicht nur den Wert der Funktion am Beginn des Intervalls verwenden. Dies führt unter anderem zur Gruppe der *Runge-Kutta-Verfahren*, die einem Teil der Lösungs-methoden von MATLAB zugrunde liegen.

Bevor wir aber unsere Schwingungs-Differentialgleichung mit MATLAB lösen können, müssen wir uns noch um eine weitere Schwierigkeit kümmern – die Schwingungs-DGL ist eine Differentialgleichung zweiter Ordnung. Mit einem Trick kommt man weiter. Durch Einführung der *Hilfsgröße* $v = dz/dt$ (Geschwindigkeit der angehängten Masse) erhält man anstelle der DGL zweiter Ordnung folgendes *Differentialgleichungs-System*:

$$\frac{dv}{dt} = -\frac{k}{m} z$$

$$\frac{dz}{dt} = v$$

(4.3)

Die Differentialgleichung zweiter Ordnung für eine Funktion z wird also in ein System von zwei Differentialgleichungen erster Ordnung für die Funktionen z und v überführt – und mit so einem System erster Ordnung kommt MATLAB zurecht. Zur Lösung mit MAT-LAB fassen wir als Erstes die beiden Funktionen z und v im *Vektor y* zusammen:

$y = [z; v]$;   mit den Anfangswerten: $y0 = [s; 0]$

Das Gleichungssystem (4.3) wird durch die Funktion *Fun_Feder_1* dargestellt:

Listing 4.21 function Fun_Feder_1

```
%  function dy_dt = Fun_Feder_1( t, y, kf2 )
%     t : Zeitvariable, y : Vektor aus z und v
%     kf2 : weitere Variable, Quadrat der Kreisfrequenz
function  dy_dt = Fun_Feder_1( t, y, kf2 )
    % dy_dt(1,1) = Ableitung von z = y(1) ist v = y(2) :
    dy_dt(1,1) = y(2);
    % dy_dt(2,1) = Ableitung von v = y(2) : DGL
    dy_dt(2,1) = - kf2 * y(1);
```

Die DGL-Lösungs-Algorithmen von MATLAB (*Solver*) verlangen die Definition der Dif-ferentialgleichung in der oben angegebenen Form – als MATLAB-Funktion mit den Über-gabeparametern t (den Variablen der gesuchten Funktionen) und einem Vektor y, der die gesuchten Funktionen im DGL-System zusammenfasst. Der Rückgabewert der Funktion ist ein Spalten-Vektor, der die linke Seite des DGL-Systems (4.3) enthält, also die Ablei-tungen der Funktionen y als Zeile 1 bzw. Zeile 2 der Spalte 1. In unserem Beispiel haben wir den Rückgabevektor *dy_dt* getauft, um die Ableitungen bereits im Namen kenntlich zu machen.

Die Gleichung (4.3) definiert $v = y(2)$ als Ableitung von $z = y(1)$, was zu folgender Code-Zeile führt:

```
dy_dt(1,1) = y(2);
```

Die zweite Gleichung des DGL-Systems enthält die ursprüngliche Schwingungsgleichung $dv/dt = -k/m * z$, in die das Quadrat der Kreisfrequenz $kf2 = k/m$ eingeht. Der Wert von $kf2$ wurde als 3. Übergabeparameter angelegt, was dem Solver noch mitgeteilt werden muss:

```
dy_dt(2,1) = - kf2 * y(1);
```

Jetzt sind wir endlich so weit, dass wir einen MATLAB-Solver auf unser Anfangswertproblem loslassen können – nur hat MATLAB mehrere Solver, zum Beispiel ode45, ode23, ode113, ... Wir wählen *ode45*. ode steht für den Typ der DGL: Ordinary Differential Equation. Die MATLAB-Hilfe sagt dazu weiterhin, dass ode45 eine explizite Runge-Kutta(4,5)-Formel verwendet und dass man für den *ersten Lösungsversuch* am besten dieses Verfahren verwenden sollte. ode45 benutzt auch eine automatische *Schrittweiten-Steuerung*. Der Abstand *h* wird hierbei je nach Problem automatisch angepasst, wodurch die Stützpunkte in der Regel nicht mehr äquidistant zueinander liegen.

Der M-File *Solve_Feder_1.m* enthält den Aufruf von ode45 für unser Problem:

Listing 4.22 function Solve_Feder_1

```
% function Solve_Feder_1( k, m, s, tm )
%    k : Federkonstante
%    m : schwingende Masse
%    s : Anfangsauslenkung
%    tm: gewünschte Zeitdauer
function  Solve_Feder_1( k, m, s, tm )
   kf2 = k / m;        % Quadrat der Kreisfrequenz
   y0 = [ s, 0 ];      % Anfangswerte
   tspan = [0,tm];     % Zeitintervall

   % Lösung des Anfangswertproblems
   [t,y] = ode45( @Fun_Feder_1, tspan, y0, [], kf2 );
   z = y(:,1);         % daraus den Funktionswert = 1. Komponente

   % Testausgabe der Frequenz und Vergleich mit bekannter Lösung
   frequenz = sqrt( kf2 ) / (2*pi)
   x = s * cos( 2 * pi * frequenz * t );
   % alles plotten
   plot( t, z, t, x, 'r:' );  grid on;
```

Als Übergabeparameter an die Funktion Solve_Feder_1 haben wir k (Federkonstante), m (schwingende Masse), s (Anfangsauslenkung) und tm (gewünschte Zeitdauer). In der Funktion wird das Quadrat der Kreisfrequenz $kf2 = k/m$ und das gewünschte Zeitintervall $tspan$ von 0 bis tm definiert.

Dann endlich wird der MATLAB-Solver *ode45* aufgerufen. Er hat folgende Parameter:

- Handle der Funktion, die die DGL definiert, hier @Fun_Feder_1
- gewünschtes Zeitintervall $tspan$ für die Berechnung
- Vektor $y0$ mit den Anfangsbedingungen
- weitere Solver-Optionen, hier als leere Menge [ ] nicht spezifiziert
- weitere Parameter, hier $kf2$

Zurückgegeben werden der Vektor t, mit den bei der Integration verwendeten zeitlichen Stützpunkten, und der Vektor y, der in seinen Komponenten die Näherungslösungen für z und v enthält. Uns interessiert die erste Komponente von y mit den Auslenkungswerten der gesuchten Schwingung z. Zum Vergleich wird zusätzlich die aus der Theorie bekannte Frequenz berechnet und der Vektor x mit der exakten Lösung der Schwingungsgleichung bestimmt. Am Ende plotten wir sowohl die Näherungs- als auch die exakte Lösung.

Testen wir unser Verfahren mit einer Federkonstanten von $k = 5$ N/m und einer angehängten Masse von $m = 0.1$ kg bei einer Anfangsauslenkung von $s = 0.1$ m. Die Lösung soll für eine Zeitdauer von $tm = 2$ s berechnet werden:

```
>> Solve_Feder_1( 5, 0.1, 0.1, 2 );
frequenz =   1.1254
```

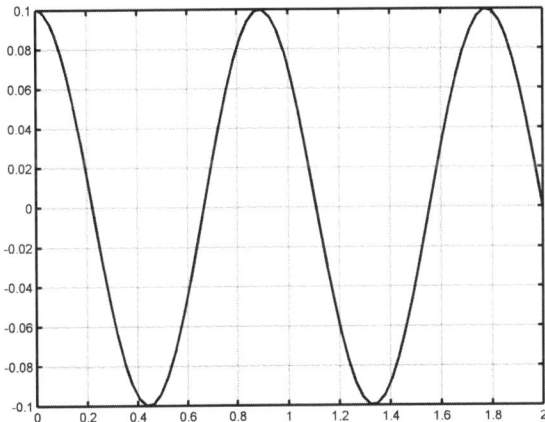

Abbildung 4.35 Ungedämpfte Schwingung

Wir erwarten eine Frequenz von knapp über einem Hertz. Eine Schwingung sollte also etwas weniger als eine Sekunde dauern. In der Plot-Ausgabe liegen die Näherungs- und die exakte Lösung genau übereinander. Die Schwingungsdauer von etwas unter einer Sekunde stimmt auch.

An Stelle der expliziten [*t*,*y*]-Felder können Sie sich auch ein Lösungs-Struct zurückgeben lassen, das die Funktion *deval* an selbst gewählten Zeitpunkten auswerten kann. Diese Zeitpunkte müssen nicht mit den Zeitwerten im t-Feld identisch sein

```
sol = ode45( @Fun_Feder_1, tspan, y0, ... );
x = deval(sol,te,1);   % te = beliebiges Zeitfeld, z.B. aus linspace
```

ode45 erlaubt als vierten Parameter einen Struct *options*, mit dem man das Verhalten des Solvers beeinflussen kann. Bisher hatten wir hierfür die leere Menge angegeben. Die Variable *options* muss vorher mit Hilfe der Funktion *odeset* definiert werden. ode45 verwendet unter anderem einen Parameter *'MaxStep'*, der angibt, wie groß die Schrittweite *h* maximal werden darf. Standardmäßig ist dieser Wert auf ein Zehntel des Zeitintervalls *tspan* gesetzt. Mit folgendem Aufruf können Sie den Wert beispielsweise auf 0.01 verkleinern:

```
options = odeset( 'MaxStep', 0.01 );
[t,y] = ode45( @Fun_Feder_1, tspan, y0, options, weitere Param. );
```

 In den ersten beiden Auflagen dieses Buches wurde der Wert von kf2 in einer globalen Variablen gespeichert. Meinem Kollegen Thomas Frischgesell verdanke ich die Erkenntnis, dass globale Variable in MATLAB extreme Performance-Fresser sind, den Algorithmus also viel zeitaufwändiger machen. Testen Sie es mit dem **Profiler** *profile*! Auch wurde in den früheren Versionen statt des Function-Handles der Name der Funktion 'Fun_Feder_1' an ode45 übergeben. Zusätzliche Parameter kann man jedoch nur mit Hilfe der Function-Handles realisieren.

4.5.4 Gedämpfte Schwingungen

Bei der Herleitung der Schwingungs-Differentialgleichung aus dem II. Newton'schen Gesetz haben wir die Welt etwas vereinfacht dargestellt. Wir haben als einzige Kraft, die auf die beschleunigte Masse wirkt, nur die Federkraft *Ff* = − *k**z berücksichtigt, was zur *freien, ungedämpften Schwingungs-DGL* führt:

$$\frac{d^2 z}{d t^2} + \frac{k}{m} z = 0$$

In Wirklichkeit treten jedoch bei nahezu jedem mechanischen System auch *Reibungskräfte* auf, die die Wirkung der beschleunigenden Kräfte dämpfen. Reibungskräfte hängen typischerweise von der Geschwindigkeit des Systems ab, also von d*z*/d*t*. Für unsere Feder wählen wir einen einfachen Ansatz für die Reibungskraft, eine lineare Abhängigkeit von d*z*/d*t*, was zur DGL der *freien, gedämpften Schwingung* führt:

$$\frac{d^2 z}{d t^2} + 2\delta \frac{dz}{dt} + \frac{k}{m} z = 0$$

Die Konstante δ wird *Abklingkoeffizient* genannt und ist ein Maß für die Stärke der Schwingungsdämpfung durch den Einfluss der Reibungskraft. Vor δ wurde noch der Faktor 2 eingefügt, um die folgenden Gleichungen einfacher zu gestalten. Es stellen sich nämlich drei unterschiedliche Lösungstypen der gedämpften Schwingung ein, je nachdem wie groß δ im Vergleich zur Kreisfrequenz der ungedämpften Schwingung ω_0 ist:

$$\omega_0 = \sqrt{k/m}$$

Die drei Fälle sind:

a) **Schwingfall**: $\delta < \omega_0$

In diesem Fall haben wir eine gedämpfte Schwingung mit der Frequenz:

$$\omega = \sqrt{\omega_0^2 - \delta^2}$$

b) **Aperiodischer Grenzfall**: $\delta = \omega_0$

Sobald δ genauso groß wie ω_0 wird, gibt es keine Schwingung mehr.

c) **Kriechfall**: $\delta > \omega_0$

Bei noch stärkerer Dämpfung kommt die Bewegung über ein „Kriechen" nicht hinaus.

Wir wollen die drei Fälle mit MATLAB lösen, wobei wir die *Anfangsbedingungen* so wählen wie im ungedämpften Fall: $z(0) = s$ und $dz/dt\,(0) = 0$. Wie im Fall der ungedämpften Schwingung wird die DGL zweiter Ordnung in ein DGL-System für $y=[z,\,dz/dt]$ überführt. Das System für die gedämpfte Schwingung wird diesmal durch die Funktion *Fun_Feder_2* dargestellt, wobei zusätzlich zum Quadrat der Frequenz der ungedämpften Schwingung *kf2* noch die Variable *delta* für den Abklingkoeffizienten dazukommt:

Listing 4.23 function Fun_Feder_2

```
% function dy_dt = Fun_Feder_2( t, y, kf2, delta )
%     t : Zeitvariable,  y : Vektor aus z und v = dz/dt
%     weitere Parameter: kf2, delta
function  dy_dt = Fun_Feder_2( t, y, kf2, delta )
    % dy_dt(1,1) = Ableitung von z = y(1), ist v = y(2) :
    dy_dt(1,1) = y(2);
    % dy_dt(2,1) = Ableitung von v = y(2)
    dy_dt(2,1) = - kf2 * y(1) - 2 * delta * y(2);
```

Der M-File *Solve_Feder_2.m* enthält den Aufruf des Solvers ode45:

Listing 4.24 function Solve_Feder_2

```
% function Solve_Feder_2 ( w, d, s, tm )
%    w : ungedämpfte Kreisfrequenz = sqrt(k/m)
%    d : Abklingkoeffizient
%    s : Anfangsauslenkung
%    tm: gewünschte Zeitdauer
function  Solve_Feder_2 ( w, d, s, tm )
   y0 = [ s, 0 ];   % Anfangswerte
   tspan = [0,tm];  % Zeitintervall

   % Lösung des Anfangswertproblems
   [t,y] = ode45( @Fun_Feder_2, tspan, y0, [], w*w, d );
   z = y( :, 1 ); % Funktionswert = 1. Komponente

   plot( t, z ); grid on; % alles plotten
```

Als Erstes testen wir den *Schwingfall*, bei dem $\omega_0 \gg \delta$ ist:

```
>> Solve_Feder_2( 10, 1, 1, 2 )
```

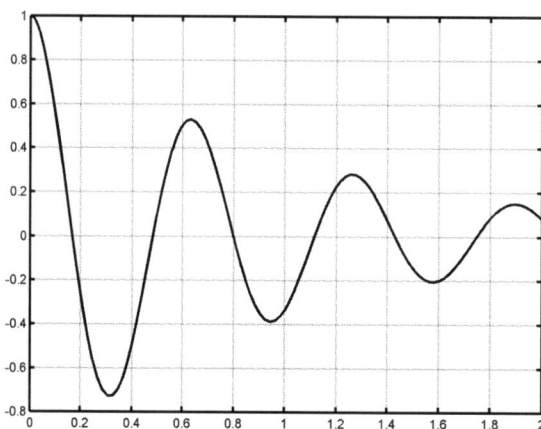

Abbildung 4.36 Gedämpfte Schwingung

Die Frequenz der gedämpften Schwingung ω liegt geringfügig unterhalb der Frequenz der ungedämpften Schwingung ω_0.

Beim *aperiodischen Grenzfall* ($\omega_0 = \delta$) ist der zweite Parameter, der Abklingkoeffizient δ, genauso groß wie der erste Parameter, die Kreisfrequenz ω_0:

```
>> Solve_Feder_2( 10, 10, 1, 2 )
```

Wir erhalten hierfür folgendes Bild:

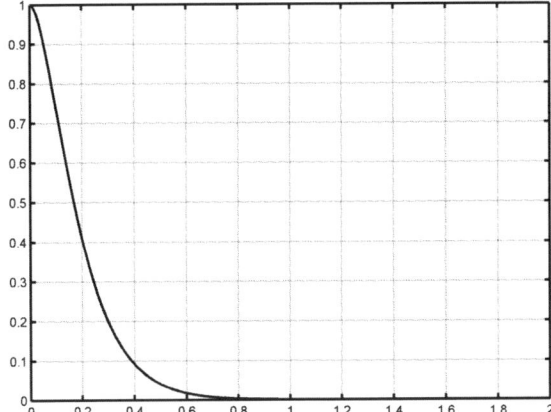

Abbildung 4.37 Aperiodischer Grenzfall

Die Bewegung kommt in diesem Fall recht schnell zum Stillstand, eine Eigenschaft, die man sich in technischen Anwendungen zunutze macht – Stoßdämpfer oder Messgeräte werden in der Nähe des aperiodischen Grenzfalls betrieben, da sich hierbei nach einer Auslenkung die Ruhelage schnell wieder einstellt.

Als Letztes betrachten wir den *Kriechfall* mit $\omega_0 \ll \delta$. Der zweite Parameter δ ist jetzt viel größer als die Kreisfrequenz ω_0:

```
>> Solve_Feder_2( 10, 100, 1, 2 )
```

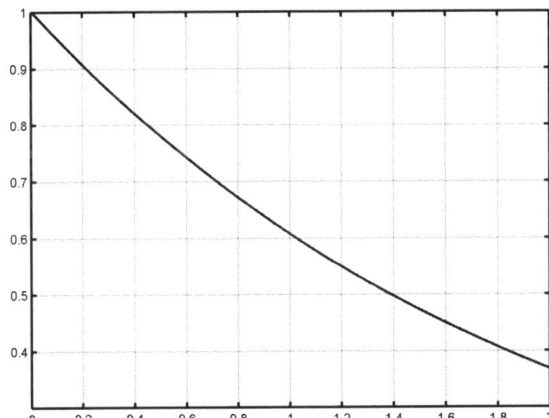

Abbildung 4.38 Kriechfall

Hier scheint die Bewegung gar nicht in die Ausgangslage zurückzukommen. Durch die große Dämpfung geht alles sehr langsam vonstatten.

4.5.5 Erzwungene Schwingungen

Bisher haben wir von freien Schwingungen gesprochen. „Frei" bedeutet in diesem Zusammenhang, dass die Schwingung sich nach der anfänglichen Auslenkung frei, eventuell mit Reibung, bewegen kann, ohne dass steuernde, äußere Kräfte auf den Ablauf Einfluss nehmen. In diesem Abschnitt soll untersucht werden, wie sich schwingungsfähige Systeme unter dem Einfluss von *äußeren Kräften* verhalten – speziell von Kräften, die zeitlich periodisch variieren. Das einfachste Beispiel hierfür ist eine sinusförmige äußere Kraft mit einer konstanten Kreisfrequenz ω_e. Dies führt zu folgender DGL:

$$\frac{d^2 z}{d t^2} + 2\delta \frac{dz}{dt} + \frac{k}{m} z = \frac{F_0}{m} \sin(\omega_e t)$$

Das dazugehörende DGL-System wird durch die Funktion *Fun_Feder_3* dargestellt, wobei, wie bereits mehrfach geübt, die DGL zweiter Ordnung in ein DGL-System für $y=[z, dz/dt]$ überführt wird:

Listing 4.25 function Fun_Feder_3

```
% function dy_dt = Fun_Feder_3( t, y, kf2, delta, F0_m, we )
%    t : Zeitvariable,  y : Vektor aus z und v = dz/dt
%    weitere Parameter: kf2, delta, F0_m, we
function  dy_dt = Fun_Feder_3( t, y, kf2, delta, F0_m, we )
   dy_dt(1,1) = y(2);
   dy_dt(2,1) = - kf2*y(1) - 2*delta * y(2) + F0_m * sin(we*t);
```

Der M-File *Solve_Feder_3.m* enthält den Aufruf von ode45. Welche Parameter beim Aufruf von Solve_Feder_3 übergeben werden, steht im Kopf der Funktion:

Listing 4.26 function Solve_Feder_3

```
% function Solve_Feder_3( w, d, F, w_ext, s, tm )
%   w : freie Kreisfrequenz = sqrt(k/m), d : Abklingkoeffizient
%   F : Amplitude der äußeren Kraft / Masse = F0/m
%   w_ext : externe Kreisfrequenz
%   s : Anfangsauslenkung, tm: gewünschte Zeitdauer
function  Solve_Feder_3( w, d, F, w_ext, s, tm )
   % Anfangswertproblem lösen
   [t,y] = ode45( @Fun_Feder_3, [0,tm], [s,0], [], w*w, d, F, we );
   z = y( :, 1 );                % Funktionswert = 1. Komponente

   frequenz = w_ext / (2*pi);    % Frequenz der äußeren Schwingung
   x = F*sin(2*pi*frequenz*t)/50;  % äußere Schwingung als Vergleich
   plot( t, z, t, x, 'r:' );     % alles plotten
```

Für den ersten Test nehmen wir eine äußere Frequenz ω_e, die klein ist im Vergleich zur Eigenfrequenz ω_0:

```
>> Solve_Feder_3( 10, 1, 10, 1, 0.2, 20 )
```

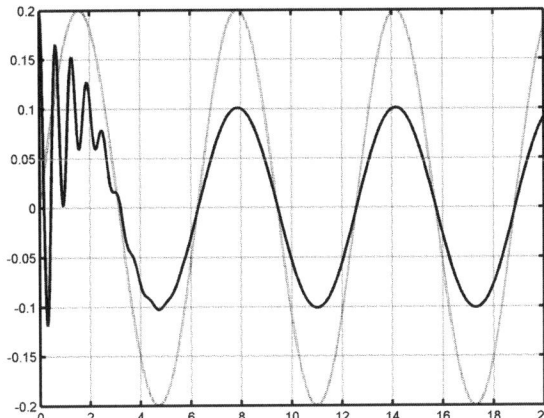

Abbildung 4.39 Erzwungene Schwingung, kleine äußere Frequenz

Nach einer kurzen Einschwingzeit sieht man, dass die Feder der äußeren periodischen Kraft (gepunktete Kurve im Hintergrund) folgt und in Phase mit ihr schwingt. Die Feder verhält sich also bei kleinen äußeren Frequenzen fast wie ein starrer Körper.

Das Verhalten ändert sich, wenn wir die äußere Frequenz erhöhen. Wir wählen eine äußere Frequenz in der Nähe der Eigenfrequenz ω_0:

```
>> Solve_Feder_3( 10, 1, 10, 9.9, 0.2, 5 )
```

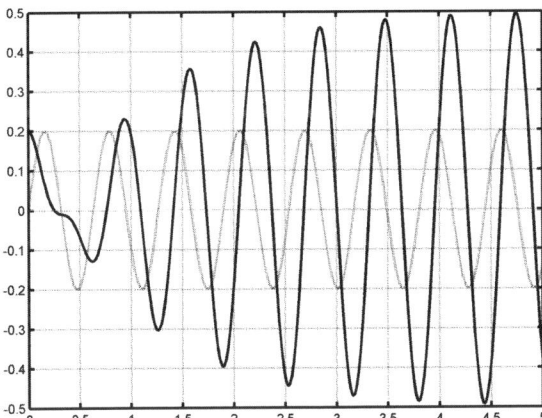

Abbildung 4.40 Erzwungene Schwingung in der Nähe der Resonanz

Wir haben hierbei folgende äußere Frequenz gewählt:

$$\omega_{res} = \sqrt{\omega_0{}^2 - 2\delta^2}$$

Dies ist die Frequenz, bei der das schwingungsfähige System am stärksten auf eine äußere Beeinflussung reagiert – das System ist in *Resonanz* mit der äußeren Anregung. In diesem Zustand hat die angehängte Masse den maximalen Ausschlag und läuft der äußeren Erregung um einen Phasenunterschied von 90 Grad hinterher. Das ist der kritische Frequenzbereich, in dem Bauteile extrem belastet werden und möglicherweise zu Schaden kommen. In der Praxis meidet man deshalb meist Resonanzbereiche bzw. man versucht in einem solchen System, wie zum Beispiel bei Wellen, beim Anfahren möglichst schnell über diese Bereiche hinwegzufahren.

Hat die äußere Anregung eine noch höhere Frequenz, wird die Schwingung gestört und erreicht nach der Einschwingphase nur eine geringe Amplitude.

```
>> Solve_Feder_3( 10, 1, 10, 15, 0.2, 5 )
```

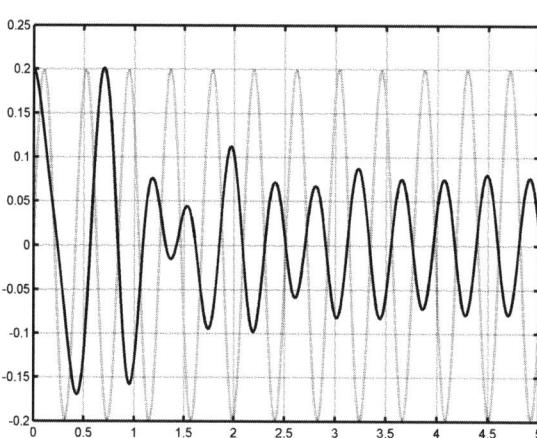

Abbildung 4.41 Erzwungene Schwingung bei großer äußerer Frequenz

Die Phasenverschiebung zwischen Anregung und Schwingung beträgt jetzt 180 Grad. Die äußere Kraft arbeitet gegen die Schwingungsbewegung.

Schlussbemerkung:

In diesem Abschnitt haben wir untersucht, wie sich ein massives Teilchen verhält, auf das von außen Kräfte einwirken. Seine Bewegung wird vollständig durch eine Differentialgleichung beschrieben – vorausgesetzt die funktionale Form der Kräfte ist bekannt. Und wenn wir auch noch wissen, wie der Zustand des Teilchens (sein Ort und seine Geschwindigkeit) zu einem gewissen Anfangszeitpunkt ist, können wir berechnen, wo sich das Teilchen zu einem beliebigen späteren Zeitpunkt aufhält – indem wir uns von MATLAB das Anfangswertproblem lösen lassen.

Eine Grundidee der klassischen Physik vor 1900 war, dass sich das Verhalten von Teilchen durch ein System von gekoppelten Differentialgleichungen beschreiben lässt. Die Kopplungen entstehen durch Kräfte zwischen den Teilchen, die Wechselwirkungen. Wäre der Anfangszustand eines Teilchensystems vollkommen bekannt, könnte man zumindest theoretisch den Zustand des Systems zu jedem späteren Zeitpunkt berechnen. In der Praxis wird dies zwar durch die große Zahl von Teilchen (typische Größenordnung: 10^{23}) nicht möglich sein. Aber dennoch sollten sich strukturelle Eigenschaften der Materie und typische Mittelwerte aus diesen Annahmen herleiten lassen.

Die Welt hat sich jedoch nicht als so einfach erwiesen. Zu welchen neuen Erkenntnissen und Fragen man in der Zwischenzeit gekommen ist, kann man unter anderem im Buch „Local Quantum Physics – Fields, Particles, Algebras" von *Rudolf Haag* (siehe Literaturverzeichnis) nachlesen. Wir können hier aber nicht tiefer in die Struktur der modernen theoretischen Physik einsteigen – aus Platzgründen und weil Ihnen dazu wahrscheinlich einige mathematische Kenntnisse fehlen. Ein paar Fragen seien jedoch als weiterführende Hinweise gestattet:

- Unter welchen Bedingungen kann man überhaupt von individuellen Objekten wie Teilchen sprechen? Besitzen diese Teilchen Eigenschaften, wie Ort, Geschwindigkeit, Masse oder Ladung, und wie können solche Eigenschaften definiert werden?

- Wie sind eigentlich Wechselwirkungen definiert? Das Konzept einer langreichweitigen, instantanen (sofort wirksamen) Kraft zwischen zwei räumlich getrennten Objekten widerspricht dem Kausalitäts-Prinzip der Relativitätstheorie, also dem Prinzip von Ursache und Wirkung. Da sich Informationen bzw. Signale nur mit maximal Lichtgeschwindigkeit ausbreiten können, benötigt auch eine Wechselwirkung eine gewisse Zeit, bis sie ihr Objekt erreicht und darauf einwirken kann.

- Was lässt sich überhaupt messen? Kann man mehrere Eigenschaften gleichzeitig messen? Wie beeinflusst eine Messung den gemessenen Zustand? Was ist eigentlich eine Messung? Dies sind Fragen, die mit dem Thema Quantenmechanik zusammenhängen.

- Welche Aussagen kann man über Vielteilchen-Zustände machen? Wie charakterisiert man einen Gleichgewichtszustand? Was hat das mit einer Temperatur zu tun? Dies führt uns von der Thermodynamik bis zur Hawking-Strahlung an Schwarzen Löchern – und sogar noch etwas über Hawking und den „Event Horizon" hinaus.

Habe ich Sie jetzt genug verwirrt? Das meiste aus den obigen Anmerkungen werden Sie in einem Ingenieurberuf wahrscheinlich nicht brauchen – aber wer weiß …

4.5.6 Randwertproblem

Bisher hatten wir Anfangswertprobleme betrachtet. Es ging um die Lösung gewöhnlicher Differentialgleichungen. Die gesuchten Funktionen $z = z(t)$ waren Funktionen der Zeitvariablen t. Für einen gewissen Zeitpunkt t_0, beispielsweise bei $t_0 = 0$ s, waren Anfangsbedingungen vorgegeben, wie Anfangsposition z_0 und Anfangsgeschwindigkeit v_0 bei den Differentialgleichungen 2. Ordnung.

Eine andere Situation liegt beim Randwertproblem (Boundary Value Problem *BVP*) vor. Dort behandelt man typischerweise Funktionen von räumlichen Variablen, zum Beispiel die Frage, wie weit sich eine Saite in einem x-Intervall [0,*L*] aus der Ruhelage auslenkt

$$z = z(x), \quad \text{für} \quad 0 \le x \le L$$

Da die Zeit hierbei gar nicht auftaucht, machen Anfangswerte keinen Sinn. Stattdessen können Bedingungen an den Rändern des Intervalls [0,*L*] eine Rolle spielen, zum Beispiel die Auslenkung an der Position $x=0$ und die an der Position $x=L$ (Dirichlet-Randbedingungen). Oder man gibt an den Rändern die Ableitung (Steigung) der Saite vor (Neumann-Randbedingungen). Möglich ist auch eine Mischung aus beiden.

Versuchen wir uns an einem recht einfachen System. Unsere Saite habe eine konstante Krümmung von –2. An den Randpunkten bei $x=0$ und $x=5$ sei die Saite so fixiert, dass die Auslenkung dort 0 bzw. 3 ist.

Die zugehörige DGL lautet also

```
y'' = -2
```

und die Randwerte sind

```
y(0) = 0,  y(5) = 3
```

Die Vorgehensweise zur Lösung dieses Problems in MATLAB ist ähnlich dem bei Anfangswertproblemen. Man definiert in einem separaten M-File die gegebene DLG, wobei DGLen 2. Ordnung, wie in der vorherigen Abschnitten geübt, in ein System von zwei DGLen erster Ordnung überführt werden. In unserem Beispiel ergibt dies die einfache Form

Listing 4.27 DGL für Randwertproblem

```
% Definition der DGL: Zerlegung in System von DGLen
function dy_dx = Fun_BVP( x, y )
    % Ableitung von z = y(1) ergibt v = y(2)
    dy_dx(1,1) = y(2);
    % Ableitung von v = y(2) über die DGL = Krümmung -2
    dy_dx(2,1) = -2;
```

Als Nächstes müssen wir die Randbedingungen festlegen. Dies geschieht ebenfalls mit Hilfe einer separaten Funktion, die das „Residuum" der Funktion an den Randpunkten definiert. Der Algorithmus zur Lösung von Randwertproblemen versucht dieses Residuum zu null zu machen. Sie müssen die Randbedingungen also so umschreiben, dass rechts in den Randwertgleichungen eine Null steht

```
y(0) = 0,   y(5) - 3 = 0
```

Die Funktion für die Randbedingungen lautet damit

Listing 4.28 Randbedingungen

```
% Randbedingungen:
%    res: Residuum definiert, was am Rand Null werden soll
%    y1(1), y1(2): Wert bzw. Ableitung an Randpunkt 1
%    y2(1), y2(2): Wert bzw. Ableitung an Randpunkt 2
function res = BC_BVP( y1, y2 )
  res(1,1) = y1(1);      % Funktionswert am 1. Rand zu 0
  res(2,1) = y2(1)-3 ;  % Funktionswert am 2. Rand zu 3
```

Als Letztes möchte der Solver noch eine Startkonfiguration, mit der er seine Lösungssuche beginnt. Hierzu dient die Funktion *bvpinit*

```
solinit = bvpinit(x,yinit)
```

- *x*   Vektor mit einer Startzerlegung des x-Intervalls,
          der erste und der letzte Wert definieren die Randpunkte

- *yinit* konstante Startwerte für die Funktion und ihre Ableitung
          oder Handle einer Funktion, die die Startwerte definiert

In unserem Fall geben wir für das x-Intervall [0,5] eine einfache Startzerlegung mit sechs gleich verteilten Stützpunkten vor, also [0 1 2 3 4 5]. Bei der Startkonfiguration für die Suche der Funktion *y* machen wir uns die Sache noch einfacher. Wir wählen eine konstante Funktion (*y*=1) mit Ableitung *y'*=0, also die Werte [1 0].

Mit diesen Daten können wir den BVP-Solver *bvp4c* aufrufen

Listing 4.29 Lösung der Randwertaufgabe

```
function solve_BVP()
  % Vorgabe für Lösung: 6 Punkte für x von 0 bis 5
  %   konstanter Funktionswert 1, Ableitung 0
  solinit = bvpinit( [0 1 2 3 4 5], [1 0] );

  % Solver-Aufruf
  sol = bvp4c( @Fun_BVP, @BC_BVP, solinit );
```

```
% Stützpunkte zum Zeichnen des x-Bereichs
x = linspace(0,5,100);
w = deval( sol, x );   % dazu Lösungswerte aus sol holen
y = w(1,:);            % y ist 1. Komponente der Lösung
% alles plotten
plot( x,y )
```

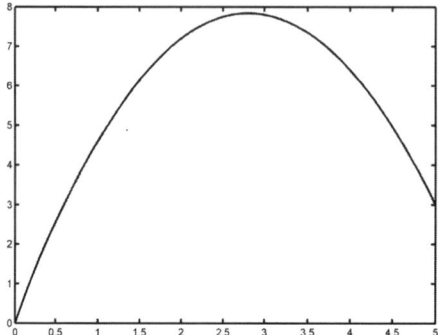

Abbildung 4.42 Randwertaufgabe

Im vorherigen Beispiel war die Lösung eindeutig durch die Randwerte bestimmt. Das muss im Allgemeinen aber nicht so sein. Bei Mehrdeutigkeiten dient die Startkonfiguration dazu, eine der Lösungen auszuwählen.

Betrachten wir die DGL

$$y'' = - |y|$$

Für positive y-Werte sind die Funktionen $\sin(x)$ und $\cos(x)$ Lösungen der DGL, für negative y-Werte die Funktionen e^x und e^{-x}, oder umgeformt $\sinh(x)$ und $\cosh(x)$.

Für die Randwerte

$$y(0) = 0, \quad y(5) = -1 \quad \text{bzw. als Residuum geschrieben:} \quad y(5) + 1 = 0$$

besitzt die Randwertaufgabe zwei Lösungen: Eine, die von $x=0$ aus mit positiven y-Werten startet und erst ab $x=\pi$ negativ wird, und eine mit durchwegs negativem y.

Die MATLAB-Funktionen für die Definition der DGL und der Randwerte sind

Listing 4.30 DGL und Randwerte für zwei Lösungen

```
% Definition der DGL
function dy_dx = Fun_BVP1( x, y )
   % Ableitung von z = y(1) ergibt v = y(2)
   dy_dx(1,1) = y(2);
   % Ableitung von v = y(2) über die DGL = Krümmung -|y(1)|
   dy_dx(2,1) = -abs( y(1) );
```

```
% Randwerte: Residuum
function res = BC_BVP1( y1, y2 )
  res(1,1) = y1(1);
  res(2,1) = y2(1) + 1;
```

Wir lösen die Randwertaufgabe zuerst mit der konstanten Startkonfiguration y=+1, y'=0, wodurch die Funktion bei x=0 mit einer positiven sin-Funktion startet und bei x=π zu einer negativen sinh-Lösung wird. Beim zweiten Versuch verwenden wir y=-1, y'=0, was im gesamten Intervall zu einer negativen sinh-Lösung führt.

Folgende Funktionen definieren diese Startkonfigurationen

Listing 4.31 Unterschiedliche Startkonfigurationen

```
function yinit = initBVP1a( x )
  yinit = [1 0];     % y=+1, y'=0


function yinit = initBVP1b( x )
  yinit = [-1 0];    % y=-1, y'=0
```

Die Solver-Funktionen unterscheiden sich nur darin, dass bei der Festlegung von *solinit* durch *bvpinit* einmal die Funktion *initBVP1a* und einmal die Funktion *initBVP1b* verwendet wird. Für die erste Startkonfiguration mit dem Startwert +1 lautet die Solver-Funktion

Listing 4.32 Solver-Aufruf für y=+1

```
function solve_BVP1a()
    % Vorgabe: 10 Punkte für x von 0 bis xInt

    xInt = 5;

    xinit = linspace( 0, xInt, 10 );
    % Übergabe der Funktion initBVP1a
    solinit = bvpinit( xinit, @initBVP1a );


    % Solver-Aufruf
    sol = bvp4c( @Fun_BVP1, @BC_BVP1, solinit );


    % Stützpunkte zum Zeichnen des x-Bereichs
    x = linspace(0,xInt,100);
    w = deval( sol, x );   % dazu Lösungswerte aus sol holen
    y = w(1,:);            % y ist 1. Komponente der Lösung
    % alles plotten
    plot( x,y, [0,xInt], [0,0], 'k:' )
```

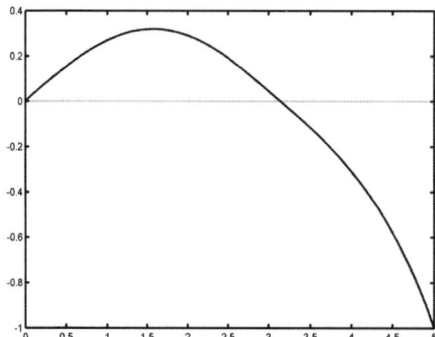

Abbildung 4.43 Lösung für Startwert y=+1

Wie erwartet ist die Lösung zwischen 0 und π sinusförmig und hat danach, bei negativen Funktionswerten, die Form $y(x) = -\sinh(x-\pi)/\sinh(5-\pi)$.

Für den zweiten Aufruf wird nur der bvpinit-Aufruf abgewandelt, damit für die Funktion jetzt der negativen Startwert -1 verwendet wird

```
solinit = bvpinit( xinit, @initBVP1b );
```

Obwohl DGL und Randwerte gleich geblieben sind, erhalten wir eine vollkommen andere Lösung der Randwertaufgabe

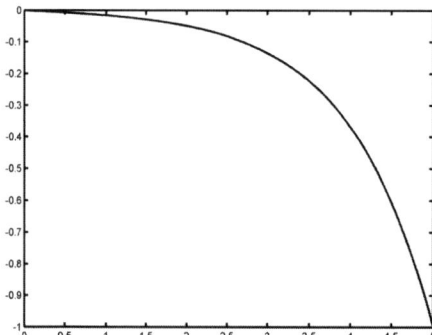

Abbildung 4.44 Lösung für den Startwert y=-1

Die Lösung hat nun im gesamten Bereich die Form $y(x) = -\sinh(x)/\sinh(5)$.

4.5.7 Zusammenfassung

- Federschwingung: Federkonstante, Masse
- II. Newton'sches Gesetz: $F = m*a$
- Beschleunigung: zweite Ableitung der Ortsfunktion
- Anfangsbedingung zu einer Zeit t0
- Differentialgleichung (DGL)
- ODE, PDE, Ordnung, Anfangswertproblem
- Numerische Lösung: Euler'sches Polygonzugverfahren
- Stützstellen, Schrittweite
- Runge-Kutta-Verfahren
- DGL zweiter Ordnung: DGL-System erster Ordnung
- DGL-Solver: ode45, ...
- Gedämpfte Schwingungen: Reibung
- Erzwungene Schwingungen: äußere Kräfte, Resonanz
- Randwertproblem
- Startkonfiguration
- Mehrdeutige Lösungen

4.5.8 Aufgaben

Aufgabe 4.5.1:

Lösen Sie die Bewegungsgleichung für das ungedämpfte Fadenpendel, das mit einem Winkel w um die Senkrechte schwingen kann. Die Differentialgleichung für die Winkelfunktion $w(t)$ lautet:

(A) $\quad \dfrac{d^2 w}{d t^2} + \dfrac{g}{L} * \sin(w) = 0$

L: Fadenlänge, z. B. 0.5 m, $g = 9.81$ m/s^2: Erdbeschleunigung

Oft verwendet man folgende Näherung der DGL für kleine Winkel:

(B) $\quad \dfrac{d^2 w}{d t^2} + \dfrac{g}{L} * w = 0$

Lösen Sie mit MATLAB die DGL sowohl für die Version A als auch für Version B. Stellen Sie die Lösung für unterschiedliche Anfangsbedingungen (Anfangswinkel w und Anfangswinkelgeschwindigkeit dw/dt) grafisch dar.

Warum unterscheiden sich die Lösungen von A und B für große Anfangswinkelge-schwindigkeiten? Diskutieren Sie für diesen Fall die Lösung von A.

Bauen Sie in die linke Seite der DGL auch noch folgenden Reibungsterm ein:

$+ 2 \, \delta * \mathrm{d}w/\mathrm{d}t$

Aufgabe 4.5.2:

Die Dynamik eines Systems sei durch folgende DGL 1. Ordnung beschrieben:

$$\frac{\mathrm{d}\,y}{\mathrm{d}\,t} = -\,k*y$$

Lösen Sie mit MATLAB die DGL für verschiedene Werte von k, zum Beispiel für $k = 1, 5$ etc., für das Zeitintervall [0,3] und die Anfangsbedingung $y(0)=10$. Stellen Sie die Lösung grafisch dar.

Hinweis: Bei einer DGL 1. Ordnung brauchen Sie natürlich keine Hilfsvariable v. Die DGL-Funktion, die an ode45 übergeben wird, besitzt dann nur eine Zeile für $dy\_dt(1,1)$, die die DGL spezifiziert.

Aufgabe 4.5.3:

Lösen Sie die Bewegungsgleichung für den senkrechten Fall. Die DGL für die Ortsfunktion $z(t)$ lautet:

$$\frac{\mathrm{d}^2 z}{\mathrm{d}\,t^2} + g = 0$$

$g = 9.81$ m/s^2: Erdbeschleunigung

Lösen Sie mit MATLAB die DGL und stellen Sie die Lösung für unterschiedliche An-fangsbedingungen (Anfangsort z und Anfangsgeschwindigkeit $\mathrm{d}z/\mathrm{d}t$) grafisch dar.

Bauen Sie in die linke Seite der DGL auch noch folgenden Reibungsterm ein:

$+ 2 \, \delta * \mathrm{d}z/\mathrm{d}t$

Stellen Sie hierfür sowohl die Ortsfunktion $z(t)$ als auch die Geschwindigkeitsfunktion $\mathrm{d}z/\mathrm{d}t(t)$ grafisch dar.

Die Lösung für einen **springenden Ball**, auch als Animation (*movie*), finden Sie im Inter-net unter: www.Stein-Ulrich.de/Matlab.

4.6 Technische Mechanik

Die technische Mechanik (TM) ist geradezu ein Abenteuerspielplatz für jede Art von MATLAB-Anwendungen. Da Sie aber eventuell (noch) kein größeres Vorwissen in TM besitzen, habe ich eine Aufgabe aus den ersten Wochen der Statik-Vorlesung meines Kollegens Prof. Dr.-Ing. habil. Jürgen Dankert herausgesucht – ein einfaches, zentrales Kraftsystem, an dem exemplarisch gezeigt werden soll, wie einfach und elegant man mit Hilfe von MATLAB ein *System linearer Gleichungen* lösen kann. Wobei ich davon ausgehe, dass Sie dieses einfache Problem auch mit ein paar Rechenzeilen per Hand lösen können.

Dieser Abschnitt ist relativ kurz, was der Bedeutung der TM für den Ingenieurberuf in keiner Weise gerecht wird. Ich selbst bin jedoch nicht Spezialist auf diesem Gebiet. Wenn Sie sich intensiver mit TM und MATLAB beschäftigen wollen, dann seien Ihnen das exquisite Buch und die Internet-Seite von *Helga und Jürgen Dankert* ans Herz gelegt:

www.DankertDankert.de

4.6.1 Zentrales Kraftsystem

Unser Beispielsystem besteht aus zwei Seilen, von denen das eine an der Decke und das zweite am Boden befestigt ist. An ihrem anderen Ende sind die Seile miteinander verknotet und daran hängt eine Masse, die mit der Kraft F_1 nach unten zieht. Zusätzlich wirkt an diesem Punkt eine weitere Kraft F_2, die dafür sorgt, dass die Seile gespannt bleiben.

Vorgegeben sind die drei Winkel α_1, α_2 und β und die einwirkenden Kräfte F_1 und F_2.

Die Aufgabenstellung lautet: Ermitteln Sie die Kräfte Fs_1 und Fs_2 in den Seilen 1 und 2.

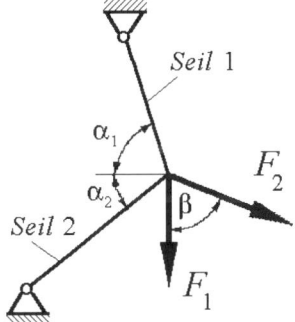

Abbildung 4.45 Zentrales Kraftsystem (*H. und J. Dankert*, www.DankertDankert.de)

Das Schlüsselwort zur Lösung solcher Aufgaben heißt: *Kräfte-Gleichgewicht*. Da es sich um ein ebenes Problem handelt, bei dem sich die Wirkungslinien aller Kräfte in einem Punkt schneiden, gibt es zwei Bedingungen für das Gleichgewicht. Sowohl die Kräfte in horizontaler wie auch in vertikaler Richtung müssen sich gegenseitig kompensieren. Mit

Hilfe der Winkelfunktionen sin und cos zerlegen wir deshalb die einzelnen Kräfte in diese beiden Anteile, wobei wir auf den Definitionssinn der Winkel achten müssen. Die Kraft Fs_1 besitzt beispielsweise den vertikalen Anteil $Fs_1*\sin(\alpha_1)$. Der horizontale Anteil $Fs_1*\cos(\alpha_1)$ muss jedoch noch mit einem Minuszeichen versehen werden, da der Winkel α_1 von der negativen x-Richtung aus gezählt wird.

Falls Ihnen diese Zerlegungen nicht auf Anhieb klar sind, sollten Sie eine Skizze anfertigen, um die Zusammenhänge zu verifizieren!

Anschließend addieren wir die einzelnen Kraftkomponenten und erhalten damit als Summe für die horizontalen Kräfte:

$$- Fs_1 * \cos(\alpha_1) - Fs_2 * \cos(\alpha_2) + F_2 * \sin(\beta) = 0 \qquad (I)$$

Für die vertikalen Kräfte gilt:

$$Fs_1 * \sin(\alpha_1) - Fs_2 * \sin(\alpha_2) - F_2 * \cos(\beta) - F_1 = 0 \qquad (II)$$

Bis auf Fs_1 und Fs_2 sind alle Größen in diesen Gleichungen bekannt.

4.6.2 Lineare Gleichungssysteme

Die Gleichungen I und II im vorherigen Abschnitt sind ein typisches Beispiel für ein inhomogenes, lineares Gleichungssystem – in diesem Fall zwei Gleichungen für zwei Unbekannte Fs_1 und Fs_2. Lineare Gleichungssysteme lassen sich als *Matrix-Gleichung* umschreiben.

Hier ergibt sich folgendes System:

$$\begin{bmatrix} -\cos(\alpha 1) & -\cos(\alpha 2) \\ \sin(\alpha 1) & -\sin(\alpha 2) \end{bmatrix} * \begin{bmatrix} Fs1 \\ Fs2 \end{bmatrix} = \begin{bmatrix} -F2 * \sin(\beta) \\ F2 * \cos(\beta) + F1 \end{bmatrix}$$

oder in vektorieller Kurzform:

$$\boxed{A * Fs = r}$$

mit:

$$A = \begin{bmatrix} -\cos(\alpha 1) & -\cos(\alpha 2) \\ \sin(\alpha 1) & -\sin(\alpha 2) \end{bmatrix}, \quad Fs = \begin{bmatrix} Fs1 \\ Fs2 \end{bmatrix}, \quad r = \begin{bmatrix} -F2 * \sin(\beta) \\ F2 * \cos(\beta) + F1 \end{bmatrix}$$

In der Schule oder spätestens in den Anfängerkursen in Mathematik sollten Sie gelernt haben, wie man eine Matrix, hier A, mit einem Vektor, hier Fs, multipliziert, wie man also das Produkt $A*Fs$ berechnet. Über eine kurze Zwischenrechnung können Sie somit verifizieren, dass die Gleichung $A*Fs = r$ exakt auf die beiden Gleichungen I und II führt.

Falls Sie mit dieser mathematischen Aufgabe Probleme haben, dann müssen Sie mir glauben, dass die obige Umformung korrekt ist. Besser wäre es natürlich, wenn Sie bei Gelegenheit Ihre Kenntnisse in Matrizenrechnung auffrischen würden.

Ist die *Determinante* von A ungleich null, lässt sich das inhomogene, lineare Gleichungssystem $A*Fs = r$ eindeutig lösen. Und unser einfaches System sollten Sie auch noch per Hand lösen können!

In MATLAB lassen sich lineare Gleichungssysteme sehr elegant mittels der so genannten *Links-Division* lösen. Der Name Links-Division leitet sich von folgender, formalen Operation ab: Man dividiert die Gleichung $A*Fs = r$ von „links" durch die Matrix A: $A \setminus A*Fs = A \setminus r$, wodurch sich auf der linken Seite $A\backslash A$ zur Einheitsmatrix aufhebt. Damit erhält man die gesuchte *Lösung Fs* des Gleichungssystems als:

$$Fs = A \setminus r$$

Die Operation „Links-Division" ist natürlich keine einfache Division. Dahinter versteckt sich ein spezieller Algorithmus von MATLAB. Man könnte das Gleichungssystem auch dadurch lösen, indem man die Inverse A^{-1} zu A berechnet und die Matrix-Gleichung von links mit A^{-1} multipliziert, was zu folgender Gleichung führt: $Fs = A^{-1} * r$. Formal sieht die Links-Division $Fs = A \setminus r$ zwar genauso aus, MATLAB verwendet hierzu jedoch einen anderen Algorithmus, der effizienter ist.

Um unser Problem in MATLAB zu lösen, benötigen wir noch Zahlenwerte für die gegebenen Größen:

$\alpha_1 = 70°$, $\alpha_2 = 40°$, $\beta = 70°$, $F1 = 80$ N, $F2 = 120$ N

Die Winkel sind in Grad angegeben. Die Standard-Winkelfunktionen in MATLAB wie sin und cos gelten jedoch für Winkel im *Bogenmaß*. Wir könnten die Grad-Angaben mittels des Faktors „pi / 180°" ins Bogenmaß umrechnen. MATLAB besitzt jedoch auch spezielle Winkelfunktionen, die für *Grad-Angaben* gedacht sind: *sind* und *cosd*.

Jetzt aber endlich zum MATLAB-Aufruf.

Die Variablen für unsere vorgegebenen Zahlenwerte lauten:

```
>> a1 = 70; a2 = 40; b = 70; F1 = 80; F2 = 120;
```

Die Matrix A und die rechte Seite r sind wie folgt festgelegt:

```
>> A = [ -cosd(a1), -cosd(a2); sind(a1), -sind(a2) ];
>> r = [ -F2 * sind(b); F2 * cosd(b) + F1 ];
```

Das hiermit definierte Gleichungssystem lösen wir durch *Links-Division*:

```
>> Fs = A \ r;
```

Die erste Komponente des Vektors *Fs* enthält die *Kraft in Seil 1* (Zahlenwert in der physikalischen Einheit Newton):

```
>> Fs1 = Fs(1)
Fs1 = 175.8092
```

Die zweite Komponente beinhaltet die *Kraft in Seil 2*, ebenfalls in Newton:

```
>> Fs2 = Fs(2)
Fs2 =  68.7073
```

Das war's – neben den drei Definitionszeilen für die Zahlenwerte und die Größen A und r benötigt MATLAB nur einen einzigen kurzen Aufruf zur Lösung des linearen Gleichungssystems. In unserem einfachen Beispiel hatte die Matrix A zwei Zeilen und zwei Spalten. MATLAB ist jedoch durchaus in der Lage, mit Systemen von sehr viel höherer Dimension effizient fertig zu werden.

4.6.3 Zusatzaufgabe

Frage: Wie groß muss F_2 mindestens sein, damit die Konstruktion nicht versagt?

Wenn F_2 kleiner wird, kommt irgendwann der Punkt, an dem keine Kraft mehr auf das Seil 2 wirkt. Setzen wir in den Gleichungen I und II die Kraft Fs_2 gleich null, so erhalten wir ein weiteres inhomogenes, lineares Gleichungssystem, diesmal für die Größen Fs_1 und F_2:

$$-Fs_1 * \cos(\alpha 1) + F_2 * \sin(\beta) = 0$$
$$Fs_1 * \sin(\alpha 1) - F_2 * \cos(\beta) - F_1 = 0$$

Die zugehörige Matrix-Gleichung lautet diesmal:

$$\begin{bmatrix} -\cos(\alpha 1) & \sin(\beta) \\ \sin(\alpha 1) & -\cos(\beta) \end{bmatrix} * \begin{bmatrix} Fs1 \\ F2 \end{bmatrix} = \begin{bmatrix} 0 \\ F1 \end{bmatrix}$$

oder in Kurzform:

$$V * F = R$$

Die Lösung der Aufgabe erhalten wir in MATLAB:

```
>> V = [ -cosd(a1), sind(b); sind(a1), -cosd(b) ];
>> R = [ 0; F1 ];

>> F = V \ R;
F(2) = 35.7180
```

Bei einer Kraft F_2 von weniger als 35.7 N versagt die Konstruktion.

Wir wollen uns das Verhalten der Kräfte in den Seilen auch noch grafisch vor Augen führen. Dazu schreiben wir eine MATLAB-Funktion, die für unterschiedliche äußere Kräfte F_2 die Auswirkungen auf die Seilkräfte Fs_1 und Fs_2 berechnet. Wir beginnen mit $F_2=120$ N und verringern die Kraft in einer Schleife in Schritten von 5 N bis auf 30 N:

Listing 4.33 function kraftsystem

```
function kraftsystem()
    % Konstante Variablen belegen
    a1 = 70; a2 = 40; b = 70; F1 = 80;
    A = [ -cosd(a1), -cosd(a2); sind(a1), -sind(a2) ];

    n = 1;  % Startindex für die Felder
    % Beginn 120 N, jeweils um 5 N verkleinern
    for( F2 = 120:-5:30 )
        % aktuelle äußere Kraft berechnen
        r = [ -F2 * sind(b); F2 * cosd(b) + F1 ];
        % aktuelle Aufgabe lösen
        Fs = A \ r;
        % Felder Fs1, Fs2, Fe und y für den Plot belegen
        Fs1(n) = Fs(1);
        Fs2(n) = Fs(2);
        Fe(n)  = F2;
        y(n)   = 0;
        % Laufindex der Felder um 1 erhöhen
        n = n + 1;
    end

    % Grafikausgabe aller Daten
    plot( Fe, Fs2, 'b', Fe, Fs1, 'k:', Fe, y, 'k' );
    legend( 'Seilkraft Fs2', 'Seilkraft Fs1' );
    xlabel( 'Kraft F2 / N' );
    ylabel( 'Seilkräfte / N' );
```

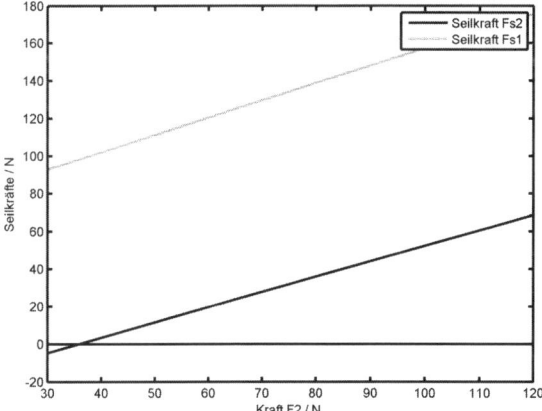

Abbildung 4.46 Kräfte in den Seilen in Abhängigkeit von F_2

Wir erkennen, dass bei einer Kraft F_2 von ca. 35 N die Seilkraft Fs_2 null wird. Die Seilkraft Fs_1 ist an diesem Punkt jedoch immer noch größer als F_1, da ja auch F_2 zusätzlich nach unten zieht.

4.6.4 Zusammenfassung

- Zentrales Kraftsystem: Kräfte-Gleichgewicht
- Zerlegung einer Kraft in ihre Komponenten
- Lineare Gleichungssysteme: Matrix-Gleichung $A*Fs = r$
- Lösbarkeit: Determinante von A
- Links-Division: $Fs = A \setminus r$
- Bogenmaß / Grad: sin / sind, cos / cosd

4.6.5 Aufgaben

Aufgabe 4.6.1:

Die Seile 1 und 2 sollen in unserer Konstruktion durch Stäbe ersetzt werden. Die zusätzliche äußere Kraft F_2 sei nicht vorhanden. Stellen Sie für diesen Fall das lineare Gleichungssystem auf und berechnen Sie die Kräfte in den Stäben. Was fällt Ihnen beim Stab 2 auf?

Aufgabe 4.6.2:

Wo schneiden sich zwei Geraden in der Ebene? Auch diese Aufgabe führt auf ein lineares Gleichungssystem. Die Gleichungen für die beiden Geraden $y1(x)$ und $y2(x)$ lauten:

```
y1 = a * x + b
y2 = c * x + d
```

a, b, c und d sind vorgegebene, reelle Zahlen.

Der Schnittpunkt der Geraden $P = (x,y)$ ist dadurch definiert, dass dort die x- und die y-Werte der beiden Geraden übereinstimmen, speziell ist $y1 = y2 = y$. Etwas umgeschrieben erhält man so die Gleichungen:

```
- a * x + y = b
- c * x + y = d
```

oder als Matrix-Gleichung: $A * P = r$ mit:

$$A = \begin{bmatrix} -a & 1 \\ -c & 1 \end{bmatrix}, \quad P = \begin{bmatrix} x \\ y \end{bmatrix}, \quad r = \begin{bmatrix} b \\ d \end{bmatrix}$$

Die Determinante von A liefert die Information, ob es für eine bestimmte Wahl von a,b,c,d überhaupt einen Schnittpunkt gibt.

Berechnen Sie die Schnittpunkte für verschiedene Werte von a,b,c,d – beispielsweise:

```
a = 1, b = 0, c = -1, d =  0
a = 2, b = 3, c =  5, d = -3
a = 3, b = 0, c =  3, d =  1
```

Erstellen Sie jeweils eine Skizze mit den Geraden und verifizieren Sie die gefundenen Schnittpunkte.

In ähnlicher Weise können Sie übrigens auch den Schnittpunkt einer Geraden mit einer Ebene im dreidimensionalen Raum berechnen – nur dass Sie dann drei Gleichungen mit drei Unbekannten (x,y,z) haben.

Aufgabe 4.6.3:

Zum Abschluss ein etwas schwierigeres TM-Beispiel von der Dankert-Seite im Internet. Diesmal sind außer dem Seil mit der Masse noch zwei Hebel und eine Umlenkrolle beteiligt. Wenn Sie das Beispiel geeignet zerlegen, kommen Sie auf ein System von sechs Gleichungen für sechs Unbekannte, das sich mit MATLAB lösen lässt:

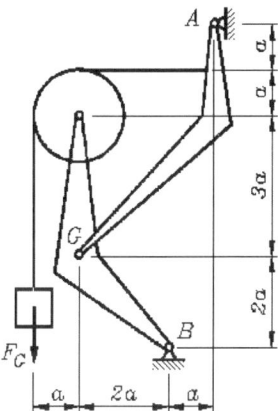

Abbildung 4.47 TM-Beispiel (J. Dankert)

Wie man auf die zugehörigen Gleichungen kommt, können Sie im Internet nachlesen:

http://www.haw-hamburg.de/rzbt/dankert/tmcu/

    Technische_Mechanik__computeru/TMCu   Seite 58/tmcu__seite_58.html

4.7 Regelungstechnik

In der Regelungstechnik hat MATLAB inzwischen einen festen Platz beim Berechnen und Simulieren von Steuerungen. Die meisten Anwendungen benötigen hierzu allerdings bereits MATLAB-Toolboxen, insbesondere die *Control System Toolbox*™ und *Simulink*®. Wir wollen in diesem Abschnitt ein klassisches regelungstechnisches Problem, das Stehpendel, behandeln, uns zu Beginn aber auf die Funktionen aus dem MATLAB-Basismodul beschränken. MATLAB wird hierbei besonders beim Berechnen der *Eigenwerte von Matrizen* eingesetzt.

4.7.1 Stehpendel

Versuchen Sie einmal, auf einem Rollbrett einen Handstand zu machen. Wenn Sie nicht gerade ein gut trainierter Artist sind, wird Ihnen nach kurzer Zeit das Rollbrett wegfahren, falls Sie nicht bereits vorher umgekippt sind. Ein technisch ähnliches Problem ist das Stehpendel – ein Wagen, auf dem ein drehbar gelagertes Pendel montiert ist:

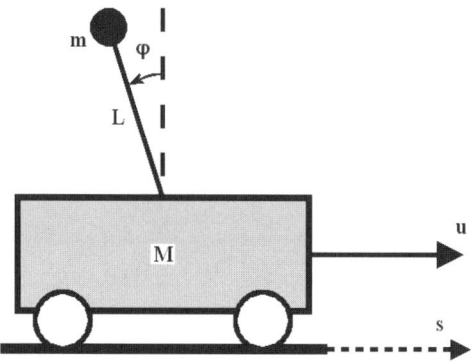

Abbildung 4.48 Stehpendel

Aufgabe der Regelungstechnik ist es, von außen eine Kraft *u* so einwirken zu lassen, dass das Pendel aufrecht steht und der Wagen an einem bestimmten Ort bleibt.

In diesem Abschnitt sollen die *physikalischen Gleichungen* hergeleitet werden, die die Bewegung des Systems beschreiben. In den darauf folgenden Abschnitten wird gezeigt, wie man dieses System regeln kann. Wenn Sie nur an der Regelung interessiert sind, können Sie die folgenden Herleitungen überfliegen, um dann im nächsten Abschnitt mit den gefundenen Gleichungen weiterzuarbeiten.

Zur Beschreibung des Stehpendels dienen folgende Größen:

- M Masse des Wagens, z. B. 2.0 kg
- m Masse am Ende der Pendelstange, z. B. 0.1 kg
- L Länge der Pendelstange, z. B. 1.0 m
- u von außen auf den Wagen wirkende Kraft – wird geregelt
- s Ortskoordinate in horizontaler Richtung
- φ Winkel des Pendels zur Senkrechten

Im Laufe der Herleitung werden außerdem folgende *Vereinfachungen* gemacht:

- Die Masse der Pendelstange kann vernachlässigt werden.
- Der Winkel φ bleibt klein.
- Reibungseffekte werden vernachlässigt.

Die Bewegungsgleichungen des Systems erhält man wie bei der Federschwingung aus dem *II. Newton'schen Gesetz*, diesmal angewendet

- auf die Linearbewegung in s-Richtung und
- auf die Drehung des Pendels um den Winkel φ.

Für die *Linearbewegung* sind folgende Effekte von Belang: Die äußere Kraft u beschleunigt die Massen M und m in Richtung von s. Außerdem entstehen durch die Drehung des Pendels weitere Kräfte und Beschleunigungen, deren Anteile in Richtung von s zu berücksichtigen sind:

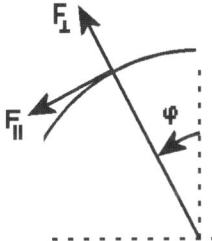

Abbildung 4.49 Kräfte bei Kreisbewegung

Bewegt sich ein Körper auf einer Kreisbahn, spürt er die nach außen wirkende Zentrifugalkraft:

$$F_\perp = m * L * \dot{\varphi}^2, \quad \dot{\varphi} = d\varphi / dt : \text{Winkelgeschwindigkeit}$$

In Richtung von s wirkt davon der Anteil F_Z, der zur Kraft u addiert werden muss:

$$F_Z = -m * L * \dot{\varphi}^2 * \sin\varphi$$

Wird der Massenpunkt tangential zur Kreisbahn beschleunigt, benötigt er die zusätzliche Kraft $F_\parallel$:

$$F_\parallel = m*L*\ddot{\varphi}, \quad \ddot{\varphi} = d^2\varphi/dt^2 : \text{Winkelbeschleunigung}$$

Die aus der Kreisbewegung resultierende zusätzliche Beschleunigung a_B der Masse m in Richtung von s führt damit auf den Term:

$$m*a_B = -m*L*\ddot{\varphi}*\cos\varphi$$

Aufsummiert erhält man so die Gleichung der Linearbewegung in s-Richtung:

$$\boxed{(M+m)*\ddot{s} - m*L*\ddot{\varphi}*\cos(\varphi) = u - m*L*\dot{\varphi}^2*\sin(\varphi) \qquad \text{(Gl. A)}}$$

Reibungseffekte könnte man dadurch berücksichtigen, dass auf der linken Seite der Gleichung zusätzlich der geschwindigkeitsabhängige Term „$r*ds/dt$" eingefügt wird:

$$(M+m)*\ddot{s} + r*\dot{s} - m*L*\ddot{\varphi}*\cos(\varphi) = u - m*L*\dot{\varphi}^2*\sin(\varphi)$$

Für die Regelung bringt der Reibungsterm aber keine neuen Erkenntnisse. Deshalb werden wir hier mit dem Modell ohne Reibung arbeiten.

Es fehlt uns noch die Analyse der _Drehbewegung_. Hierzu untersucht man die Änderung der Drehimpulse D durch die Drehmomente bezüglich des Fußpunktes des Pendels. Die Winkelbeschleunigung der Masse m am Pendel-Ende bewirkt folgende Drehimpulsänderung dD/dt:

$$\dot{D} = L^2*m*\ddot{\varphi}$$

Auf die Masse m wirken außerdem Drehmomente und Beschleunigungen, die von der Schwerkraft und von der Bewegung des Wagens herrühren. Der Anteil der Schwerkraft $m*g$ in Richtung der Bahn führt zum Drehmoment:

$$M_g = L*m*g*\sin(\varphi)$$

Eine Beschleunigung des Wagens führt zu einer Beschleunigung der Masse m entlang der Kreisbahn und damit zur Drehimpulsänderung:

$$-L*m*\ddot{s}*\cos(\varphi)$$

Aufsummiert erhält man dadurch für die Drehbewegung folgende Gleichung:

$$\boxed{L^2*m*\ddot{\varphi} - L*m*\ddot{s}*\cos(\varphi) = L*m*g*\sin(\varphi) \qquad \text{(Gl. B)}}$$

Gl. A und Gl. B sind ein _gekoppeltes System von nichtlinearen Differentialgleichungen zweiter Ordnung_ für die Größen s und φ unter dem Einfluss der äußeren Kraft u. Aufgabe der Regelungstechnik ist es, die Kraft u so zu bestimmen, dass das System eine stabile Lage einnimmt. In unserem Fall bedeutet „stabil", dass sich s und φ dem Wert 0 annähern und nicht mehr stark schwanken – beispielsweise sollte $d\varphi/dt$ klein werden. Unter diesen Annahmen machen wir folgende _Näherungen_:

$$\cos(\varphi) \rightarrow 1, \quad \sin(\varphi) \rightarrow \varphi, \quad \sin(\varphi) * (d\varphi/dt)^2 \rightarrow 0$$

Damit werden Gl. A und Gl. B zu einem *System von linearen Differentialgleichungen*:

$$(M+m)*\ddot{s} - m*L*\ddot{\varphi} = u$$
$$-\ddot{s} + L*\ddot{\varphi} - g*\varphi = 0$$

Für die weiteren Rechnungen ist es günstig, die Gleichungen so umzubauen, dass die Ableitungen zweiter Ordnung der Größen s und φ in getrennten Formeln auftauchen. Dies erreicht man zum Beispiel, indem man die zweite Gleichung mit m multipliziert und dann die beiden Zeilen addiert bzw. das Ganze mit dem Faktor $(M+m)$ wiederholt, was auf folgendes System führt:

$$M*\ddot{s} - m*g*\varphi = u$$
$$M*L*\ddot{\varphi} - (M+m)*g*\varphi = u$$

Wie im Abschnitt 4.5 Differentialgleichungen führen wir auch hier die Differentialgleichungen zweiter Ordnung in ein System von *Differentialgleichungen erster Ordnung* über, indem wir zusätzlich zu den Variablen s und φ auch die Geschwindigkeiten ds/dt und $d\varphi/dt$ als *Hilfsgrößen* einführen. Dadurch erhalten wir den *Zustandsvektor x*:

$$x = \begin{bmatrix} x_1 \\ x_2 \\ x_3 \\ x_4 \end{bmatrix} = \begin{bmatrix} s \\ \dot{s} \\ \varphi \\ \dot{\varphi} \end{bmatrix} = \begin{bmatrix} x_1 \\ \dot{x}_1 \\ x_3 \\ \dot{x}_3 \end{bmatrix}$$

Mit diesen Größen lautet das DGL-System:

$$M*\dot{x}_2 - m*g*x_3 = u$$
$$M*L*\dot{x}_4 - (M+m)*g*x_3 = u$$

oder etwas umgeformt:

$$\dot{x}_1 = x_2$$
$$\dot{x}_2 = \frac{m*g}{M} * x_3 + \frac{1}{M}*u$$
$$\dot{x}_3 = x_4$$
$$\dot{x}_4 = \frac{g*(M+m)}{L*M} * x_3 + \frac{1}{M*L}*u$$

In Matrix-Schreibweise hat dieses System folgende einfache Form:

$$\dot{x} = A*x + b*u$$

mit:

$$A = \begin{bmatrix} 0 & 1 & 0 & 0 \\ 0 & 0 & \dfrac{m*g}{M} & 0 \\ 0 & 0 & 0 & 1 \\ 0 & 0 & \dfrac{g*(M+m)}{L*M} & 0 \end{bmatrix} \qquad b = \begin{bmatrix} 0 \\ \dfrac{1}{M} \\ 0 \\ \dfrac{1}{L*M} \end{bmatrix}$$

4.7.2 Stabilität

In der Regelungstechnik lässt sich das Systemverhalten vieler Modelle durch gekoppelte, lineare Differentialgleichungen erster Ordnung beschreiben, wie wir sie im vorherigen Abschnitt für das Stehpendel hergeleitet haben:

$$\dot{x} = A*x + b*u$$

Der Vektor x beschreibt den *Zustand* des Systems, die *System-Matrix A* definiert das dynamische Verhalten und u ist eine von außen einwirkende *Kraft*, die man so regeln möchte, dass das System stabil wird. Der *Eingangsvektor b* gibt an, wie u auf das System einwirkt. Zur vollständigen Beschreibung gehört noch ein Anfangszustand x_0, mit dem das System zu einem gewissen Zeitpunkt, zum Beispiel $t_0 = 0$, startet.

Betrachten wir als Erstes das *ungeregelte System* – setzen wir also $u = 0$.

> Die Gleichung $\dot{x} = A*x$ hat die Lösung $x(t) = e^{A*t} * x_0$.

Die Exponential-Funktion mit der Matrix A ist hierbei über ihre Reihenentwicklung definiert. Als Anfangszeitpunkt wurde $t_0 = 0$ gewählt.

Für die *asymptotische Stabilität* eines solchen Systems gilt ein recht allgemeiner Satz:

> Das durch $x(t)$ beschriebene System ist genau dann asymptotisch stabil, wenn alle Eigenwerte der Matrix A einen negativen Realteil haben.

4.7.3 Eigenwerte und Eigenvektoren

Für Eigenvektoren v und Eigenwerte w einer Matrix A gilt folgende Gleichung:

> $A * v = w * v$

Die Matrix A, angewandt auf einen Eigenvektor v, bewirkt bei Eigenvektoren nur eine (skalare) Multiplikation mit dem Faktor w, aber keine Änderung der Richtung von v.

In MATLAB lassen sich alle *Eigenvektoren v* und *Eigenwerte w* einer Matrix A mit der Funktion *eig* berechnen:

```
>> w = eig( A );
```

beziehungsweise

```
>> [v, ew] = eig( A );
```

Im zweiten Fall ist der Rückgabewert *v* eine Matrix, deren Spalten die Eigenvektoren bilden, und e*w* eine Diagonal-Matrix, die die Eigenwerte *w* als Diagonal-Elemente enthält.

Versuchen wir es mit der einfachen 2x2-Matrix:

```
>> A = [ 3, 0; 0, 4 ]
A = 3      0
    0      4

>> w = eig(A)
w = 3
    4

>> [v,ew] = eig(A)
v = 1      0
    0      1
ew = 3     0
     0     4
```

A hat also die beiden Eigenwerte 3 und 4. Die zugehörigen Eigenvektoren sind [1;0] und [0;1] – wie man leicht nachrechnen kann. Da die Eigenwerte der Matrix reell und positiv sind, wäre das zugehörige System nicht asymptotisch stabil.

Wenden wir das Verfahren auf unser *Stehpendel* mit folgenden Parametern an:

- M = 2.0 [kg]
- m = 0.1 [kg]
- L = 1.0 [m]
- g = 9.81 [m/s^2]
- u = 0 [N]

Mit dem folgenden M-File können wir die Eigenwerte und Eigenvektoren berechnen:

Listing 4.34 function pendel_ungeregelt

```
function pendel_ungeregelt()
    M = 2.0;
    m = 0.1;
    L = 1.0;
    g = 9.81;
```

```
% Berechnung der System-Matrix
a23 = m * g / M;
a43 = (M+m) * g / (L * M);

global A;  % global für die DGL-Funktion
A = [ 0   1   0   0;  ...
      0   0  a23  0;  ...
      0   0   0   1;  ...
      0   0  a43  0 ]

% Eigenwerte der ungeregelten Matrix A
w = eig( A )
% Eigenvektoren und -werte von A
[v, ew] = eig( A )
```

Der MATLAB-Aufruf liefert hierfür folgende Werte:

```
>> pendel_ungeregelt
A =         0    1.0000         0         0
            0         0    0.4905         0
            0         0         0    1.0000
            0         0   10.3005         0


w =         0
            0
       3.2094
      -3.2094


v =  1.0000   -1.0000    0.0141   -0.0141
          0    0.0000    0.0454    0.0454
          0         0    0.2971   -0.2971
          0         0    0.9536    0.9536


ew =        0         0         0         0
            0         0         0         0
            0         0    3.2094         0
            0         0         0   -3.2094
```

Die System-Matrix A des *ungeregelten Stehpendels* hat also 4 Eigenwerte (0, 0, +3.2, −3.2), von denen nur der letzte einen negativen Realteil hat. Dieses System ist, wie wir erwartet hatten, *nicht asymptotisch stabil*. Die Eigenvektoren zum Eigenwert 0 liefern übrigens die labile Lage, in der das Pendel bereits am Anfang ruhig aufrecht steht ($x_3 = 0$, $x_4 = 0$) und der Wagen sich nicht bewegt ($x_2 = 0$). Bei der kleinsten Störung von außen kippt das Pendel jedoch um. Verwenden wir einen anderen Anfangszustand, wird die Instabilität des Systems sofort sichtbar, wenn man mit MATLAB die Differentialgleichung des ungeregelten Systems löst und sich die zeitliche Entwicklung grafisch anzeigen lässt.

Beispielsweise sei der *Anfangszustand*:

```
x0 = [ 1; 0.0; 0.1; 0.0 ];
```

Der Wagen steht zur Zeit $t_0 = 0$ s also ruhig am Ort 1 m und das Pendel ist um den Winkel 0.1 rad (=5.7°) aus der Senkrechten ausgelenkt. Das Systemverhalten des ungeregelten Stehpendels wird in der Funktion *pendel_dgl_0* angegeben:

```
function dx_dt = pendel_dgl_0( t, x )
    global A;
    dx_dt = A*x;
```

Nach dem Aufruf der Funktion pendel_ungeregelt, in der die globale System-Matrix *A* definiert wurde, starten wir die unten stehende Funktion *zeichne_pendel*, die den Solver *ode45* verwendet und die berechnete Bewegung plottet. Die DGL-Funktion, in unserem Fall pendel_dgl_0, wird als Parameter *fun_dgl* an zeichne_pendel übergeben, um diese Funktion auch für die folgenden Fälle verwenden zu können. Für *tspan* wurde das Zeitintervall 0 bis 10 Sekunden gewählt. *x0* ist der oben definierte Anfangszustand des Pendels. Nachdem ode45 die zeitliche Entwicklung des *Zustandsvektors x* für das Zeitintervall berechnet hat, werden die Positionen und Geschwindigkeiten von Wagen und Pendel grafisch dargestellt:

Listing 4.35 function zeichne_pendel

```
function  zeichne_pendel( fun_dgl )
    t0 = 0;    % Zeitintervall 0 bis 20 s
    t1 = 10;
    tspan = [t0,t1];
    % Anfangszustand
    x0 = [ 1; 0.0; 0.1; 0.0 ];

    % DGL-Solver
    [t,x] = ode45( fun_dgl, tspan, x0 );

    % Grafische Ausgabe der Ergebnisse
    figure;
    subplot( 2, 1, 1);  plot( t, x(:,1) );
    title( 'y : Wagen-Position' );
    axis( [t0 t1 -1 10] )    % Beschränkung für ungeregeltes Pendel
    subplot( 2, 1, 2);   plot( t, x(:,3) );
    title('phi : Winkel des Pendels' );
    axis( [t0 t1 -2 2] )    % Beschränkung für ungeregeltes Pendel
```

```
figure;
subplot( 2, 1, 1);    plot( t, x(:,2) );
title( 'Wagen-Geschw.' );
axis( [t0 t1 -10 100] )  % Beschränkung für ungeregeltes Pendel
subplot( 2, 1, 2);    plot( t, x(:,4) );
title('phi : Winkel-Geschw.' );
axis( [t0 t1 -20 20] )  % Beschränkung für ungeregeltes Pendel
```

Der Aufruf in MATLAB mit der DGL-Funktion *pendel_dgl_0* als Übergabeparameter lautet (die hierzu benötigte globale System-Matrix *A* wurde ja bereits durch den Aufruf der Funktion *pendel_ungeregelt* definiert):

```
>> zeichne_pendel( 'pendel_dgl_0' )
```

Wir erhalten folgende Ergebnisse für die Wagenposition und den Winkel des Pendels:

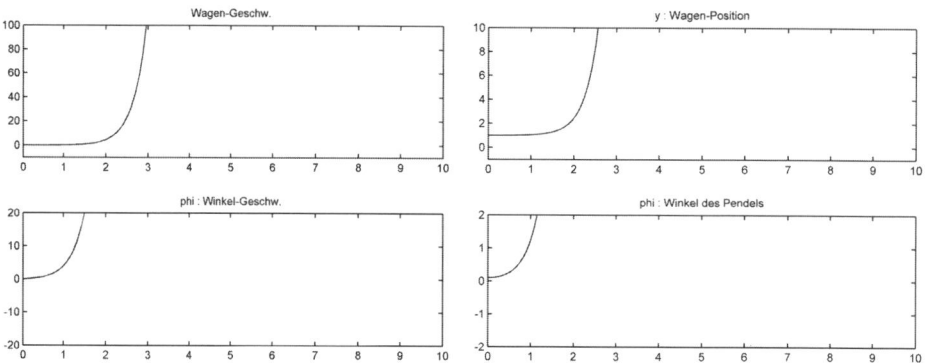

Abbildung 4.50 Zeitverhalten des ungeregelten Stehpendels

Das Pendel kippt also weiter aus seiner ausgelenkten Position nach links zu immer größeren, positiven Werten von φ. Als Reaktion darauf fährt der Wagen nach rechts zu größeren Werten von *s*. Dadurch nehmen auch die Geschwindigkeiten zu.

Als wir das Modell des Stehpendels herleiteten, machten wir bei der Linearisierung der Differentialgleichungen die *Annahme*, dass der Winkel φ klein bleibt. Dies ist für unser ungeregeltes Pendel aber nach weniger als einer Sekunde nicht mehr der Fall. Das Pendel liegt schnell waagrecht und bewegt sich anschließend bei Winkeln größer als 90 Grad zurück in positive *s*-Richtung, falls es nicht sowieso auf den Wagen aufgeschlagen ist. Dann gibt es auch keine weitere Zunahme der Wagengeschwindigkeit mehr – sonst hätten wir nämlich ein Perpetuum mobile gebaut.

4.7.4 Regelung

Von alleine bleibt unser Pendel also nicht aufrecht stehen. Wir müssen versuchen, es auszubalancieren, indem wir von außen eine *Kraft u* auf das System einwirken lassen.

$$\dot{x} = A * x + b * u$$

Wie groß u gewählt werden muss, hängt vom aktuellen Zustand x des Systems ab – wenn Sie von Hand balancieren, müssen Sie ja auch beobachten, ob und wie schnell sich das Objekt nach links oder rechts neigt.

> In vielen Fällen ist es aber nicht der Zustand x eines Systems selbst, der direkt *beobachtbar* ist, sondern ein *Output-Vektor y*, der zum Beispiel über eine *Output-Matrix C* mit x zusammenhängt: $y = C * x$
>
> Der Zusammenhang von x mit y mag aber auch komplizierter sein. Auch kann durch die Transformation C Information über das System verloren gehen, sodass man den Zustand x nicht vollständig aus dem Output y bestimmen kann. In diesen Fällen konstruiert man einen so genannten „*Beobachter*", der Schätzwerte zu den fehlenden Daten berechnet.
>
> Wir wollen hier im Weiteren jedoch annehmen, dass uns die *volle Systeminformation x* für die Regelung zur Verfügung steht. Unser Stehpendel müssten wir dazu mit Sensoren ausstatten, die jederzeit Daten sowohl für Ort und Geschwindigkeit des Wagens als auch für Winkel und Winkelgeschwindigkeit des Pendels liefern können.

Zur *Regelung* des Systems verwenden wir eine *Rückkopplung* – die äußere Kraft u wird als Linearkombination des Systemvektors x angesetzt:

$$u = - k * x$$

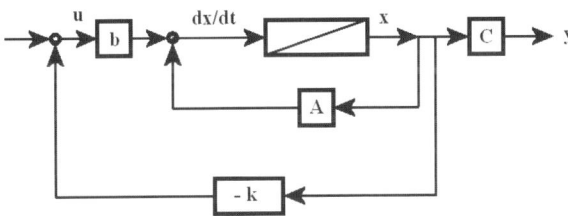

Abbildung 4.51 Regelung durch Rückkopplung

Wir müssen den *Rückführvektor k* so wählen, dass das System asymptotisch stabil ist. Schauen wir uns dazu die Gleichung für das geregelte System an:

$$\dot{x} = A * x + b * u = A * x - b * k * x = (A - b * k) * x$$

also:

$$\dot{x} = A_k * x$$
$$A_k = A - b * k$$

Das geregelte System wird dann *asymptotisch stabil*, wenn alle Eigenwerte der Matrix A_k des geschlossenen Regelkreises einen negativen Realteil haben.

Für einen *gegebenen Vektor k* können wir nachrechnen, ob er das System stabil macht. Für unser Stehpendel verwenden wir in der Funktion *pendel_geregelt* folgende *k*-Werte:

```
k = [ -50 -50 260 80 ];
```

und berechnen damit die Eigenwerte und Eigenvektoren. Wie man auf diese speziellen *k*-Werte kommt, wird im nächsten Abschnitt behandelt.

Listing 4.36 function pendel_geregelt

```
function pendel_geregelt()
    % Parameter
    M = 2.0;
    m = 0.1;
    L = 1;
    g = 9.81;
    % Berechnung der System-Matrix
    a23 = m * g / M;
    a43 = (M+m) * g / (L * M);
    % Berechnung des Eingangsvektors
    b2  = 1/M;
    b4  = 1/(M*L);

    global A;  % global für die DGL-Funktion
    A = [ 0   1   0   0;  ...
          0   0  a23  0;  ...
          0   0   0   1;  ...
          0   0  a43  0 ]

    global b;
    b = [ 0; b2; 0; b4 ]

    % Regelung: u = - k * x
    global k;
    k = [ -50    -50   260    80 ];
```

```
% Eigenwerte der geregelten Matrix A
Ak = A - b*k
w = eig( Ak )
```

Der MATLAB-Aufruf liefert hierfür folgende Werte:

```
>> pendel_geregelt
A =        0    1.0000         0         0
           0         0    0.4905         0
           0         0         0    1.0000
           0         0   10.3005         0
b =        0
      0.5000
           0
      0.5000

Ak =       0    1.0000         0         0
     25.0000   25.0000 -129.5095  -40.0000
           0         0         0    1.0000
     25.0000   25.0000 -119.6995  -40.0000
w = -5.3695 + 3.8002i
    -5.3695 - 3.8002i
    -2.1305 + 1.0623i
    -2.1305 - 1.0623i
```

Die Matrix A_k des *geregelten Stehpendels* hat nun vier komplexe Eigenwerte, die alle einen negativen Realteil aufweisen. Das System wurde durch den vorgegebenen Rückführvektor *k* asymptotisch stabil.

Das Verhalten des geregelten Stehpendels wird durch die Funktion *pendel_dgl* beschrieben:

```
function dx_dt = pendel_dgl( t, x )
    global k;
    global A;
    global b;
    dx_dt = (A - b*k)*x;
```

Wir rufen unsere Funktion *zeichne_pendel* auf – diesmal für die DGL-Funktion *pendel_dgl*. Die in zeichne_pendel enthaltenen, beschränkenden axis-Aufrufe wurden für den geregelten Fall auskommentiert.

Der Anfangszustand ist der gleiche wie im ungeregelten Fall:

```
x0 = [ 1; 0.0; 0.1; 0.0 ];
```

für das Zeitintervall 0 bis 10 Sekunden:

```
>> zeichne_pendel( 'pendel_dgl' )
```

Die zeitliche Entwicklung der Wagenposition und des Pendel-Winkels zeigt, dass das System durch die Regelung stabilisiert wird. Auch die Geschwindigkeiten von Wagen und Pendel streben gegen null:

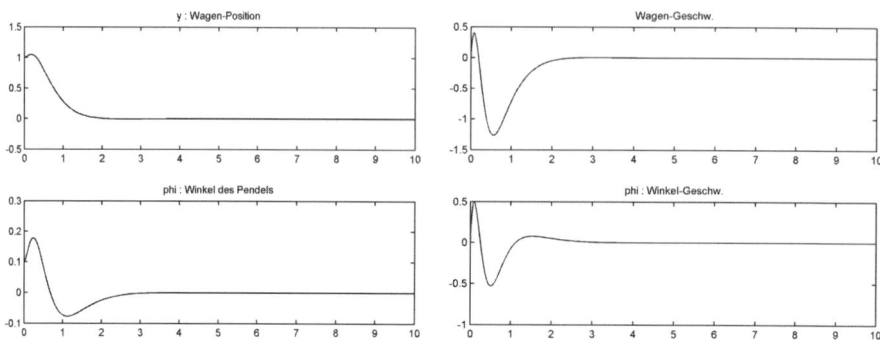

Abbildung 4.52 Zeitverhalten des geregelten Stehpendels

4.7.5 Control System Toolbox™

Wie berechnet man aber den *Rückführvektor k* für ein gegebenes System? Für das Stehpendel sind das zum Beispiel die *k*-Werte:

```
k = [ -50 -50 260 80 ];
```

Wie erhält man *k*-Werte, durch die die Eigenvektoren *w* des geregelten Systems einen negativen Realteil bekommen? Im Fall des Stehpendels sieht das so aus:

```
w = -5.3695 + 3.8002i
    -5.3695 - 3.8002i
    -2.1305 + 1.0623i
    -2.1305 - 1.0623i
```

MATLAB bietet dazu als Erweiterung die *Control System Toolbox.* Diese Toolbox enthält unter anderem Funktionen zur Berechnung der Regelungsparameter linearer, zeitinvarianter Systeme (*LTI*-Systems = Linear Time Invariant) – also von Systemen, deren Zeitentwicklung durch ein System linearer Differentialgleichungen mit zeitlich konstanten Koeffizienten definiert ist.

In unserem Fall, bei dem zur Regelung nur ein einziger Wert *u* zur Verfügung steht (single-input), kann zur Berechnung des Rückführvektors *k* die *Ackermann-Funktion acker* verwendet werden, die als Eingabeparameter die System-Matrix *A*, den Eingangsvektor *b* und die gewünschten *Eigenvektoren w (Pole)* benötigt.

```
>> w = [-5.3695 + 3.8002i; ...
        -5.3695 - 3.8002i; ...
        -2.1305 + 1.0623i; ...
        -2.1305 - 1.0623i];

>> k = acker( A, b, w )
k = -50.0001  -50.0000  260.0000   80.0000
```

Die Ackermann-Funktion liefert für unseren geschlossenen Regelkreis also exakt den Rückführvektor k, den wir im vorherigen Abschnitt vorgegeben hatten.

 Die MATLAB-Hilfe bemerkt allerdings, dass die Funktion *acker* numerisch instabil werden kann und sich deshalb die Funktion *place* als zuverlässigere Alternative anbietet, was in unserem Beispiel zum gleichen Ergebnis führt:

```
>> k = place( A, b, w )
k = -50.0001  -50.0000  260.0000   80.0000
```

Die *Pol-Vorgabe*, also die Eigenwerte w der Matrix A_k, bestimmt, *wie schnell* das System zur Ruhe kommt. Ist der Realteil von w nur leicht negativ, benötigt das System mehr Zeit als für stark negative Pole. Die Zeitentwicklung des Zustands verläuft ja proportional zu $\exp(A_k*t)$. Berechnen wir beispielsweise neue k-Werte für folgende Eigenwerte $w2$:

```
>> w2 = [-3+3i;-3-3i;-1+i;-1-i];
>> k = place( A, b, w2 )
k = -7.3394   -9.7859   91.9404   25.7859
```

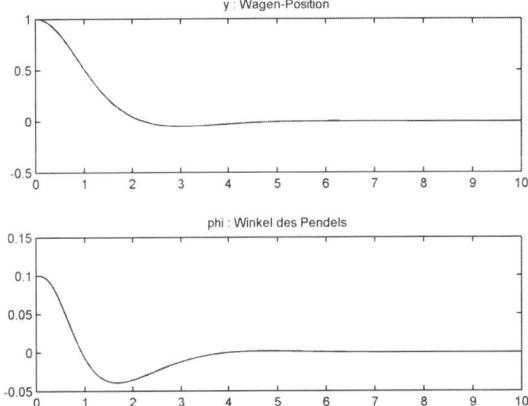

Abbildung 4.53 Regelung mit schwach negativen Eigenwerten

Diese Wahl der Pole führt zu einer langsamer ablaufenden Stabilisierung, wie der Aufruf von *zeichne_pendel* für die so gewählten k-Werte zeigt.

Die folgende Pol-Vorgabe mit stark negativem Realteil bringt dagegen das System schnell zum Endzustand. Zu Beginn können hierbei allerdings größere Überschwinger auftreten:

```
>> w3 = [-10+3i;-10-3i;-10+i;-10-i];
>> k = place( A, b, w3 )
k = 1.0e+003 *
      -2.2444    -0.8563     3.4850     0.9363
```

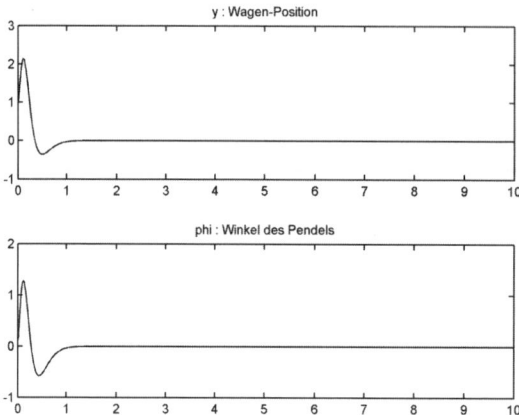

Abbildung 4.54 Regelung mit stark negativen Eigenwerten

Die Control System Toolbox liefert noch eine ganze Reihe weiterer Informationen zu einem System, das beispielsweise auch mit Hilfe der Funktion *ss* (*State Space* = Zustandsraum) über die System-Matrix *A* und den Eingangsvektor *b* definiert werden kann:

```
>> sys = ss( A, b, [1,1,1,1], 0 );
```

Die Funktion *pole* berechnet zu *sys* die Eigenvektoren (Pole) des ungeregelten Systems:

```
>> pole( sys )
ans =       0
            0
       3.2094
      -3.2094
```

Mittels der Funktion *pzmap(sys)* kann man sich die Lage der Pole grafisch anzeigen lassen.

Auch zum interaktiven Entwurf von Reglern und zum Testen des Systemverhaltens bietet die Control System Toolbox Funktionen an. Für diese weiterführenden Anwendungen sei jedoch auf die Literatur und die Online-Hilfe verwiesen.

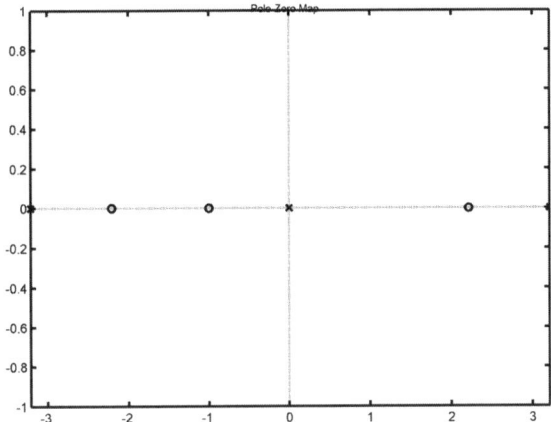

Abbildung 4.55 pzmap-Aufruf, Lage der Pole

4.7.6 Simulink®

Simulink ist eine MATLAB-Erweiterung, mit deren Hilfe dynamische Systeme modelliert, simuliert und analysiert werden können. Durch die Eingabe des Befehls

```
>> simulink
```

im Command-Window oder über den Menü-Eintrag unter dem MATLAB-Start-Button wird die grafische Oberfläche von Simulink gestartet.

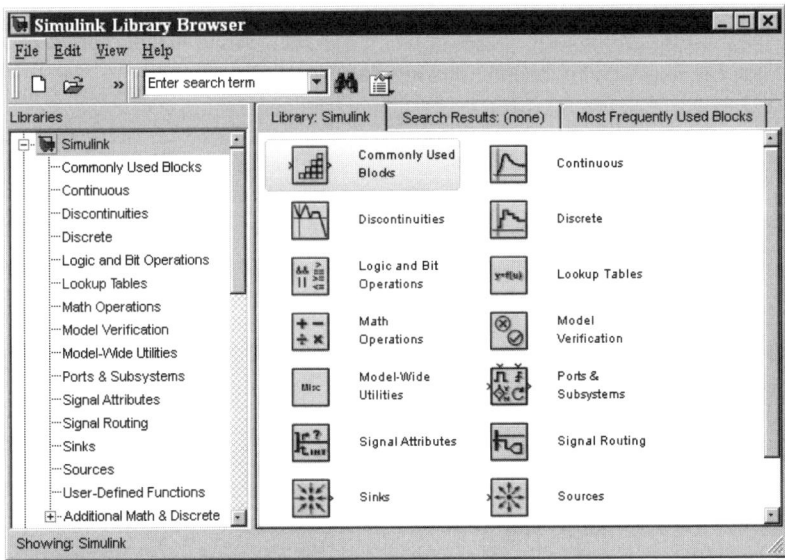

Abbildung 4.56 Simulink-Startfenster

Die Simulink-Bibliothek (Library) enthält vordefinierte Blöcke, mit denen man analog einem Signalflussplan Systeme zusammenstellen kann. Die Bibliothek ist in unterschiedliche Bereiche eingeteilt, zum Beispiel „Commonly Used Blocks", „Continuous", „Discrete", ... Ähnlich wie beim GUI-Design kann man in Simulink die Objekte mit der Maus auf die Arbeitsfläche ziehen, miteinander in Verbindung setzen und mit Parametern versehen.

Versuchen wir es zu Beginn mit der Darstellung einer *Sinus-Funktion*:

Klicken Sie im Simulink-Menü auf den Befehl „*File+New+Model*", wodurch sich eine neue Arbeitsfläche öffnet. In der Simulink-Bibliothek wählen Sie nun unter *Sources* das Objekt *Sine Wave* und ziehen es auf die Arbeitsebene. Danach wählen Sie unter *Sinks* das Objekt *Scope* und platzieren es rechts neben der Sine Wave. Klicken Sie jetzt mit der Maus auf den Ausgang auf der rechten Seite der Sine Wave und ziehen Sie bei gedrückter linker Maustaste eine Verbindung zum Eingang von Scope. Achten Sie dabei darauf, dass Sie den Scope-Eingang genau treffen, was durch eine kräftige schwarze, durchgezogene Linie angezeigt wird.

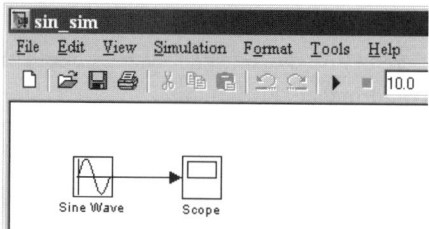

Abbildung 4.57 Simulink-Modell mit Sine Wave und Scope

Über den Menü-Eintrag „Simulation+Start" können Sie Ihr System testen. Das grafische Ergebnis erhalten Sie durch einen Doppelklick auf das Scope-Objekt:

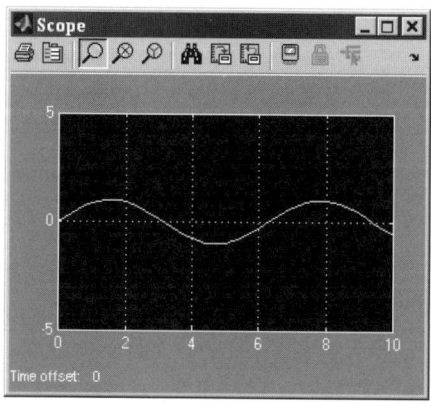

Abbildung 4.58 Ausgabe der Sinus-Funktion im Scope

Ein Doppelklick auf das Sine-Wave-Objekt öffnet den Dialog, mit dem Sie die Parameter der Sinus-Funktion, beispielsweise Amplitude und Frequenz, einstellen können. Der obere Bereich des Dialogs enthält auch eine kurze Beschreibung der Parameter:

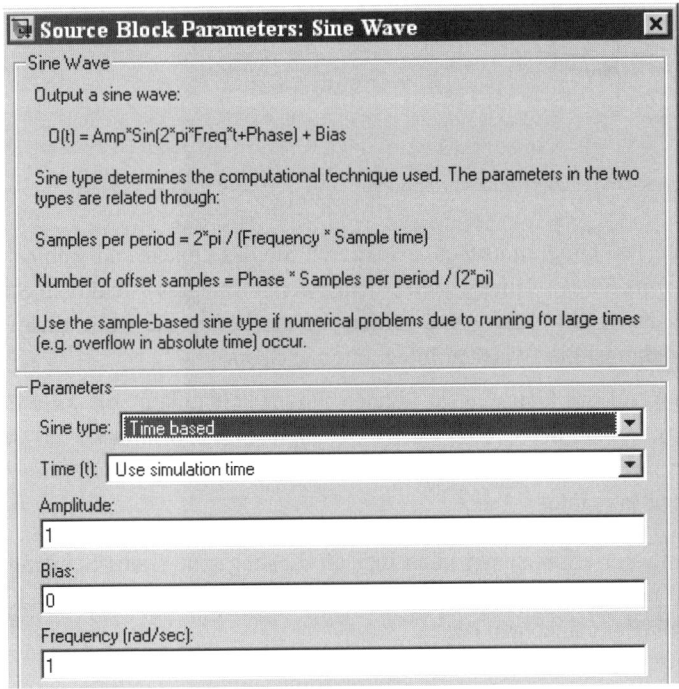

Abbildung 4.59 Parameter der Sine Wave

Als zweites Beispiel wollen wir die *Federschwingung* aus dem Physik-Abschnitt 4.5 simulieren. Die Differentialgleichung hierfür lautet:

$$\frac{\mathrm{d}^2 x}{\mathrm{d}\,t^2} + \frac{k}{m}\,x = 0$$

Testen wir das System für eine Federkonstante von $k = 5$ N/m und eine angehängte Masse von $m = 0.1$ kg bei einer Anfangsauslenkung von $s = 0.1$ m für das ruhende Pendel.

In Simulink kann man dies durch zwei *Integratoren* und ein Proportional-Glied (*Gain*) als Rückkopplungs-System modellieren:

$$\mathrm{d}^2 x / \mathrm{d} t^2 = -\,k/m * x$$

Der Vektor x wird durch den Gain mit dem Faktor $-k/m$ multipliziert, was die zweite Ableitung von x ergibt. Durch zweimalige Integration erhält man daraus wieder x:

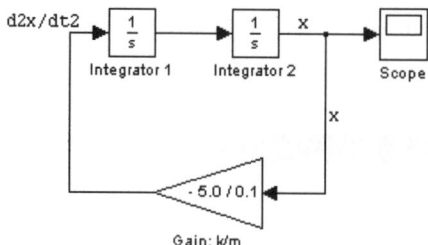

Abbildung 4.60 Simulink-Modell der Federschwingung

Um das Gain-Objekt um 180 Grad zu *drehen*, selektieren Sie das Objekt und wählen den Menü-Punkt „*Format+Flip Block*". Um zwischen dem zweiten Integrator und dem Scope die Rückkopplung über den Gain einzubauen, führen Sie am besten die Linie rückwärts vom Gain auf die Verbindungslinie zwischen Integrator und Scope.

Durch einen Doppelklick auf das Gain-Objekt können Sie im Feld „Gain" die *Rückkopplungswerte* für „–k/m" festlegen, hier „– 5.0 / 0.1". Die *Anfangsgeschwindigkeit* „0" wird am ersten *Integrator* in das Feld „Initial Condition" eingetragen, analog die *Anfangsauslenkung* „0.5" am zweiten Integrator.

Wie im Physik-Abschnitt 4.5 erhalten wir auch hier als Lösung eine Sinus-Schwingung mit einer Frequenz von ungefähr einem Hertz, wenn Sie sich mit einem Doppelklick auf den Scope die grafische Lösung anzeigen lassen:

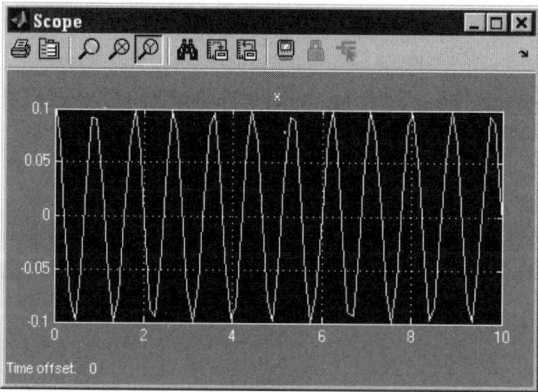

Abbildung 4.61 Ausgabe der Federschwingung im Scope

Als abschließendes Beispiel wollen wir unser *Stehpendel* in Simulink modellieren.

$$\dot{x} = A_k * x$$
$$A_k = A - b * k$$

Wir verwenden für A, b und k die gleichen Werte wie bisher:

```
A = [     0    1.0000         0         0; ...
          0         0    0.4905         0; ...
          0         0         0    1.0000; ...
          0         0   10.3005         0 ];
b = [     0;   0.5000;        0;   0.5000 ];
k = [ -50    -50     260      80 ];
```

Da wir sowohl den Ort $s = x1$ als auch den Winkel $phi = x3$ beobachten wollen, werden zwei Scopes verwendet mit den Output-Matrizen $C1 = [\,1, 0, 0, 0\,]$ und $C2 = [\,0, 0, 1, 0\,]$.

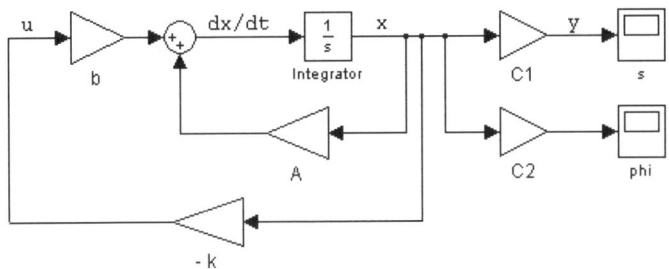

Abbildung 4.62 Simulink-Modell des Stehpendels

Als Anfangsbedingung wird im *Integrator* unter „Initial Condition" der Vektor [1;0;0.1;0] festgelegt. Die einzelnen Gains erhalten als Parameter unter „Gain" die zugehörigen Matrizen, für *Gain A* die Werte [0, 1, 0, 0; 0, 0, 0.49, 0; 0, 0, 0, 1; 0, 0, 10.3, 0], für *Gain b* die Werte [0; 0.5; 0; 0.5] und für *Gain –k* die Werte – [–50 –50 260 80].

Die Simulation liefert für den Ort s und den Winkel phi als Scope-Ausgabe die gleichen Resultate wie vorher:

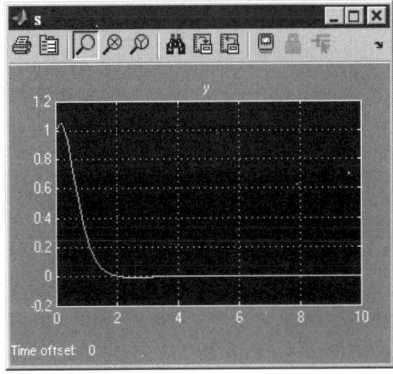 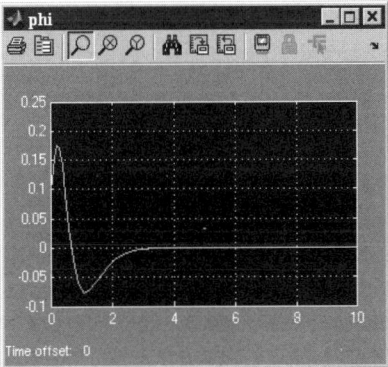

Abbildung 4.63 Ausgabe des Stehpendels im Scope

4.7.7 Zusammenfassung

- Stehpendel: physikalisches Modell
- Aufgabe: Regelung der äußeren Kraft u
- System von linearen Differentialgleichungen
- Zustandsvektor x: $\mathrm{d}x/\mathrm{d}t = A*x + b*u$
- System-Matrix A, Eingangsvektor b
- Stabilität: negativer Realteil der Eigenwerte
- Eigenwerte w und Eigenvektoren v einer Matrix A
- Mathematische Gleichung: $A * v = w * v$
- MATLAB-Aufruf: $w = \mathrm{eig}(A)$
- Ungeregeltes System: Berechnung des Systemverhaltens
- Regelung: äußere Kraft u einstellen
- Beobachtung des aktuellen Systemzustands x
- Output-Matrix C: beobachtbare Größen, Beobachter
- Rückkopplung: $u = -k*x$, Rückführvektor k
- Geregeltes System: $A_k = A - b*k$
- Stabilität: Eigenwerte von A_k
- Control System Toolbox
- Berechnung des Rückführvektors k
- LTI-Systems: lineare, zeitinvariante Systeme
- Ackermann-Funktion: acker, Pol-Vorgabe, place
- Simulink: Toolbox für Signalflusspläne
- Dynamische Systeme modellieren, simulieren und analysieren
- Simulink-Objekt-Bibliothek: Scope, Integrator, Gain, ...

4.7.8 Aufgaben

Aufgabe 4.7.1:

Berechnen Sie die Eigenwerte und die Eigenvektoren für folgende Matrizen:

- $A = [1\ 0\ 0;\ 0\ 5\ 0;\ 0\ 0 -3]$
- $A = [1\ 2\ 3;\ 0\ 5\ 6;\ 0\ 0 -3]$
- $A = [1\ 2;\ 1\ 1]$
- $A = [1\ 2\ 3;\ 1\ 1\ 1;\ 5\ 4\ 3]$
- $A = [1\ 1;\ 1\ 1]$

- $A = [\text{sqrt}(2), \text{sqrt}(2); - \text{sqrt}(2), \text{sqrt}(2)]$

Aufgabe 4.7.2:

Schreiben wir das Schwingungsbeispiel aus dem Physik-Abschnitt 4.3 in die Matrix-Form um:

$$\dot{x}_1 = \frac{dz}{dt} = v, \quad \dot{x}_2 = \frac{dv}{dt} = -\omega^2 * z - 2 * \delta * v$$

Der Zustandsvektor ist $x = [z;v]$. Den Dämpfungsterm $2*\delta*v$ wählen wir diesmal als äußere Kraft, die über den Rückführvektor $k_2 = 2*\delta$ eingestellt wird:

$$\dot{x} = A_k * x;$$
$$A_k = A - b * k$$

$$A = \begin{bmatrix} 0 & 1 \\ -\omega^2 & 0 \end{bmatrix}, \quad b = \begin{bmatrix} 0 \\ 1 \end{bmatrix}, \quad k = [0, k_2] = [0, 2\delta]$$

Welche Eigenwerte für A_k ergeben sich für den aperiodischen Grenzfall $\delta = \omega$? Ist das System in diesem Fall asymptotisch stabil? Geben Sie unterschiedliche Eigenfrequenzen ω vor und berechnen Sie dafür die Eigenwerte des „geregelten Systems" im aperiodischen Grenzfall. Lösen Sie jeweils auch die DGL und stellen Sie die Bewegung grafisch dar.

4.8 Prozess-Kommunikation

Bisher haben wir schön brav in der MATLAB-Programmierumgebung gearbeitet und uns wenig darum gekümmert, wie die Rechnerwelt um uns herum aussieht. In diesem Abschnitt wollen wir etwas über den Tellerrand hinausblicken und nachsehen, was sonst noch (an Programmen) abläuft – wir wollen von MATLAB aus mit anderen Prozessen kommunizieren und deren Funktionalität nutzen. Als Beispiel werden wir Kontakt zum Tabellenkalkulations-Programm *MS-Excel* aufnehmen und untersuchen, wodurch MATLAB-Aufrufe sich von denen aus *VBA* (Visual Basic for Applications) unterscheiden. Den Kontakt zur Datenbank *MS-Access* sollen Sie als Aufgabe selbst versuchen. Weitere Hinweise und die Lösung dazu stehen auf der Internet-Seite:

www.Stein-Ulrich.de/Matlab/

 Eine Einschränkung gibt es allerdings – die folgenden MATLAB-Funktionen sind nur auf *Microsoft-Betriebssystemen* verfügbar. Mit *RPC* (Remote Procedure Calls) existiert seit Langem ein standardisiertes Kommunikations-Konzept, das nicht auf Microsoft-Betriebssysteme beschränkt ist, sondern beispielsweise auch eine Kommunikation zwischen Unix- und Windows-Rechnern ermöglicht, wie den Aufruf von Datenbankfunktionen auf Unix-Servern von Windows-Rechnern aus. In MATLAB wurde zur Prozess-Kommunikation jedoch COM realisiert, das in der Windows-Welt weit verbreitet und relativ einfach anzuwenden ist.

4.8.1 COM, OLE und ActiveX

COM (Component Object Model) ist ein von Microsoft (MS) entwickeltes Konzept zur Prozess-Kommunikation, das speziell für Microsoft-Betriebssysteme gedacht ist. Der Mechanismus einer Prozess-Kommunikation läuft grob skizziert wie folgt ab:

- Eine Anwendung meldet sich bei der Installation in der MS-Registry als *COM-Server* an. Dadurch weiß das Betriebssystem, dass dieses Programm (als Dienstleistung) etwas zur Verfügung stellt – es exportiert Daten und Methoden über so genannte *Interfaces* (Schnittstellen). Nahezu alle Programme von Microsoft und auch viele andere Programme, wie die Windows-Version von MATLAB, sind COM-Server.

- Diese Dienste (*Services*) können von anderen Programmen (*COM-Clients*) abgerufen werden, indem sie das Betriebssystem befragen, welche Methoden eine spezielle Anwendung exportiert hat. Jede Programmiersprache, die COM-Aufrufe unterstützt, beispielsweise Microsoft Visual C++, Microsoft Visual Basic, aber auch MATLAB, kann die so definierten Methoden nutzen.

COM ist die Grundlage von *OLE* (Object Linking and Embedding). Sie sehen beispielsweise in einem Word-Dokument eine Internet-Adresse. Ein Klick auf den (in Word eingefügten = embedded) Text startet Ihren Internet-Browser, der die referenzierte Internet-Seite öffnet. Auch *ActiveX* ist eine Anwendung von COM, um ausführbaren Programm-Code auf Web-Seiten unterzubringen. Inzwischen wird der Ausdruck ActiveX oft auch für alle COM-gestützten Technologien verwendet (auch MATLAB nennt den Aufruf eines COM-Servers *actxserver*). *DirectX* ist eine Anwendung für spezielle Medientechnologien wie Grafikbeschleuniger. *DCOM* (Distributed Component Object Model) dient zur Prozess-Kommunikation mit anderen MS-Windows-Rechnern (und verwendet RPC).

4.8.2 Kontakt zu MS-Excel

Wir demonstrieren die Prozess-Kommunikation am Beispiel von *Excel 2002*, dem Tabellenkalkulations-Programm, das im Office-XP-Paket von Microsoft enthalten ist. Von MATLAB aus wollen wir versuchen, an die Daten eines laufenden Excel-Prozesses zu kommen. Anschließend soll als Vergleich gezeigt werden, wie man diese Abfragen mit Hilfe von *VBA* (Visual Basic for Applications) realisiert – COM ist ja unabhängig davon, mit welcher Programmiersprache man es anspricht.

Zur Prozess-Kommunikation bietet MATLAB die Funktion *actxserver* mit folgender Syntax an:

```
>> h = actxserver( 'progid' );
```
bzw.
```
>> h = actxserver( 'progid', 'systemname' );
```

actxserver startet einen *COM-Server* und gibt das COM-Objekt *h* zurück, das das Standard-Interface dieses Servers repräsentiert. Die zweite Version von actxserver erzeugt den COM-Server via DCOM auf einem anderen MS-Windows-Rechner, der über den zweiten Parameter *systemname* definiert ist (als IP-Adresse oder DNS-Name).

Der Kenner *progid* legt fest, zu welcher Anwendung der COM-Server gehört. Der progid-Name wird vom Hersteller der Applikation vergeben. Bei Excel lautet die progid beispielsweise „*Excel.Application*". MATLAB selbst ist über „*Matlab.Application*" zu erreichen. Die MATLAB-Hilfe empfiehlt, in die Dokumentation des Herstellers zu schauen, wenn man den Namen der progid wissen möchte.

Für fortgeschrittene Windows-Anwender:

Man kann natürlich auch in der Windows-Registry nachschauen, welche der dort eingetragenen Programme als COM-Server dienen können. Für Excel steht unter der Gruppe „HKEY_CLASSES_ROOT" der Eintrag „Excel.Application" mit einer „CLSID":

```
HKEY_CLASSES_ROOT\Excel.Application\
    CLSID - {00024500-0000-0000-C000-000000000046}
```

Beim Eintrag zu dieser Class-ID (ein weltweit eindeutiger Schlüssel) finden sich die Hinweise auf die COM-Server-Funktionalität, nämlich die Einträge „InprocHandler32", „LocalServer", „ProgID", „VersionIndependentProgID":

```
HKEY_CLASSES_ROOT\CLSID\
        {00024500-0000-0000-C000-000000000046}\
    InprocHandler32            |  ole32.dll
    VersionIndependentProgID   |  Exel.Application
```

Doch Vorsicht – ändern Sie, zumindest als Anfänger, keine Daten in der Registry!

Weitere typische Windows-Programme mit COM-Server-Funktionalität sind:

- MS-Word mit der *progid* „Word.Application"
- MS-Access mit der *progid* „Access.Application"
- MS-Internet-Explorer mit der *progid* „InternetExplorer.Application"
- CAD-System CATIA mit der *progid* „CATIA.Application"

Jetzt wollen wir aber endlich mit *Excel* Kontakt aufnehmen:

```
>> h = actxserver ( 'Excel.Application' )
h = COM.Excel_Application
```

Der COM-Server zu Excel ist gestartet und hat uns *h* als Standard-Interface zurückgegeben. *h* hat insgesamt nur zwei *Interfaces*, wie folgender Aufruf vermeldet:

```
>> hInt = h.interfaces
hInt = 'AppEvents'
        '_Application'
```

Aktuell werden die Server-AppEvents von MATLAB nicht unterstützt. Und '_Application'
ist das Standard-Interface, dessen Handle wir bereits in *h* gespeichert haben.

Holen wir uns als Nächstes eine Übersicht über die *Daten* und die *zusätzlichen Interfaces*,
die das Standard-Interface *h* zur Verfügung stellt. Dazu dient die Funktion *get*:

```
>> h.get
    ...
    ActiveSheet: []
    Workbooks:[1x1 Interface.Microsoft_Excel_10...Workbooks]
    Visible: 0
    ...
```

Das geht über mehrere Seiten. Deshalb wurde hier nur ein kleiner Teil der Übersicht angegeben. Ein großer Teil der Daten ist außerdem leer – klar, in unserem Excel-Dokument
sind ja noch keine Einträge. Dann gibt es das Flag *Visible*. Es definiert, ob Excel „sichtbar"
auf dem Bildschirm erscheint oder nur im Hintergrund läuft. Setzen wir das Flag auf den
Wert 1:

```
>> h.Visible = 1;
```

In einem separaten Fenster erscheint nun die Excel-Applikation auf dem Bildschirm:

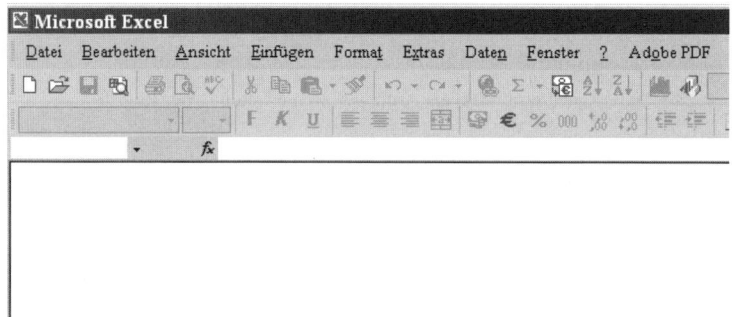

Abbildung 4.64 Excel, gestartet über COM-Aufruf

Workbooks (Arbeitsmappen) ist ein zusätzliches Interface, das vom Standard-Interface zur
Verfügung gestellt wird. Holen wir uns das Handle auf die Arbeitsmappen:

```
>> hWBs = h.Workbooks
hWBs = Interface.Microsoft_Excel_10.0_Object_Library.Workbooks
```

Welche Informationen gibt es zu den Arbeitsmappen?

```
>> hWBs.get
    ...
    Count: 0
```

Count ist null, denn es gibt noch keine Arbeitsmappe in unserer Excel-Sitzung.

Die *Methoden* (Funktionen) zu dem Interface erhält man mit der Funktion *methods*:

```
>> hWBs.methods
Methods for class
   Interface.Microsoft_Excel_10.0_Object_Library.Workbooks:
   Add               Open              delete            release
   CanCheckOut       OpenDatabase      deleteproperty    set
   CheckOut          OpenText          events
   Close             OpenXML           get
   Item              addproperty       invoke
```

Etwas genauere Informationen zur Syntax der Methoden liefert die Funktion *invoke*:

```
>> hWBs.invoke
   Add = handle Add(handle, Variant(Optional))
   ...
```

Die Methode *Add* fügt eine neue Arbeitsmappe in Excel hinzu:

```
>> Mappe = hWBs.Add
Mappe = Interface.Microsoft_Excel_10.0_Object_Library._Workbook
```

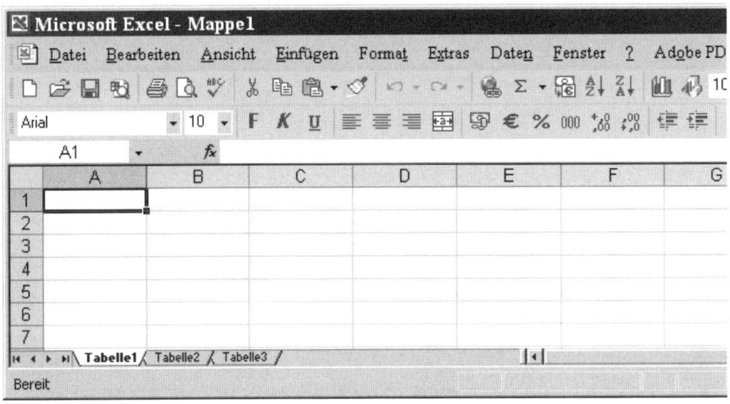

Abbildung 4.65 Excel mit Arbeitsmappe

In der Variablen *Mappe* wurde beim Add-Aufruf das zugehörige neue Handle gespeichert.

Die Arbeitsmappen haben unter anderem das zusätzliche Interface *Sheets*, womit man auf die *Tabellen* der Arbeitsmappe zugreifen kann:

```
>> Tabellen = Mappe.Sheets
Tabellen = Interface.Microsoft_Excel_10.0_Object_Library.Sheets
```

Damit kann man beispielsweise abfragen, wie viele Tabellen in der Arbeitsmappe sind:

```
>> Tabellen.Count
ans = 3
```

Standardmäßig wird eine neue Arbeitmappe mit drei Tabellen erzeugt. Davon aktivieren wir die erste zum *Item* 1 mit Hilfe der Methode *Activate*:

```
>> Tab1 = Tabellen.get( 'Item', 1 )
Tab1 = Interface.Microsoft_Excel_10.0_Object_Library._Worksheet
>> Tab1.Activate
```

Auf eine aktive Tabelle kann man auch direkt über das Handle *h* mit Hilfe des Interfaces *Activesheet* zugreifen und darin beispielsweise einen *Bereich* (Range) markieren:

```
>> Bereich = h.Activesheet.get( 'Range', 'A1:A3' )
Bereich = Interface.Microsoft_Excel_5.0_Object_Library.Range
```

In diesen spezifizierten Bereich schreiben wir von MATLAB aus folgende *Daten*:

```
>> Bereich.Value = [ 8; 2.5; pi; ];
```

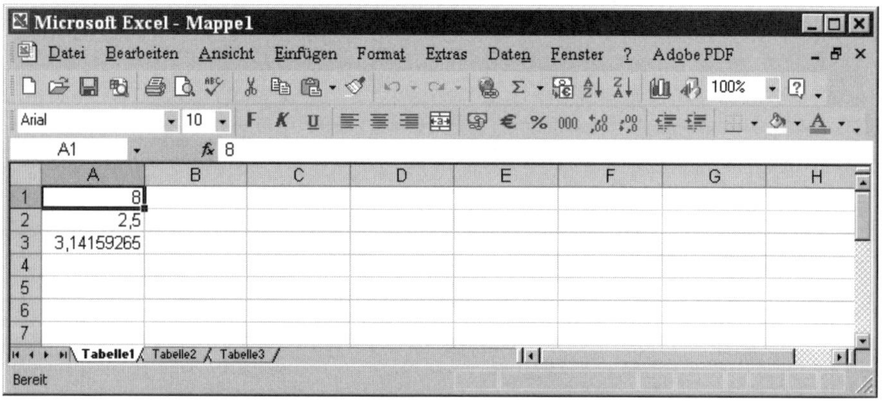

Abbildung 4.66 Daten im Excel-Bereich A1:A3

MATLAB überträgt die Daten in die Excel-Zellen A1 bis A3, wobei in den Dezimalzahlen (der deutschen Excel-Version) der Dezimalpunkt in ein Komma umgewandelt wird.

Die Daten einer Zelle kann man natürlich auch wieder aus Excel auslesen:

```
>> Zelle = h.Activesheet.get( 'Range', 'A2' );
>> Wert = Zelle.Value
Wert = 2.5000
```

Eine bestimmte *Zelle* wird mit Hilfe der Funktion *Activate* zur aktiven Zelle:

```
>> Zelle.Activate;
```

Die Daten der Zelle liefert die Funktion *get*:

```
>> Zelle.get
          Column: 1
          Row: 2
          Value: 2.5000
          ...
```

Wem die Eingabe der Befehle über die Kommandozeile zu mühsam ist, der kann durch den Funktionsaufruf *inspect* die Daten in einem Grafikfenster („Property Inspector") betrachten und auch verändern:

```
>> Zelle.inspect
```

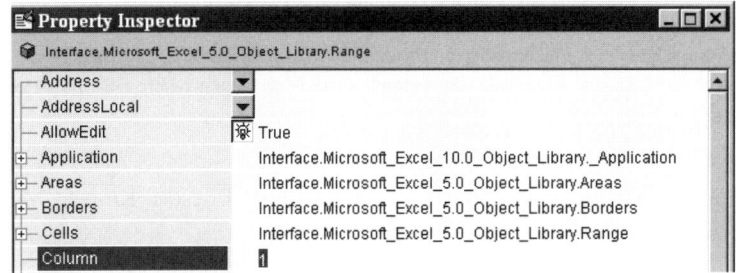

Abbildung 4.67 Property Inspector für eine Excel-Zelle

Wir speichern die Arbeitsmappe als matlab.xls ab und schließen danach die Mappe:

```
>> Mappe.SaveAs( 'matlab.xls' )
>> Mappe.Close
```

 Eine abgespeicherte Arbeitsmappe können Sie mit der Workbooks-Methode *Open* über COM wieder öffnen und weiter bearbeiten:

```
>> map = hWBs.Open( 'matlab.xls' )
```

Dies soll für unseren COM-Schnelldurchgang reichen. Wir beenden Excel:

```
>> h.Quit
```

Mit *delete* entfernen wir das COM-Server-Objekt:

```
>> h.delete
```

4.8.3 VBA-Kontakt zu Excel

In diesem Abschnitt wollen wir zeigen, welche Unterschiede in der Prozess-Kommunikation zwischen der Programmiersprache von *MATLAB* und *VBA* (Visual Basic for Applications) bestehen. Wir bauen deshalb die Excel-Abfragen des letzten Abschnitts in Visual Basic (VB) nach. Dazu benötigen wir ein Programm, das VB-Befehle absetzen kann. Die meisten Microsoft-Programme besitzen einen *Visual-Basic-Editor*. Wir verwenden als Beispiel den Editor von *MS-Word*, der dort unter „*Extras+Makro*" zu finden ist. Sie können aber auch jeden anderen VB-Editor verwenden.

 Visual Basic ist ein von Microsoft entwickelter Basic-Dialekt, für den eine Programmier-Umgebung (MS Visual Basic) im Handel erhältlich ist. Hiermit lassen sich optional Programme erstellen, die als exe-Dateien ohne die Programmier-Umgebung lauffähig sind. VBA (Visual Basic for Applications) ist eine abgespeckte Version von Visual Basic, die immer an eine bestimmte Anwendung (Application) gebunden ist. Microsoft vergibt hierfür an die Hersteller-firmen der Anwendungen entsprechende Lizenzen. Auch in vielen Microsoft-Produkten ist VBA enthalten.

Öffnen Sie in Word den VB-Editor und erzeugen Sie dort mit Hilfe des Kontext-Menüs (rechte Maustaste) zu Ihrem „Project" eine „*UserForm*":

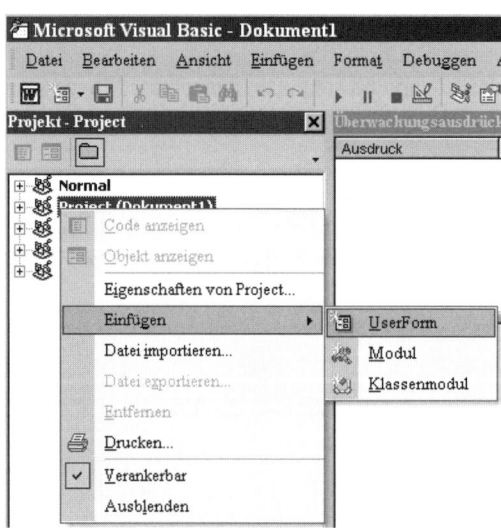

Abbildung 4.68 UserForm im VBA-Projekt

Um unsere Excel-Abfrage starten zu können, legen wir in der neuen UserForm einen *Push-Button* an (auf Deutsch: „Befehlsschaltfläche" – so viel zum Thema: Deutsch–Englisch), hinter dessen *Callback* wir den Visual-Basic-Code schreiben.

Kommt Ihnen das Vorgehen bekannt vor?

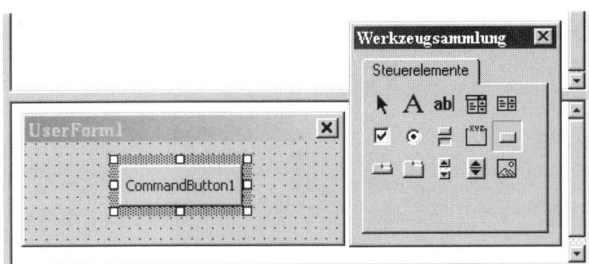

Abbildung 4.69 Push-Button in VBA

Über das Kontext-Menü zu dem „CommandButton" können wir uns den Visual-Basic-*Programm-Code* des zugehörigen Callbacks anzeigen lassen:

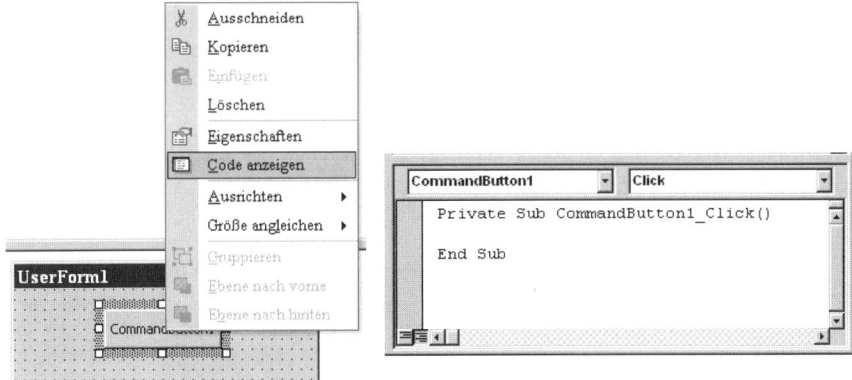

Abbildung 4.70 Programm-Code zum Push-Button in VBA

Außer dem Funktionskopf ist bisher noch kein Code vorhanden. Schreiben Sie die folgenden Visual-Basic-Kommandos in die *Callback-Funktion*:

Listing 4.37 Visual-Basic-Code für Excel-Kontakt

```
Private Sub CommandButton1_Click()
  Set h = CreateObject("Excel.Application")
  h.Visible = 1

  Set hWBs = h.Workbooks
  Set Mappe = hWBs.Add
  Set Tabellen = Mappe.Sheets
  anz = Tabellen.Count

  Set Tab1 = Tabellen.Item(1)
  Tab1.Activate
```

```
Set Bereich = h.Activesheet.Range("A1:A3")
Bereich.Item(1) = 8
Bereich.Item(2) = 2.5
Bereich.Item(3) = 3.1415

Mappe.SaveAs ("Word.xls")
Mappe.Close
h.Quit
Set h = Nothing
End Sub
```

Das ist der Programm-Code für die Prozess-Kommunikation mit Excel über VBA.

Starten Sie das Programm mit der *Funktionstaste F8*. Es erscheint als Erstes Ihr Push-Button. Drücken Sie ihn. Danach können Sie mit F8 den Programm-Code Zeile für Zeile im Debugger durchlaufen. Sie sehen – die COM-Operationen werden unter VBA genauso wie unter MATLAB ausgeführt. Wenn Sie eine spezielle Variable im Code mit der Maus markieren, zeigt der Debugger deren Wert an. Vergleichen Sie die entsprechenden Code-Zeilen und die Ergebnisse mit der MATLAB-Version im vorherigen Abschnitt.

 Da wir von Word aus gestartet sind, kann es sein, dass wir VBA in Bezug auf Excel noch ein wenig schlau machen müssen. Gehen Sie, nachdem Sie Ihr Programm beendet haben, im VBA-Editor im Menü „Extras" unter „*Verweise*". Es öffnet sich die Liste mit allen auf dem Rechner verfügbaren *COM-Bibliotheken*. Markieren Sie, falls noch nicht geschehen, das Feld „Microsoft Excel 10.0 Object Library" (hier im Bild die Version 10.0 für Office-XP).

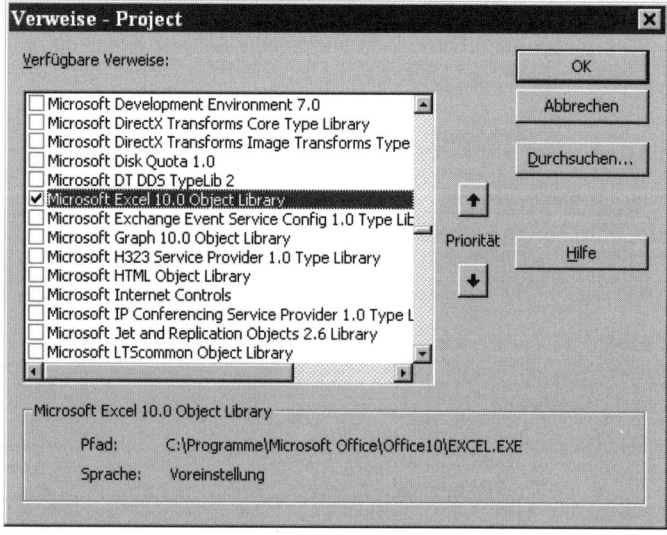

Abbildung 4.71 Excel-COM-Bibliothek aktivieren

Unter dem VBA-Menü-Eintrag „*Ansicht+Objektkatalog*" können Sie sich dann die verfügbaren COM-Methoden und Interfaces der einzelnen Bibliotheken anzeigen lassen.

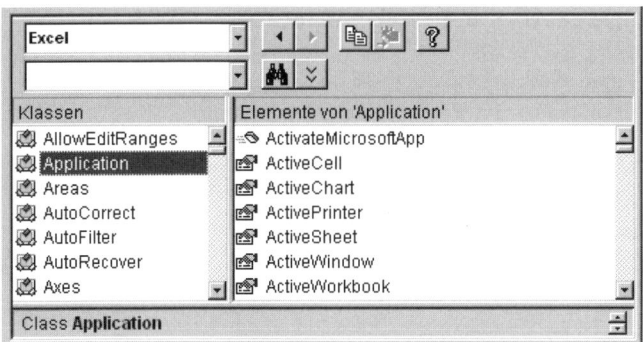

Abbildung 4.72 Objektkatalog mit COM-Methoden zu Excel

4.8.4 Weitere COM-Excel-Beispiele

Als ein weiteres Beispiel für den COM-Kontakt zu Excel soll die Funktion leseExcel vorgestellt werden, die von MATLAB aus den Wert einer Zelle einer Excel-Datei ausliest. Hierbei wird auch überprüft, ob der COM-Zugriff geklappt hat, was über den *try-catch-Mechanismus* gesteuert wird – näheres dazu in Kapitel 5. Wenn ein Fehler auftritt, liefert die Funktion außerdem in den Rückgabewerten noch genauere Informationen:

Listing 4.38 leseExcel
```
function [v, errNo, errMsg] = leseExcel( sK, z, datei )
%  [v, errNo, errMsg] = leseExcel( sK, z, datei )
%    liest aus der Excel-Datei mit dem Namen 'datei' den Wert v
%    in der Zelle zu Spaltenkenner sK (z.B. 'A') und
%    der Zeile z (z.B. Zahl 2)
%
%  Die Rückgabeparameter dienen der Fehlerkontrolle (mit try-catch):
%    errNo = 0, bei fehlerfreiem Lauf, errStr ist in diesem Fall leer
%    errNo = -1, bei Fehlers, errMsg = zugeh. Fehlermeldung
%
%  Beispielaufruf:
%     [v, err, errStr] = leseExcel( 'C', 5, 'Datei.xls' )
%
   %Vorbelegung
   v      = [];      % noch kein Rückgabewert
   errNo  = -1;      % zur Sicherheit mit Fehler vorbelegen
   errMsg = 'Unbekannter Fehler';
```

```
% Excel kontaktieren
ProgId = 'Excel.Application';
try
    h = actxserver( ProgId );
catch   % im Fehlerfall wird im Catch-Block weitergemacht:
    errNo  = -1;
    errMsg = ['Kein Kontakt zu COM-ProgId ', ProgId ];
    return;   % Funktion im Fehlerfall verlassen
end


% Workbooks-Interface holen
hWBs = h.Workbooks;


% Versuch, die Excel-Datei zu öffnen
try
  map = hWBs.Open( datei );
catch   % im Fehlerfall wird im Catch-Block weitergemacht:
    errNo  = -1;
    errMsg = ['Kann Excel-Datei ', datei, ' nicht öffnen'];
    h.Quit    % COM-Server für Excel beenden
    h.delete  % COM-Objekt entfernen
    return;   % Funktion im Fehlerfall verlassen
end


% Interface zu Tabellen holen (ohne weiteren Check)
Tabellen = map.Sheets;


% daraus erste Tabelle auswählen (ohne weiteren Check)
Tab1 = Tabellen.get( 'Item', 1 );


% String für Zellen-Bezeichnung zusammenbauen, z.B. 'C' + Zahl 5
zStr = sprintf( '%s%d', sK, z );


Zelle = Tab1.get( 'Range', zStr );


% Wert der Zelle auslesen
v = Zelle.Value;


errNo = 1;    % alles OK, Zelle gefunden
errMsg = [];  % Keine Fehlermeldung
map.Close     % Excel-Datei schließen
h.Quit        % COM-Server für Excel beenden
h.delete      % COM-Objekt entfernen
```

Als zweites COM-Beispiel soll die Lösung einer Differentialgleichung [*t*,*x*], die der DGL-Solver geliefert hat, in Excel abgespeichert werden, und zwar in Spalte A untereinander die Werte von *t* und in Spalte B die zugehörigen x-Werte. Die COM-Aufrufe werden diesmal der Einfachheit halber ohne try-catch-Kontrolle ausgeführt.

Als Differentialgleichung 1. Ordnung nehmen wir

$dx/dt = -3\,x$,   mit dem Anfangswert $x(0) = 10$, im Intervall [0,4]

Die DGL-Funktion und der Aufruf des Solvers sehen wie folgt aus

Listing 4.39 Kodierung der DGL

```
function  dy_dt = DglGl( t, y )
  dy_dt(1,1) = - 3 * y(1);
```

Listing 4.40 Solver-Aufruf für DGL-Lösung nach Excel

```
function anz = ExcelDGL1()
  x0 = [10];         % Anfangswert
  tspan = [0,4];     % Zeit-Intervall
  % Solver-Aufruf mit der DGL in DglGl
  [t,x] = ode45( 'DglGl', tspan, x0 );

  % Anzahl der Stützstellen
  anz = length( x );

  % Excel kontaktieren
  h = actxserver( 'Excel.Application' );
  hWBs = h.Workbooks;
  map = hWBs.Add;
  Tabellen = map.Sheets;
  Tab1 = Tabellen.get( 'Item', 1 );

  % 1. Spalte mit den t-Werten
  AStr = sprintf( 'A1:A%d', anz );
  AZelle = Tab1.get( 'Range', AStr );
  AZelle.Value = t;
  % 2. Spalte mit den x-Werten
  BStr = sprintf( 'B1:B%d', anz );
  BZelle = Tab1.get( 'Range', BStr );
  BZelle.Value = x;

  % Mappe speichern
  map.SaveAs( 'DGL1.xls' );

  map.Close    % Excel-Datei schließen
  h.Quit       % COM-Server für Excel beenden
  h.delete     % COM-Objekt entfernen
```

4.8.5 Zusammenfassung

- Prozess-Kommunikation: COM
- COM-Server: Daten, Methoden, Interface
- COM-Client: Aufruf der Dienste (Services)
- OLE, ActiveX, DirectX, DCOM
- Kontakt zu MS-Excel
- COM-Server: actxserver
- progid: „Excel.Application", MS-Registry
- Interfaces: get
- Prozess im Vordergrund: Visible
- Methoden: methods, invoke
- Arbeitsmappen: Workbooks, add, SaveAs, Close
- Tabellen: Sheets, Count, get, Activate
- aktive Tabelle: Activesheet
- Bereich: Range, Value
- Zelle: get, Activate, inspect
- VBA: Visual-Basic-Editor
- Project: UserForm, Push-Button, Callback

4.8.6 Aufgaben

Aufgabe 4.8.1:

Erzeugen Sie in Excel eine beliebige Tabelle mit einigen Einträgen. Speichern Sie die Excel-Datei ab und schließen Sie Excel. Versuchen Sie dann von MATLAB aus, über die COM-Schnittstelle an diese Daten zu kommen.

Aufgabe 4.8.2:

Untersuchen Sie von MATLAB aus die COM-Schnittstelle von MS-Word. Welche Interfaces werden vom COM-Server herausgereicht, welche Methoden gibt es etc.?

Aufgabe 4.8.3:

Erzeugen Sie von MATLAB aus über die COM-Schnittstelle eine Tabelle in der Datenbank MS-Access. Nähere Informationen zu Datenbanken und die (etwas verzwickte) COM-Schnittstelle von Access finden Sie im Internet unter

www.Stein-Ulrich.de/Matlab/.

4.9 MEX – C in MATLAB

Bisher haben wir Funktionen in *MATLAB-M-Files* erstellt. MATLAB erlaubt jedoch auch den Aufruf von Funktionen, die in (einigen) anderen Programmiersprachen geschrieben wurden. Wir werden hier demonstrieren, wie man Funktionen, die in der *Programmier-sprache C* geschrieben sind, auf Microsoft-Betriebssystemen in MATLAB einbindet. Dieser Abschnitt soll aber auch dazu dienen, die *Ähnlichkeiten* zwischen C und der MAT-LAB-Programmiersprache aufzuzeigen.

4.9.1 C

C wurde zu Beginn der 1970er-Jahre von Dennis Ritchie für Unix-Betriebssysteme auf einer DEC PDP-11 entwickelt und basiert auf einer von Ken Thompson geschriebenen Sprache namens B. C (der Nachfolger von B) läuft inzwischen auf nahezu allen Betriebssystemen – viele von diesen sind selbst in C programmiert. 1978 veröffentlichten Brian *Kernighan* und Dennis *Ritchie* die erste Auflage ihres Buches „The C Programming Language", mit dem sie den Sprachinhalt von C einem größeren Publikum bekannt machten. C fand rasch eine große Verbreitung, wurde 1989 nach einigen Veränderungen als ANSI-Norm verabschiedet und so in der zweiten Auflage des Buches publiziert.

C lässt dem Programmierer viele Freiheiten. Es ist möglich, den Programm-Code recht hardwarenah zu verfassen. C eignet sich deshalb gut für die Systemprogrammierung. Allerdings kann man in C auch schnell viel Unfug anstellen, bewusst oder meist eher unbewusst. Man sollte deshalb in C mit relativ viel Vorsicht und Umsicht programmieren, um Sicherheitsrisiken und sonstige Sprachfallen zu umgehen.

Ab 1979 arbeitete Bjarne *Stroustrup* an einer objektorientierten Erweiterung von C, die später *C++* genannt wurde. Sein 1990 veröffentlichtes Buch „The Annotated C++ Reference Manual" wurde Grundlage der 1998 verabschiedeten ISO-Norm von C++.

Weitere Informationen zur Geschichte von C finden Sie im Buch von Kernighan und Ritchie „The C Programming Language", im Internet auf der Homepage von Dennis *Ritchie* „http://cm.bell-labs.com/cm/cs/who/dmr/index.html" oder zum Beispiel auch (unredigiert und deshalb mit Vorsicht zu genießen) in der Internet-Bibliothek Wikipedia unter dem Stichwort „C (Programmiersprache)".

Doch zurück zu MATLAB: Welchen Sinn macht es, Funktionen in C und nicht in MAT-LAB zu schreiben?

Zum einen gibt cs in viclen Bereichen bereits bestehende, getestete Funktionen, die man dadurch direkt in MATLAB verwenden kann, ohne sie als M-File-Funktionen nachbauen zu müssen. Zum anderen sind Funktionen in C um einiges schneller in der Ausführung. Bei umfangreichen Berechnungen, die keine MATLAB-Funktionalität benötigen, kann es sich anbieten, diesen Teil in C auszulagern. Aber beachten Sie: MATLAB stellt von sich aus sehr effektive und schnelle numerische Algorithmen zur Verfügung. Auf die MEX-

Funktionalität sollten Sie deshalb in einem Projekt nur ausweichen, wenn Sie sicher sind, dass Sie damit auch Vorteile haben.

Bevor wir jedoch endlich mit der C-Programmierung beginnen können, müssen wir uns noch um eine weitere Sache kümmern: C-Code muss man vor seiner Ausführung kompilieren. Aus dem lesbaren C-Text wird dadurch ausführbarer, binärer *Maschinen-Code*. Im MATLAB-Lieferumfang ist ein *C-Compiler* enthalten, der *Lcc*, mit dem Sie die folgenden C-Programme kompilieren können, falls Sie nicht einen anderen Compiler auf Ihrem Rechner installiert haben, den Sie lieber verwenden möchten – zum Beispiel den Compiler von Microsoft Visual-C++.

Zur Auswahl des von Ihnen favorisierten Compilers gehen Sie in das Command-Window von MATLAB und rufen den Befehl „*mex -setup*" auf. Hier ein typischer Abfrageablauf zur Auswahl des Lcc:

```
>> mex -setup
Please choose your compiler ...:
Would you like mex to locate installed compilers [y]/n? y

Select a compiler:
[1] Lcc C version 2.4 in C:\PROGRAMME\MATLAB701\sys\lcc
[2] Microsoft Visual C/C++ version 6.0 in C:\Programme\...
[0] None
Compiler: 1
Please verify your choices:
Compiler: Lcc C 2.4
Location: C:\PROGRAMME\MATLAB701\sys\lcc

Are these correct?([y]/n): y
Try to update options file: C:\...
Done . . .
```

Erstellen Sie die folgende Beispieldatei *hello.c* im aktuellen MATLAB-Verzeichnis:

Listing 4.41 C-Beispiel: hello, world

```
#include "mex.h"
void mexFunction( int nlhs, mxArray * plhs[],
                  int nrhs, const mxArray * prhs[] )
{
    printf( "hello, world \n" );
}
```

Verwenden Sie das Command-Window zum *Kompilieren* und *Binden* (Linken) der DLL *hello.dll*:

```
>> mex hello.c
```

Mit dem neuen MATLAB-Befehl „*hello*" können Sie Ihre C-Funktion nun aufrufen:

```
>> hello;
hello, world
```

4.9.2 DLL

Unsere neue C-Funktion, die wir mit MEX erstellt haben, ist gar kein eigenständiges Programm, sondern eine so genannte DLL – eine *Dynamic-Link Library*. Auf Deutsch beschreibt dies eine Programm-Bibliothek, die dynamisch, das heißt zur *Laufzeit*, zu einem Programm *dazugeladen* werden kann. In unserem Fall ist MATLAB das Programm, das die DLL dazulädt. Link-Libraries dienen dazu, die *Funktionalität* eines bestehenden Programms zu erweitern. Die Zusatzmodule werden damit quasi zu einem Teil des Hauptprogramms. So bestehen beispielsweise viele CAD-Systeme nur aus einem Basismodul, zu dem man die benötigten Ergänzungen nach Bedarf hinzukauft. Auch MATLAB kann durch Spezialmodule, die *Toolboxen*™, erweitert werden. Neben solchen Spezial-DLLs gibt es noch eine ganze Reihe von DLLs, die das Betriebssystem von sich aus bereitstellt und die als Standardschnittstellen von mehr als einer Anwendung genutzt werden – zum Beispiel die Datei user32.dll im Windows-Systemverzeichnis, die zentrale Funktionen der Benutzerschnittstelle enthält.

 Dynamische Link-Libraries gibt es bereits seit Langem auf unterschiedlichen Betriebssystemen. Der Name DLL meint normalerweise aber die Implementation auf Microsoft-Systemen. Eigenständige Programme auf Microsoft-Systemen werden mit EXE bezeichnet, nach der Datei-Endung „.exe". Sowohl DLL- als auch EXE-Dateien enthalten binären Maschinen-Code und noch weitere Informationen wie Daten und Ressourcen.

Wenn ein Programm eine DLL hinzulädt, wird als Erstes eine spezielle *Einstiegsroutine* der DLL aufgerufen. Dadurch meldet die DLL ihre Funktionen beim Hauptprogramm an. Ist für die in der DLL enthaltene Anwendung eine Lizenz erforderlich, wird dies meist auch bereits bei der Anmeldung der DLL überprüft. Zum Glück müssen wir uns bei den MATLAB-MEX-Funktionen nicht um die Anmeldung und die Einstiegsroutine kümmern. Dies erledigt die MEX-Umgebung automatisch. Und MATLAB legt auch bereits fest, wie der Funktionskopf der *Hauptroutine* auszusehen hat, in der die Funktionalität einer MEX-DLL von uns programmiert wird:

```
void mexFunction( int nlhs, mxArray * plhs[],
                  int nrhs, const mxArray * prhs[] )
```

Die Hauptroutine heißt also *mexFunction* (und zwar exakt so geschrieben!) und hat vier Parameter (*nlhs, plhs, nrhs* und *prhs*), die Bezug darauf nehmen, mit welchen und wie vielen Parametern unsere neue Funktion später in MATLAB aufgerufen wird. Im Abschnitt 4.9.4 Parameterübergabe kommen wir auf diese Argumente zurück.

Für C-Programmierer:

Wenn Sie in C eine Konsolenanwendung programmieren, so heißt die Einstiegsroutine der späteren exe-Datei „main". Über den so genannten varargs-Mechanismus kann „main" ebenfalls eine beliebige Zahl von Übergabewerten erhalten.

Nach dem Funktionskopf mexFunction folgt in unserer Beispieldatei hello.c der *Funktionsrumpf*. Dies sind die Programmzeilen, die zwischen einem Paar geschweifter Klammern { ... } stehen. C und MATLAB sind formatfreie Sprachen. Sie könnten den gesamten Code, einschließlich der Start- und Endklammer, auch in eine einzige Zeile packen, solange die Anweisungen in der korrekten Reihenfolge erscheinen:

```
void mexFunction( int nlhs, mxArray * plhs[],
                  int nrhs, const mxArray * prhs[] )
{ printf( "hello, world \n" ); }
```

Unsere Funktion enthält nach der Startklammer „{" nur eine einzige Programmzeile – den Aufruf der C-Funktion *printf* mit dem Argument „hello, world \n". Die C-Funktion printf wird fast genauso verwendet wie die MATLAB-Funktion *fprintf*.

Für den Aufruf unserer neuen Funktion hello benötigten wir keinerlei Übergabewerte, und wir wollen keine Werte zurückgeben. Die Parameter der mexFunction tauchen deshalb im Funktionsrumpf von hello.c gar nicht auf.

Worüber wir noch nicht gesprochen haben, ist die allererste Zeile der Datei hello.c:

```
#include "mex.h"
```

Dies ist eine so genannte *Präprozessor*-Direktive, die die *Header-Datei* mex.h zu unserem Programm-Code dazulädt. Die Datei mex.h liegt im MATLAB-System-Verzeichnis unter „extern\include\" und enthält die Deklarationen der MEX-C-Funktionen, die die Zusammenarbeit mit MATLAB regeln, wie zum Beispiel mexFunction. Beim Erstellen der DLL *hello.dll* wird über den Aufruf „mex hello.c" auch die Bibliothek *libmex.lib* dazugebunden, in der der Maschinen-Code zu der in mex.h deklarierten Funktion mexFunction und zu anderen MEX-C-Funktionen steht.

4.9.3 C-Beispiel

In diesem Abschnitt soll gezeigt werden, wie ähnlich die Syntax von C und MATLAB ist. Als einfaches Beispiel schreiben wir in MATLAB die Funktion *Quadrat*, die in einer Schleife Quadratzahlen berechnet und damit aufhört, sobald das Ergebnis größer als 50 ist:

Listing 4.42 function Quadrat als MATLAB-M-File

```
function Quadrat()
   for( n=1:10 )
      quadrat = n * n;
      fprintf( '%g * %g = %g \n', n, n, quadrat );
      if( quadrat > 50 )
         return;
      end
   end
```

In MATLAB aufgerufen, liefert der M-File *Quadrat.m* das Ergebnis:

```
>> Quadrat
1 * 1 = 1
2 * 2 = 4
3 * 3 = 9
4 * 4 = 16
5 * 5 = 25
6 * 6 = 36
7 * 7 = 49
8 * 8 = 64
```

Als MEX-C-Funktion sieht der Programm-Code in *cQuadrat.c* wie folgt aus:

Listing 4.43 cQuadrat als MEX-C-Funktion

```
#include "mex.h"

void mexFunction( int nlhs, mxArray *plhs[],
                  int nrhs, const mxArray*prhs[] )
{
   double n;
   for( n=1; n<=10; n++ )
   {
      double quadrat = n * n;
      printf( "%g * %g = %g \n", n, n, quadrat );
      if( quadrat > 50 )
         return;
   }
   return;
}
```

Nach dem Kompilieren und Binden der DLL *cQuadrat.dll*:

```
>> mex cQuadrat.c
```

liefert der Aufruf von *cQuadrat* das gleiche Ergebnis wie die M-File-Funktion:

```
>> cQuadrat
1 * 1 = 1
2 * 2 = 4
3 * 3 = 9
4 * 4 = 16
5 * 5 = 25
6 * 6 = 36
7 * 7 = 49
8 * 8 = 64
```

Vergleichen Sie die Code-Zeilen im M-File Quadrat.m mit den Zeilen in der C-Datei cQuadrat.c:

- Ein Hauptunterschied zwischen MATLAB und C liegt darin, dass in C alle verwendeten Variablen vor ihrem ersten Gebrauch deklariert werden müssen, so zum Beispiel die Variable *n* in der ersten Zeile des Funktionsrumpfes als „*double n;*".

- Zusammenhängende Programmzeilen, Blöcke, werden in C zwischen geschweifte Klammern „{ ... }" gepackt. In MATLAB sind solche Blöcke nur für spezielle Konstrukte vorgesehen. Diese beginnen mit einem bestimmten Ausdruck, zum Beispiel mit „for", und enden mit dem Bezeichner „end".

- Texte werden in C zwischen doppelte Anführungszeichen gesetzt wie zum Beispiel bei "hello, world". In MATLAB sind dafür einfache Anführungszeichen vorgesehen.

Im Großen und Ganzen sind die syntaktischen Unterschiede zwischen den Programmiersprachen MATLAB und C eher klein. Leider verhalten sich aber einige Funktionen wie beispielsweise *strcmp* in MATLAB anders als in C. Zur Sicherheit sollte man vor der Verwendung einer Funktion immer einen Blick in die Dokumentation werfen.

4.9.4 Parameterübergabe

Die Übergabe von Parametern aus MATLAB an C und die Rückgabe ist etwas kompliziert, da MATLAB und C Daten unterschiedlich verwalten. Wenn Sie längere MEX-C-Funktionen mit Übergabeparametern schreiben wollen, dann bietet es sich an, den Berechnungsteil vom Übergabeteil dadurch zu trennen, dass man die eigentlichen Berechnungen in eine separate Unterfunktion packt.

Der *Übergabeteil* beginnt mit der Hauptroutine der DLL – *mexFunction*:

```
void mexFunction( int nlhs, mxArray * plhs[],
                  int nrhs, const mxArray * prhs[] )
```

Im Funktionskopf von mexFunction stehen die vier Parameter, die Bezug darauf nehmen, mit welchen Parametern die Funktion in MATLAB aufgerufen wird:

- *nlhs* Zahl der Rückgabewerte unserer Funktion (number left hand side)
- *plhs* Zeiger auf das Rückgabe-Array (pointer left hand side)
- *nrhs* Zahl der Übergabewerte unserer Funktion (number right hand side)
- *prhs* Zeiger auf das Übergabe-Array (pointer right hand side)

Als Beispiel wollen wir eine MEX-C-Funktion *cAddition* schreiben, der zwei Zahlen, *a* und *b*, übergeben werden und die die Summe der Zahlen, $c = a + b$, berechnet und zurückgibt. Die Bezeichung „links" und „rechts" in den Parameternamen bezieht sich auf den Aufruf der MEX-Funktion in MATLAB. Rechts stehen die Übergabeparameter *a* und *b*, links der Rückgabeparameter *c*:

```
>> c = cAddition( a, b );
```

Wir haben bei unserem Beispiel zwei Übergabewerte, also *nrhs* = 2, und einen Rückgabewert, *nlhs* = 1. Im Übergabe-Array *prhs* steht im ersten Feld der Wert von *a* und im zweiten Feld der Wert von *b*. In das erste Feld des Rückgabe-Arrays *plhs* soll die Summe $a + b$ geschrieben werden.

 In C sind die Parameter *nlhs* und *nrhs*, die eine Anzahl spezifizieren, vom Typ int, also ganze Zahlen. Die Daten, mit denen gerechnet werden soll, stehen in Arrays von C-Strukturen vom Typ *mxArray* – übergeben wird ein Zeiger auf die Arrays. Die Definitionen der MEX-C-Typen, zum Beispiel von *mxArray*, stehen im Header-File *matrix.h*.

Während das Array *prhs* mit den Übergabedaten beim Aufruf der Funktion mexFunction bereits vorhanden ist, steht der C-Zeiger von *plhs* auf NULL. Das Array zu *plhs* muss in der Funktion *mexFunction* explizit erzeugt werden. Wie – das zeigt unser Beispiel in der Datei cAddition.c:

Listing 4.44 C-Beispiel cAddition.c

```
#include "mex.h"

/* Berechnungsteil: */
static void Addition( double yp[], double * ap, double * bp )
{
    double a, b, c;
    /* Daten aus den Zeigern holen: */
    a = *ap;
    b = *bp;

    /* Addition: */
    c = a + b;
```

```
/* Rückgabewert setzen: */
yp[0] = c;
return;
}


/* Übergabeteil: */
void mexFunction( int nlhs, mxArray * plhs[],
                  int nrhs, const mxArray * prhs[] )
{
    double * yp, * ap,* bp;

    /* Check, ob exakt 2 Übergabewerte und 1 Rückgabewert */
    if( nrhs != 2 )
    {
        mexErrMsgTxt("FEHLER: Zwei Eingabewerte !");
    }


    if( nlhs > 1 )
    {
        mexErrMsgTxt("FEHLER: Zu viele Rückgabewerte.");
    }


    /* Matrix für die Rückgabewerte erzeugen */
    plhs[0] = mxCreateDoubleMatrix( 1, 1, mxREAL );

    /* Zeiger auf die verschiedenen Parameterdaten: */
    yp = mxGetPr( plhs[0] );
    ap = mxGetPr( prhs[0] );
    bp = mxGetPr( prhs[1] );

    /* Addition in der Unterfunktion durchführen: */
    Addition( yp, ap, bp );

    return;
}
```

Behandeln wir zuerst den *Übergabeteil*, die Funktion mexFunction. Die erste Zeile deklariert drei Zeigervariablen, die später auf die Übergabe- und Rückgabewerte verweisen werden. In den nächsten Zeilen wird zur Sicherheit überprüft, ob die Anzahl der Übergabewerte, *nrhs*, und der Rückgabewerte, *nlhs*, stimmt. Dann wird (mittels der Funktion *mxCreateDoubleMatrix*) das *mxArray* für den Rückgabewert erzeugt und der entsprechenden Rückgabevariablen, *plhs*[0], zugewiesen. Wie bereits erwähnt, steht *plhs* zu Beginn auf dem NULL-Zeiger.

In den drei folgenden Zeilen besorgen wir uns (mittels der Funktion *mxGetPr*) Zeigervariablen auf den Datenbereich der mxArray-Variablen:

- *yp* zeigt auf die Rückgabedaten.
- *ap* zeigt auf den zuerst übergebenen Wert *a*.
- *bp* zeigt auf den zweiten übergebenen Wert *b*.

Am Ende der Funktion *mexFunction* wird der Berechnungsteil *Addition* aufgerufen, der mit Hilfe der vorher definierten Zeigervariablen die Summe berechnet. Diese Funktion dereferenziert die Zeiger *pa* und *pb* und besorgt sich so die Werte von *a* und *b*. Daraus wird die Summe $c = a + b$ berechnet und dem Rückgabezeiger *yp*[0] zugewiesen.

 C-Neulingen mag vieles in diesem Abschnitt fremd vorkommen. Näheres über Zeiger und die C-Syntax finden Sie in den im Literaturverzeichnis angegebenen Büchern.

Um unsere Funktion cAddition in MATLAB verwenden zu können, müssen wir noch die DLL cAddition.dll erzeugen:

```
>> mex cAddition.c
```

Jetzt können wir unser Werk testen:

```
>> c = cAddition( 1, 2 )
c = 3
```

Weitere Beispiele von MEX-C-Funktionen finden Sie im Installationsverzeichnis von MATLAB unter „extern\examples\mex\". Versuchen Sie sich zum Beispiel an der C-Datei *yprime.c*, die die Übergabe von Vektoren demonstriert.

4.9.5 Zusammenfassung

- Programmiersprache C: D. Ritchie, Unix
- C++: B. Stroustrup, objektorientiert
- C-Compiler-Wahl: mex -setup
- DLL: Programm-Bibliothek, dynamisch geladen
- ausgelagerte Funktionalität
- C-Hauptroutine: mexFunction, Parameter
- Funktionsrumpf: { ... }
- printf-Ausgabe
- Präprozessor: Header-Datei, #include "mex.h"
- Variablendeklaration, Blöcke, Texte
- Parameterübergabe: Übergabeteil, Berechnungsteil
- Zahl der Parameter, Zeiger auf die Parameterwerte

4.9.6 Aufgaben

Aufgabe 4.9.1:

Versuchen Sie, einige der MATLAB-Beispiele in C-Beispiele umzuschreiben, beispielsweise die Berechnung des Kreisumfangs zu einem Radius oder die Bestimmung der Fakultät zu einer Zahl n.

5

Programmierhilfen

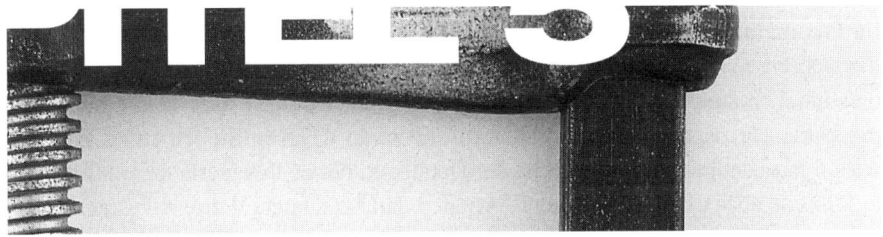

5 Programmierhilfen

Ein Programm, das beim ersten Test bereits fehlerfrei läuft, ist eher die Ausnahme als die Regel. Fehlersuche und lange Tests gehören zum Alltag eines Programmierers und beanspruchen meist mehr Zeit als das Schreiben des Programm-Codes. Im nächsten Abschnitt gibt es ein paar Tipps, wie man ein Programm zum Laufen bringt.

Ein wohlüberlegtes Konzept kann die Fehleranfälligkeit verringern. Aber was macht man, wenn sich erst beim Erstellen des Programm-Codes herausstellt, dass sich gerade die eine wichtige Bibliotheks-Funktion anders verhält, als man erwartet hat, obwohl in der Dokumentation viel versprochen wurde? Man sucht einen Weg, um das Problem zu umgehen, einen „Workaround", der aber so im Konzept nicht vorgesehen war.

Ihr Programm tut nicht das, was es soll. Gut, dass Sie das schnell bemerkt haben. Oft ist es nämlich gar nicht so einfach festzustellen, dass ein Programm etwas falsch macht. Besonders hässlich sind Fehler, die nur auf einem Kundenrechner auftreten. Und das auch nur manchmal. Jetzt geht es darum herauszufinden, an welchen Stellen etwas falsch gemacht wird. Ein wichtiges Tool hierfür ist der Debugger, der es Ihnen erlaubt, ein Programm Zeile für Zeile abzuarbeiten und dabei Aktionen und berechnete Werte zu testen.

Das inzwischen fehlerfreie Programm könnte besser sein, zum Beispiel schneller laufen. Auch hierfür bietet MATLAB eine Hilfe – den Profiler, der Auskunft darüber gibt, welcher Teil Ihres Codes besonders viel Rechenzeit benötigt.

5.1 Das Programm läuft nicht!

> „Was funktioniert, ist veraltet."
>
> (*Jürgen Dankert*, Praxis der C-Programmierung)

Fangen wir erst einmal andersherum an: Das Programm hört nicht auf! Sie haben eine Funktion erstellt und im Command-Window gestartet. Und jetzt warten Sie und warten, aber es kommt kein Ergebnis. Das Programm will sich aber auch nicht beenden. Oder es erscheinen viele Meldungen, ohne Ende. Dann liegt der Verdacht nahe, dass Sie im Programm eine *Totschleife* eingebaut haben, dass also die Abbruchbedingung für eine Schleife nicht erreicht wird, wie beispielsweise in folgender Funktion:

```
function endlos()
    n = 0;
    while( n < 10 )
        disp( n );
    end
```

```
>> endlos
     0
     0
     0
   ...
```

Es nutzt nichts! Sie müssen dieses Programm „abschießen". Eine im Command-Window gestartete Funktion lässt sich meist über die Tastenkombination „*Strg c*" beenden (Strg ist die Abkürzung für „Steuerung", auf Englisch: „Control", deshalb oft auch „Ctrl c" genannt). Nur in sehr hartnäckigen Fällen müssen Sie das Programm MATLAB selbst über den Windows-Task-Manager beenden – erreichbar über die Tastenkombination „*Strg Alt Entf*".

Schön und gut, sagen Sie, ich wäre ja schon zufrieden, wenn meine Funktion überhaupt erst einmal läuft. Aber MATLAB weigert sich hartnäckig und schreibt seltsame *rote Meldungen* in das Command-Window, zum Beispiel beim Aufruf von folgender Funktion:

```
function var_fehlt()
   while( n < 10 )
      disp( n );
   end
```

```
>> var_fehlt
??? Undefined function or variable 'n'.
```

```
Error in ==> var_fehlt at 2
   while( n < 10 )
```

Ja, jetzt müssen Sie lesen und verstehen, was MATLAB meldet. Zu Beginn kann das verwirrend sein, besonders wenn MATLAB bei größeren Projekten seitenweise Meldungen ausgibt, zum Teil in Funktionen, die Sie ganz sicher nicht erstellt haben. Das sind dann meist Folgefehler, die von Ihrem Programm-Code ausgelöst wurden.

Regel Nummer eins lautet: Nicht mit der letzten Fehlermeldung beginnen, auch wenn da der Cursor blinkt, sondern zurückblättern zum Anfang. Die *erste Fehlerzeile* weist meist auf Ihren eigentlichen Fehler hin. In unserem Beispiel steht dort: „*??? Undefined function or variable 'n'*". Ins Deutsche übersetzt: In Ihrer Funktion wird eine Variable namens *n* verwendet, die vor ihrem Aufruf noch nicht definiert wurde. Die nächste Fehlerzeile enthält sogar einen *Hyperlink* auf die Fehlerstelle. Klicken Sie mit der Maus auf den unterstrichenen Text *var_fehlt at 2*. Sie landen dadurch im MATLAB-Editor in der zweiten Zeile der Funktion var_fehlt, wo im Kopf der while-Schleife die Variable *n* verwendet wird, ohne dass sie vorher definiert worden wäre.

Der MATLAB-Editor hilft auch bereits beim Schreiben des Programm-Codes, fehlerhafte Ausdrücke durch das so genannte *Syntax-Highlight* zu erkennen:

```
funktion syntax()
   n = 0;
   while( n < 10 )
      disp( n );
end
```

MATLAB-Schlüsselwörter werden vom Editor standardmäßig in blauer Farbe dargestellt, die selbst vergebenen Namen für Funktionen und Variablen in Schwarz. In unserem Beispiel erscheint der Funktionsname *syntax()* jedoch in Violett und das Schlüsselwort *function* in Schwarz. Bei nochmaligem, genauen Lesen des Codes sollten Sie erkennen, dass Sie das Schlüsselwort function mit „k" statt mit „c" geschrieben haben.

Was mache ich, wenn mein Programm startet und nach einer gewissen Zeit auch ein Ergebnis liefert – aber das Ergebnis falsch ist? Bevor Sie gleich den Debugger starten, gibt es eine weitere Möglichkeit, die Berechnungen Ihrer Funktion zu testen. Entfernen Sie an den Stellen, an denen kritische Berechnungen stattfinden, das *Semikolon* hinter den Wertzuweisungen oder fügen Sie zusätzliche Zuweisungen ohne Semikolon für Zwischenwerte ein. Beim Ablauf Ihrer Funktion werden diese Zuweisungen nun im Command-Window mitprotokolliert. Oft erkennt man dadurch sofort, an welcher Stelle etwas schiefgelaufen ist.

Bei *GUI*-Projekten empfiehlt sich zum Testen die Verwendung *globaler Variabler*, mit deren Hilfe man zur Laufzeit vom Command-Window aus Daten überprüfen und ändern kann. Sie müssen dazu die globale Variable aus Ihrem GUI-Projekt im Command-Window ebenfalls als global deklarieren. Das geschieht zum Beispiel für eine Variable mit dem Namen *gui_data* über den Aufruf:

```
>> global gui_data;
```

„Ich habe nichts geändert! Und gestern lief alles noch ohne Probleme!"

Im normalen Leben bin ich der Esoterik eher abgeneigt. Beim Programmieren war ich aber manchmal nahe daran, an außersinnliche Phänomene zu glauben – wenn beispielsweise ein Programm immer nur an einem Freitag abstürzt oder nur, wenn eine bestimmte Person am Rechner sitzt. Doch zurück zum Ernst: Die Fehler, die meine Kollegen und ich intensiv gesucht haben, wurden auch gefunden. Es dauerte manchmal Monate, und einmal waren sogar Hardware-Spezialisten aus der ganzen Welt hinter einem unserer Bugs her, bis der Fehler in Fernost an einem Bauteil entdeckt wurde. Es versagte, wenn ein (bestimmter) Benutzer sich etwas zu hektisch an der Eingabe versuchte.

Die Aussage, dass ein Programm ohne jedes Zutun nicht mehr läuft, habe ich sehr oft gehört. Aber meist war die Aussage ungenau. Was meinte der arme Mensch eigentlich? Auf Nachfrage kommt häufig die Aussage: „Ich bin mir sicher, dass ich am Programm-Code nichts geändert habe." Eventuell etwas vorsichtiger formuliert: „Ich habe meiner Meinung nach nichts Wesentliches geändert." Oder: „Ich habe ganz sicher nichts an den Zeilen geändert, bei denen jetzt der Fehler angezeigt wird."

Der letzte Fall ist der glaubhafteste. Wenn der MATLAB-Interpreter oder der Compiler einer Programmiersprache, wie zum Beispiel C, auf einen Fehler trifft, dann bedeutet dies, dass eine Operation an einer speziellen Zeile des Programm-Codes nicht durchführbar ist. Es muss aber nicht bedeuten, dass in dieser Zeile der Fehler auch gemacht wurde. Man muss eventuell in einem weiten Umfeld nach der Ursache suchen.

Die beiden ersten Aussagen beweisen nur, dass Menschen und Computer sehr unterschiedliche Ansichten darüber haben, was wesentlich ist.

Es gibt aber noch einen weiteren Fall, der zum Glück nicht so häufig auftritt: Der Programm-Code ist gleich geblieben, aber die *Programmier-Umgebung* hat sich verändert. Falls Ihr Programm gestern also wirklich noch lief und Sie sich vollkommen sicher sind, dass am Programm-Code nichts geändert wurde – dann sollten Sie auch einmal folgende Punkte überprüfen, die sich im ungünstigen Fall negativ bemerkbar machen können:

- Haben Sie eventuell eine andere Version von MATLAB eingespielt?
- Haben Sie Ihr gesamtes Projekt in ein anderes Verzeichnis kopiert?
- Haben Sie irgendetwas am Betriebssystem geändert, das direkt mit MATLAB nichts zu tun hat, zum Beispiel ein neues Programm eingespielt, das DLLs austauschte?

Kommen wir nun zu dem Fall, dass Sie wirklich etwas am Programm-Code geändert haben. Und jetzt läuft nichts mehr. Aber Sie können beim besten Willen nicht sehen, was an den neuen Code-Zeilen fehlerhaft sein könnte. Oft findet man die Fehlerstelle am schnellsten, wenn man die neuen Zeilen nacheinander mit dem „%"-Zeichen „*auskommentiert*", bis man zu dem Punkt kommt, an dem das Programm wieder läuft.

Es gibt zur Laufzeit eines Programms aber auch Fehler, auf die Sie als Programmierer keinen Einfluss haben. Eine wichtige Klasse von Fehlermeldungen sind die *Exceptions* – „Ausnahmefälle", die das Betriebssystem beispielsweise dann „feuert", wenn beim Schreiben in eine Datei der Speicherplatz ausgegangen ist. Exceptions werden aber auch von einigen Programmen, zum Beispiel im COM-Umfeld, zur Ereignis-Steuerung verwendet.

Zum Umgang mit solchen Fehlern stellt MATLAB, wie zum Beispiel auch die Programmiersprache C, den *try-catch-Mechanismus* zur Verfügung. Man setzt kritische Programmteile in einen so genannten try-Block. Tritt in diesem Block ein Fehler auf, dann springt das Programm automatisch in den catch-Block, in dem man auf den Fehler reagieren kann. Die allgemeine Form für den try-catch-Mechanismus sieht wie folgt aus:

```
try
    Anweisung
    ...
    Anweisung
catch
    Anweisung
    ...
```

```
    Anweisung
end
```

Über die MATLAB-Funktion *lasterr* kann man sich im catch-Block auch die zugehörige Fehlermeldung geben lassen.

Nehmen wir als Beispiel folgenden Fall, bei dem die Matrixmultiplikation danebengeht:

```
function fehler1()
    a = [1,2];
    b = [3,4];
    c = a * b
```

Im Command-Window erzeugt der Aufruf von fehler1 folgende Meldung:

```
>> fehler1
??? Error using ==> mtimes
Inner matrix dimensions must agree.


Error in ==> fehler1 at 4
  c = a * b
```

Setzen wir den kritischen Teil in einen try-Block und regeln den Fehler selbst im catch-Block:

```
function fehler2()
    a = [1,2];
    b = [3,4];

    try
        c = a * b
    catch
        disp( 'Das war wohl nix!' );
        fprintf( 'MATLAB meint dazu: \n%s \n', lasterr );
    end
```

Im Command-Window erzeugt der Aufruf von fehler2 nun die von uns kontrollierte Meldung:

```
>> fehler2
Das war wohl nix!
MATLAB meint dazu:
Error using ==> mtimes
Inner matrix dimensions must agree.
```

5.2 Der Debugger

Bug bedeutet ins Deutsche übersetzt Käfer. Debuggen heißt also so viel wie „Käfer entfernen". Es gibt eine hübsche Geschichte, die zeigt, was Käfer mit Fehlern in Computern zu tun haben: Im Jahre 1945 schrieb Grace Hopper in das Logbuch des Computers „Mark II Aiken Relay Calculator", dass sie als Fehlerursache eine Motte in einem Relais entdeckt habe: „First actual case of bug being found." Die Logbuch-Seite mit der eingeklebten Motte wird heute am Smithsonian Institute in Washington aufbewahrt.

Doch zur Fehlersuche mit dem MATLAB-Debugger. Wir verwenden noch einmal die Funktion *endlos* und wollen uns Schritt für Schritt den Programmablauf betrachten.

Um einen M-File zu debuggen, benötigen wir als Ausgangspunkt einen *Breakpoint*. Ein Breakpoint legt die Zeile im Code fest, an der das Programm zur Fehleranalyse angehalten werden soll.

Öffnen Sie die Datei *endlos.m* im MATLAB-Editor und klicken Sie mit der Maus in die linke Spalte neben der Zahl 2. Es erscheint dort ein roter Breakpoint. Wenn Sie im Command-Window jetzt die Funktion *endlos* aufrufen, stoppt das Programm in der zweiten Zeile, was durch einen grünen Pfeil gekennzeichnet wird:

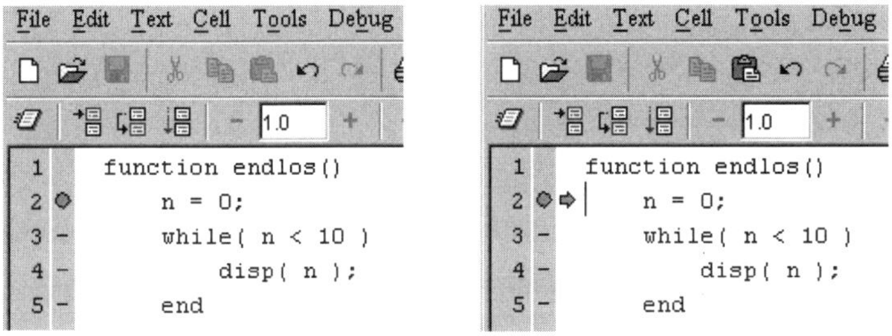

Abbildung 5.1 Breakpoint im MATLAB-Editor

Wenn Sie nun im MATLAB-Editor die Funktionstaste F10 drücken, wandert der grüne Pfeil zur nächsten, der dritten Zeile. So können wir uns schrittweise durch das Programm hangeln und den Befehlsablauf verfolgen.

Werfen wir einen Blick auf das Command-Window. Dort ist nach dem Programmstart eine neue Art von Prompt erschienen: „K>>".

```
>> endlos
K>>
```

Der Buchstabe „K" vor den beiden Klammern zeigt den Debug-Modus an. Sie haben nun vom Command-Window aus Zugriff auf die Variablen im Workspace der aufgerufenen Funktion. Tippen Sie beispielsweise den Namen der Variablen *n* ein:

```
K>> n
n = 0
```

Kehren wir zurück zum Editor. Wenn Sie die Maus links neben die Variable *n* setzen, erscheint nach kurzer Zeit ein Fenster, in dem Typ und Wert von *n* angezeigt werden:

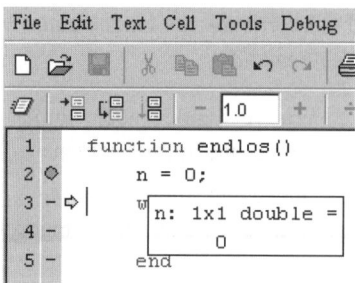

Abbildung 5.2 Debug-Information zu Variablen

Drücken wir weiter die Taste F10. Der grüne Pfeil wandert jetzt zur Zeile 4 und dann zur Zeile 5, wo disp die Zahl 0 im Command-Window ausgibt. Danach springt der Pfeil wieder nach Zeile 3 zurück. Die Variable *n* hat immer noch den Wert 0. Deshalb wird die Schleife auch nie ein Ende finden.

Im Debugger können wir jetzt jedoch in den Ablauf eingreifen. Gehen Sie ins Command-Window und geben Sie folgende Zeile ein:

```
K>> n = 20
n = 20
```

Wir haben *n* den Wert 20 zugewiesen und dadurch erreicht, dass die Schleife beim nächsten Drücken von F10 beendet wird. Der Debug-Modus ist abgeschlossen und im Command-Window erscheint wieder der normale Prompt „>>".

Dies war nur ein Schnelldurchlauf. Wenn Sie mehr über die Möglichkeiten des MATLAB-Debuggers lernen möchten, sollten Sie sich die entsprechenden Seiten in der Online-Hilfe ansehen. Dort finden Sie unter anderem erklärt, auf welche Zeilen Sie überhaupt einen Breakpoint setzen können, wann ein Breakpoint von der Farbe Rot auf Grau wechselt und wie man bedingte Breakpoints setzt.

5.3 Weitere MATLAB-Tools

MATLAB bietet noch weitere Tools, mit deren Hilfe Sie Ihren Programm-Code verbessern können. Hier soll nur kurz auf den Sinn dieser Werkzeuge eingegangen werden. Hinweise zu ihrer Bedienung finden Sie ausführlich beschrieben in der Online-Hilfe.

5.3.1 M-Lint Code Checker

M-Lint ist ein Tool, um den Programm-Code automatisch auf *Probleme* zu untersuchen. M-Lint weist auf mögliche Fehler hin und gibt Hinweise, wie man seine Funktionen verbessern kann. Dazu untersucht M-Lint nacheinander alle M-Files, die sich im aktuellen Arbeitsverzeichnis befinden, und erstellt darüber einen Bericht. Sie sollten den Vorschlägen von M-Lint allerdings nicht blindlings vertrauen und vor dem Einbau der Verbesserungen auf jeden Fall verstehen, warum M-Lint Ihnen eine Code-Änderung vorgeschlagen hat. Überprüfen Sie danach den Programmablauf auch lieber noch einmal im Debugger.

5.3.2 Profiler

Der MATLAB-Profiler misst die Laufzeit von Funktionen und listet auf, welche Teile eines Programm-Codes besonders viel *Rechenzeit* benötigen. Oft kann man mit Hilfe dieser Information die Leistungsfähigkeit eines Programms (Performance) beträchtlich verbessern, indem man zum Beispiel unnötige, mehrfache Aufrufe einer Funktion entfernt oder einen Algorithmus so umschreibt, dass zeitaufwändige Berechnungen vermieden werden.

5.3.3 Dependency Report

Der Dependency Report zeigt *Abhängigkeiten* zwischen einzelnen M-Files auf. Dies hilft festzustellen, welche M-Files für ein Projekt überhaupt benötigt werden.

5.3.4 Help Report

Der Help Report zeigt die Zusammenstellung aller *Hilfe-Einträge* zu den M-Files im Arbeitsverzeichnis. Mit der Option *Show Subfunctions* zeigt der Help Report auch die Hilfe zu den Unterfunktionen, die von einer Funktion aufgerufen werden.

5.3.5 File Comparison Report

Das Tool File Comparison Report zeigt die *Unterschiede* zwischen zwei Dateien im aktuellen Verzeichnis und dient beispielsweise dazu, verschiedene Versionen eines M-Files miteinander zu vergleichen.

5.4 Zusammenfassung

- Totschleife: „Strg c"
- Rote Fehlermeldungen
- Syntax-Highlight
- Kontrollausgaben: Semikolon entfernen
- GUI: Verwendung globaler Variabler
- Programm läuft nicht mehr
- Andere Programmier-Umgebung
- Auskommentieren
- Exceptions: try-catch-Mechanismus
- Debugger: Breakpoints, F10
- M-Lint Code Checker
- Profiler
- Dependency Report
- Help Report
- File Comparison Report

6

Befehlsübersicht

6 Befehlsübersicht

Bereits das MATLAB-Basismodul hat eine fast nicht mehr zu überblickende Anzahl von Befehlen. Im praktischen Umgang kommen dazu meist noch Toolboxen mit eigenen Funktionsaufrufen. Dieser Abschnitt soll Ihnen eine Liste wichtiger Befehle des MATLAB-Basismoduls an die Hand geben – geordnet nach Sachgebieten, als Referenz und Erinnerung an das, was in den vorangegangenen Kapiteln behandelt wurde. Eine vollständige Liste und weitergehende Informationen finden Sie in der MATLAB-Online-Hilfe.

Desktop

clc	löscht die Anzeige im Command-Window
doc	startet die Online-Dokumentation im MATLAB-Hilfefenster
help	zeigt Hilfeeinträge zu MATLAB-Funktionen im Command-Window

Workspace

clear	löscht Variablen aus dem Workspace
who, whos	Anzeige der Variablen im Workspace
which	gibt an, wo Funktionen und Dateien gespeichert sind
pwd	Anzeige des aktuellen Arbeitsverzeichnisses
cd	Arbeitsverzeichnis ändern
ls	Anzeige der Dateien im Verzeichnis

Mathematische Konstanten

pi	Kreiszahl $\pi = 3.1415...$
i	imaginäre Einheit
eps	MATLAB-Genauigkeit
Inf	unendlich
NaN	nicht spezifizierter Wert (Not-a-Number)
realmax	größte positive Dezimalzahl
realmin	kleinste positive Dezimalzahl
[ ]	leeres Array

Variablentyp

global	deklariert eine globale Variable
persistent	deklariert eine persistente (statische) Variable

Datentypen und Typ-Konvertierungen

double	wandelt einen Wert in reelle Zahl (double = doppelte Genauigkeit)
single	wandelt einen Wert in reelle Zahl (single = einfache Genauigkeit)
int8	wandelt einen Wert in 8-Bit-Ganzzahl
int16	wandelt einen Wert in 16-Bit-Ganzzahl
int32	wandelt einen Wert in 32-Bit-Ganzzahl
int64	wandelt einen Wert in 64-Bit-Ganzzahl
uint8	wandelt einen Wert in 8-Bit-Ganzzahl (unsigned = ohne Vorzeichen)
uint16	wandelt einen Wert in 16-Bit-Ganzzahl (ohne Vorzeichen)
uint32	wandelt einen Wert in 32-Bit-Ganzzahl (ohne Vorzeichen)
uint64	wandelt einen Wert in 64-Bit-Ganzzahl (ohne Vorzeichen)
char	wandelt einen ASCII-Wert in das zugehörige Zeichen

Mathematische Operatoren

=	Wertzuweisung
+	Addition
-	Subtraktion
*	Multiplikation
/	Division
^	Potenzierung

Vergleichs-Operatoren

<	kleiner als
<=	kleiner oder gleich
>	größer als
>=	größer oder gleich
==	gleich
~=	ungleich

Logische Operatoren

&&	logisches UND (Short-Circuit)
||	logisches ODER (Short-Circuit)
&	logisches UND, für Arrays
|	logisches ODER, für Arrays
~	logisches NICHT

Ablaufkontrolle

if	Abfrage einer Bedingung
else	Alternative zur Bedingung
elseif	Alternative mit weiterer Abfrage
end	Ende eines Blocks, z.B. zu einer Abfrage
switch	Schalterabfrage
case	mögliche Schalterstellung
otherwise	alle sonstigen Schalterstellungen
for	Zählschleife
while	Wiederholschleife
break	Schleifenabbruch
continue	Abbruch der aktuellen Schleifen-Iteration
return	Verlassen der aktuellen Funktion
error	Fehlerausgabe und Abbruch der Funktion
try	Start eines try-Blocks
catch	Beginn des catch-Blocks
lasterr	die zuletzt erzeugte Fehlermeldung

Funktionen

function	definiert eine Funktion innerhalb eines M-Files
%	definiert die folgenden Zeichen der Zeile als Kommentar
pause	stoppt die Programmausführung für eine gewisse Zeit
nargin	Zahl der Eingangswerte in eine Funktion
nargout	Zahl der Rückgabewerte einer Funktion
varargin	Eingangswerte einer Funktion bei variabler Zahl
varargout	Rückgabewerte einer Funktion bei variabler Zahl

Array-Operationen

´	Transposition
.*	elementweise Array-Multiplikation
./	elementweise Array-Division
.^	elementweise Potenzierung
\	Links-Division
inv	inverse Matrix
dot	Skalarprodukt

cross	Vektorprodukt (Kreuzprodukt)
:	Operator zum Erzeugen von Laufvariablen und Vektoren
linspace	Funktion zum Erzeugen von Vektoren zur Aufteilung eines Intervalls
eye	Einheits-Matrix
diag	Diagonal-Matrix
zeros	Array aus lauter Nullen
ones	Array aus lauter Einsen
rand	gleichförmig verteilte Zufallszahl
randn	normalverteilte Zufallszahl
cell	erzeugt ein Cell-Array

Array-Informationen

isempty	testet auf ein leeres Array
size	Zahl der Zeilen und Spalten eines Arrays
length	Länge eines Vektors
max	Maximalwert eines Arrays
min	Minimalwert eines Arrays
det	Determinante einer Matrix
sum	Summe der Array-Elemente
norm	Matrix- oder Vektornorm
trace	Summe der Diagonalelemente einer Matrix
rank	Rang einer Matrix
eig	Eigenwerte und Eigenvektoren

Strukturen

struct	erzeugt eine MATLAB-Struktur
fieldnames	Anzeige der Komponentennamen einer Struktur
isfield	zeigt an, ob die Struktur eine Komponente dieses Namens hat
rmfield	löscht eine Komponente aus der Struktur

Mathematische Funktionen

sin	Sinus (Winkel im Bogenmaß)
sind	Sinus (Winkel in Grad)
cos	Kosinus
tan	Tangens

cot	Kotangens
asin	Arcus-Sinus
acos	Arcus-Kosinus
atan	Arcus-Tangens
sinh	Sinus-Hyperbolicus
coth	Kosinus-Hyperbolicus
exp	Exponentialfunktion
log	natürlicher Logarithmus
log10	10er-Logarithmus
sqrt	Wurzelfunktion
abs	Absolutbetrag
sign	Signum (Vorzeichen)
round	Runden
floor	Abrunden
ceil	Aufrunden
mod	Modulus nach Integer-Division

Koordinaten-Transformationen

cart2sph	transformiert von kartesischen zu Polar-Koordinaten
sph2cart	transformiert von Polar- zu kartesischen Koordinaten
cart2pol	transformiert von kartesischen zu Zylinder-Koordinaten
pol2cart	transformiert von Zylinder- zu kartesischen Koordinaten

String-Funktionen

strcmp	testet zwei Strings auf Gleichheit
sprintf	erzeugt einen String aus formatierten Daten
sscanf	zerlegt einen String anhand eines Datenformats
str2double	wandelt einen String in eine reelle Zahl (string-to-double)
int2str	wandelt eine ganze Zahl in einen String (integer-to-string)
num2str	wandelt eine Zahl in einen String (number-to-string)
str2num	wandelt einen String in eine Zahl (string-to-number)
lower	wandelt alle Buchstaben des Strings in Kleinbuchstaben
upper	wandelt alle Buchstaben des Strings in Großbuchstaben
isletter	überprüft, ob ein Zeichen ein Buchstabe ist
eval	führt einen String als MATLAB-Ausdruck aus

Ein- und Ausgabe

disp	unformatierte Ausgabe
fprintf	formatierte Ausgabe
input	Eingabe von der Tastatur

Datei-Operationen

fopen	öffnet eine Datei zum Lesen oder Schreiben
fprintf	schreibt formatierte Textdaten in eine Datei
fwrite	schreibt binäre Daten in eine Datei
fgetl	liefert den Inhalt der nächsten Zeile einer Datei als String
fscanf	liest Daten entsprechend dem Format aus einer Datei
fread	liest binäre Daten aus einer Datei
feof	testet, ob das Ende der Datei erreicht ist
fclose	schließt eine offene Datei

2D- und 3D-Plots

plot	2D-Plot in kartesischen Koordinaten
polar	2D-Plot in Polar-Koordinaten
hist	Histogramm
bar	Balken-Diagramm
stairs	Treppen-Plot
rose	Polar-Diagramm
semilogx	logarithmische Darstellung in x-Richtung
semilogy	logarithmische Darstellung in y-Richtung
loglog	doppel-logarithmische Darstellung
plot3	3D-Linien-Plot
surf	3D-schattierte Flächen
mesh	3D-Kantendarstellung
hidden	3D-Kanten, verdeckte Linien ausgeblendet
contour	Kontur-Plot
quiver	Darstellung eines Vektorfelds durch Pfeile
meshgrid	erzeugt X und Y Matrizen für 3D-Plots
view	Einstellung des Blickwinkels für 3D-Plots

Plot-Spezifikationen

figure	erzeugt ein neues Grafikfenster
clf	löscht alle Einträge eines Grafikfensters
subplot	erzeugt mehrere Zeichenbereiche (Axes) in einem Grafikfenster
hold	schützt die Grafik in einem Fenster vor dem Überschreiben
gca	Handle auf die aktuelle Axes (Zeichenbereich)
cla	löscht alle Einträge in der Axes
axis	spezifiziert Skalierung und Aussehen eines Zeichenbereichs
get	liefert die Eigenschaften eines Objekts
set	setzt die Eigenschaften eines Objekts
colormap	definiert die verwendete Farbtafel (Colormap)
grid	schaltet Gitterlinien für 2D- oder 3D-Plots ein und aus
title	Überschrift für 2D- oder 3D-Plots
legend	erzeugt eine Legende für geplottete Elemente
xlabel	X-Achsen-Beschriftung für 2D- oder 3D-Plots, analog Y- und Z-Achse
text	erzeugt ein Textobjekt im aktuellen Zeichenbereich

Polynome

polyval	Berechnung einzelner Polynomwerte
roots	Nullstellen eines Polynoms
polyder	Ableitung eines Polynoms
polyint	Integration eines Polynoms
conv	Polynom-Multiplikation
deconv	Polynom-Division
polyfit	Polynom-Fit

Statistik und Datenanalyse

mean	Mittelwert der Elemente eines Arrays
std	Standardabweichung
sort	sortiert die Array-Elemente in auf- oder absteigender Ordnung
fft	eindimensionale diskrete Fourier-Transformation
ifft	inverse eindimensionale diskrete Fourier-Transformation
fft2	zweidimensionale diskrete Fourier-Transformation

Interpolation

interp1	eindimensionale Daten-Interpolation
spline	Daten-Interpolation mittels kubischer Splines

Gewöhnliche Differentialgleichungen

ode45	Standard-Solver für nicht steife Anfangswertprobleme
ode...	weitere Solver für Anfangswertprobleme
odeset	ändert die Optionen der ode-Solver
bvp4c	Solver für Randwertprobleme
bvpinit	Funktion zum Initialisieren von Randwertproblemen
bvpset	ändert die Optionen der bvp-Solver
deval	Funktion zum Analysieren der DGL-Lösungen

Optimierung

fzero	Nullstellensuche für (nichtlineare) Funktionen
fminbnd	Ermittlung des Minimums für (nichtlineare) Funktionen
lsqnonneg	Least-Square-Fit (Methode der kleinsten Quadrate)

Datums- und Zeit-Operatoren

date	aktuelles Datum als String
datevec	erzeugt einen Datumsvektor aus dem Datums- bzw. Uhrzeit-String
clock	aktuelle Uhrzeit als String
tic, toc	Stoppuhr

Vordefinierte Dialoge

msgbox	Meldungsfenster
errordlg	Fehlermeldungsfenster
warndlg	Warnungsmeldungsfenster
helpdlg	Hilfemeldungsfenster
questdlg	Fenster mit Abfragedialog
inputdlg	Fenster zur Text-Eingabe
uigetfile	Standarddialog zur Datei-Auswahl
uiputfile	Standarddialog zum Speichern einer Datei
listdlg	Fenster mit Auswahlliste
uisetcolor	Standarddialog zur Farben-Auswahl

uisetfont	Standarddialog zur Schriftfont-Auswahl
printdlg	Standarddialog zur Drucker-Auswahl
waitbar	Wartebalken
dialog	anpassbares Dialogfenster

GUI-Funktionen

guide	startet den GUI-Layout-Editor
guidata	speichert Anwendungsdaten zu einem GUI-Fenster
ginput	Pick-Aufruf in einem GUI-Fenster
uiwait	stoppt die Programmausführung bis zu uiresume
uiresume	beendet Programmstopp von uiwait

Microsoft-WAV-Sound-Funktionen

wavplay	sendet einen Klang an den Audio-Ausgang des Rechners
wavread	liest eine Microsoft-WAV-Musikdatei ein
wavwrite	schreibt die Musikdaten in eine Microsoft-WAV-Datei
wavrecord	startet die Musikaufnahme vom Audio-Eingangsgerät

Bildverarbeitung

imfinfo	liefert Informationen über den Inhalt einer Grafikdatei
imread	liest die Bilddaten aus einer Grafikdatei
imwrite	schreibt die Bilddaten in eine Grafikdatei
image	zeigt ein Grafikobjekt auf dem Bildschirm an
getframe	erzeugt einen Frame, z.B. für eine Animation
movie	spielt die Frames zu einer Animation ab

Literatur

Ein Lehrbuch wie dieses kann nur eine Einführung in das Thema sein, um einen Überblick über die Vielfalt zu geben. Wenn Sie sich ernsthaft mit MATLAB beschäftigen wollen, dann kommen Sie um weiterführende Literatur nicht herum. Dieses Verzeichnis soll Ihnen eine, wenn auch unvollständige, Liste zum Weiterlesen bereitstellen.

Literatur zu MATLAB:

The MathWorks: MATLAB – Programming, Version 7. The MathWorks, Inc. 2005.

The MathWorks: Online-Hilfe, MATLAB-CD. The MathWorks, Inc. 2010.
    siehe auch: „www.mathworks.com"

Moler, C.: Numerical Computing with MATLAB. SIAM 2006.
    siehe auch: „www.mathworks.com/moler/"

Grupp, F., Grupp, F.: MATLAB 7 für Ingenieure. Oldenbourg 2008.

Schweizer, W.: MATLAB kompakt. Oldenbourg 2009.

Herniter, M. E.: Programming in MATLAB. Brooks/Cole 2001.

Einige Internet-Einführungen, auch zu Toolboxen:

Schramm, Th.: Eine sehr kurze Einführung in MATLAB.
    „www.tu-harburg.de/rzt/tuinfo/software/numsoft/matlab/kurse/einf/einf.html".

Wiedl, W.: MATLAB Einführung.
    „www.rrz.uni-hamburg.de/RRZ/W.Wiedl/Skripte/Matlab/".

Wiedl, W.: Simulink.
    „www1.uni-hamburg.de/W.Wiedl/Skripte/Simulink/".

University of Michigan: Control Tutorials for Matlab.
    „www.engin.umich.edu/group/ctm/".

Haugen, F.: Tutorial for Control System Toolbox.
    „www.techteach.no/publications/control_toolbox_matlab/cst4.htm".

Weiterführende Literatur zu den einzelnen Kapiteln:

Der Rest dieser Liste ist nach den Kapiteln des Buches geordnet. Hier erscheinen speziell auch die Bücher, die keinen direkten Bezug zu MATLAB haben, sondern Hintergrundinformationen zu den einzelnen Themengebieten liefern.

Informatik:

Levi, P., Rembold, U.: Einführung in die Informatik. Hanser Verlag 2003.

Akustik:

Pierce, J.R.: Klang – Musik mit den Ohren der Physik. Spektrum Verlag 1999.

Hall, D.E.: Musikalische Akustik. Schott Verlag 1997.

Winkler, K.: Die Physik der Musikinstrumente. Spektrum Verlag 1998.

Zwicker, E.: Psychoakustik. Springer Verlag 1982.

Bildverarbeitung:

Rock, L.: Wahrnehmung. Spektrum Verlag 1998.

Jähne, B.: Digitale Bildverarbeitung. Springer Verlag 2005.

Mathematik:

Papula, L.: Mathematik für Ingenieure und Naturwissenschaftler. Vieweg Verlag 2009.

Bronstein, I.N. et al.: Taschenbuch der Mathematik. Verlag Harri Deutsch 2008.

Und speziell die Klassiker zu Differentialgleichungen:

Collatz, L.: Differentialgleichungen. Teubner Verlag 1990.

Courant, R., Hilbert, D.: Methoden der mathematischen Physik. Springer Verlag 1993.

Physik:

Baumann, B.: Physik für Ingenieure – Bachelor Basics. Schlembach Verlag 2008.

Feynman, R.P.: Vorlesungen über Physik. Oldenbourg 2001.

Haag, R.: Local Quantum Physics – Fields, Particles, Algebras. Springer Verlag 1996.

Technische Mechanik:

Dankert, H., Dankert, J.: Technische Mechanik. Teubner Verlag 2009.

Regelungstechnik:

Mann, H., Schiffelgen, H., Froriep, R.: Einführung in die Regelungstechnik. Hanser Verlag 2009.

Schulz, G.: Regelungstechnik. Oldenbourg 2007.

Angermann, A. et al.: Matlab – Simulink – Stateflow. Oldenbourg 2009.

COM/OLE:

Chappell, D.: ActiveX und OLE verstehen. Microsoft Press Deutschland 1997.

Nicol, N.: Excel 2002/2003 programmieren. Franzis Verlag 2005.

C und C++:

Dankert, J.: Praxis der C-Programmierung. Teubner Verlag 1997.

Erlenkötter, H.: C-Programmieren von Anfang an. Rowohlt Taschenbuch Verlag 2002.

Und natürlich die Klassiker:

Kernighan, B., Ritchie, D.: The C Programming Language. Verlag Prentice-Hall 1988.
    auf Deutsch: Programmieren in C. Hanser Verlag 1990.

Stroustrup, B.: The C++ Programming Language. Addison-Wesley 1997.

Ellis, M., Stroustrup, B.: The Annotated C++ Reference Manual. Addison-Wesley 1990.

Index